国际信息工程先进技术译丛

云连接与嵌入式传感系统

（瑞典）Lambert Spaanenburg
（美国）Hendrik Spaanenburg 编著

郎为民　陈　林　张锋军　等译

机 械 工 业 出 版 社

本书紧紧围绕云计算和传感器组网领域的热点问题，以技术、系统、安全与应用为核心，比较全面系统地介绍了云连接中传感器组网基本原理和应用实践的最新成果，是第一批从未来角度将最先进的传感器组网引入到云计算中的图书。全书由4个部分共8章构成。第1部分简要介绍传感器领域中的云计算，包括云连接简介和云中软件等内容；第2部分重点分析以云计算为中心的系统，包括系统需求、理解和设计环境，以传感器为中心的系统开发等内容；第3部分深入研究云连接环境中的传感器组网安全，包括安全和防御问题；第4部分详细探索云连接环境中传感器网络在家庭自动化领域中的应用问题。本书内容新颖翔实，知识系统全面，行文通俗易懂，兼备知识性、系统性、可读性、实用性和指导性。

本书可作为计算机科学、自动化、电子工程、电信专业的本科生和研究生教材，也可作为云计算和传感器系统设计者、研究人员、工程师、编程人员和技术人员的参考书。

Translation from the English language editon：

Cloud Connectivity and Embedded Sensory Systems

Lambert Spaanenburg，Hendrik Spaanenburg

ISBN：978-1-4419-7544-7

Copyright © Springer Science + Business Media，LLC 2011. All rights reserved.

本书中文简体字版由 Springer 出版社授权机械工业出版社独家出版。

本书版权登记号：图字01-2012-3720

译　者　序

无线传感器网络无论在国家安全，还是在国民经济诸方面均有着广泛的应用前景。未来，传感器网络将向天、空、海、陆、地下一体化综合传感器网络的方向发展，它最终将成为现实世界和数字世界的接口，深入到人们生活的各个层面，像互联网一样改变人们的生活方式。微型、高可靠性、多功能、集成化的传感器，低功耗、高性能的专用集成电路，微型、大容量的能源，高效、高可靠的网络协议和操作系统，面向应用、低计算量的模式识别和数据融合算法，低功耗、自适应的网络结构，以及在现实环境中的各种应用模式等课题是研究的重点。因此，无线传感器网络具有非常大的发展潜力，其市场规模不容低估。

美国市场研究机构 Forrester Research 预测，物联网所带来的产业价值要比互联网大 30 倍，物联网将会形成下一个万亿元级别的通信业务，10 年内物联网就可能大规模普及。赛迪顾问的研究也显示：2010 年，我国物联网产业市场规模已达到2000 亿元；2015 年我国物联网产业整体市场规模将达到 7500 亿元，年复合增长率超过 30%。

云计算是当下的热门话题，被视为科技业的下一次革命，它将带来工作方式和商业模式的根本性改变。虽然目前的应用还没有遍地开花，但未来的发展前景无可限量。市场研究机构 Forrester Research 的数据显示，全球云计算市场规模 2011 年将达到 407 亿美元，2020 年将增至 2410 亿美元。

在这种背景下，为促进我国云计算和物联网技术的发展和演进，在国家自然科学基金项目"节能无线认知传感器网络协同频谱感知安全研究"（编号：61100240）资金的支持下，结合自己多年来在物联网和云计算等领域的研究成果和经验，笔者特翻译此书，以期抛砖引玉，为我国云计算和物联网的发展尽一份微薄之力。

作为最先将传感器组网引入到云计算中的译著之一，本书对云计算和无线传感器网络技术进行了全面细致的介绍，共分为 4 个部分：第 1 部分介绍传感器领域的云计算，包括嵌入式系统、云中软件等内容；第 2 部分介绍以云计算为中心的传感器系统，包括系统需求、理解和设计环境，以传感器为中心的系统开发等内容；第3 部分介绍云计算中的可靠性问题，包括安全解决方案和防御解决方案；第 4 部分介绍云计算与传感器网络的应用，包括集中式计算处理、系统虚拟化、高性能计算等内容。本书材料权威丰富，内容新颖翔实，知识系统全面，行文通俗易懂，兼备知识性、系统性、可读性、实用性和指导性。

本书由郎为民、陈林、张锋军等译，解放军国防信息学院的刘建国、苏泽友、刘勇、张国峰、孙华伟、陈红、夏白桦、毛炳文、刘素清、邹祥福、陈于平、瞿连政、徐延军参与了本书部分章节的翻译工作，李海燕、胡喜飞、余亮琴、张丽红、于海燕、和湘绘制了本书的全部图表，陈虎、王大鹏、陈林、王昊对本书的初稿进行了审校，并更正了不少错误，在此一并向他们表示衷心的感谢。同时，本书是译者在尽量忠实于原书的基础上翻译而成的，书中的意见和观点并不代表译者本人及其所在单位的意见和观点。

由于云计算和无线传感器网络技术还在不断完善和深化发展之中，新的标准和应用不断涌现，加之译者水平有限，翻译时间仓促，因而本书翻译中的错漏之处在所难免，恳请各位专家和读者不吝指出。

郎为民
2013 年夏于武汉

原 书 序

在诸多数字数据生成和处理系统的节点中，总能发现大型或小型计算机。其性能正在稳步提升，某些计算机已经成为微型超级计算节点。越来越多的计算机连接到互联网，从而在物理上形成大型网络。

经典网络包含连接在一起的计算机。历史显示出网络的两大发展方向。一方面，我们看到了大型机正在成为个人计算机，然后演变为笔记本电脑，个性服务变得无所不在。另一方面，我们看到大型机正在变为超级计算机，然后服务器农场演变为云，共享服务变得无所不在。

与"云计算"起源有关的故事有许多版本。最流行的版本是人们在白板上描绘信息处理架构。为了勾勒出这一最终能够做任何事情的神奇过程，人们在天空中画了一些波纹，并将其称为云。这不是一个严格的定义，因而名字"云"可用于许多领域。

云可提供针对太阳的阴凉。要在阴凉下，你必须经常移动。如果你不想这样，则必须带上一把遮阳伞。虽然它无法为许多人提供阴凉，但是它将能够为你提供帮助。对于雨云来说，或多或少也是如此道理。虽然你可以来回走动使用水壶为植物浇水，但是每次只能浇有限的水。有了云，将会使事情变得更加简单。

在工业化时代，我们已经习惯于大规模制造、大规模运输和大规模交付。为了确保城市中水源充足，罗马人已经建成用于收集和输送水的基础设施。否则，你要住在井附近，且当井干枯时，你不得不搬家。后来，电力采用了同样的原理，大规模电力的使用为人们带来极大方便，人们无须住在发电机附近。在信息化时代，我们的需求实质上是相同的，但此时我们需要的是信息。具体地说，是通过传感器获取的信息。

互联网已经成为当代的信息管道，它将信息从大型服务器农场传送到千家万户。在源头，它不是真正的云，但我们没有必要吹毛求疵。我们这里要说的是在类似生态循环系统中，将云作为共享资源的一部分。这将使我们能够更加深入理解"传感网络"的理念。在谈及此类网络时，虽然我们可以很容易地画出网络节点，但是为了表明整体处理功能，我们需要在空中画出一些波纹。这些波纹就像是一片云！

问题是某个功能实体可能是节点的一部分，可能使用一些节点，也可能在服务器农场进行处理。该功能的执行对象是某些资源，我们不想立即指明这些资源位于何处，需要多少资源。它是根据需求的变化而不断移动的，我们不想知道它将移往何处。换句话说，网络变成了云！

网络特性也是发生变化的，虽然骨干网仍然是有线的。但是，无线技术的引入使得计算机变为可移动的。从此以后，我们看到其他计算机化的移动设备变成时尚、拉风的移动电话。每年销售的拍照手机多达1.5亿部！

随着设备间交互的增多，用户之间的交互功能不断增强，从而使得拍照手机成为社区网络中的灵活节点。基于优先条款，其功能和结构随着参与者的思路发生变化，而不是随着预定的业务流程发生变化。

但故事并不只限于手机。所有产品正趋于无线化，而不仅仅是去除电缆。门铃以无线方式与手机建立连接，支持你应答门铃，即使你并不在家。如果婴儿突然出现急性脱水的症状，则车上的婴儿专用座位能够发现并及时发出告警声。在所有这些新型装置中，我们拥有从简单控制器到图形加速器的计算平台。

在智能电网、国土安全系统和环境网络中，类似的组网趋势随处可见。这些传感网络将在时间和空间域生成认知。它们可以用于测量对象或条件是否存在，描绘对象流或情境模式，甚至检测即将发生的异常行为。考虑到增强型系统的可靠性和安全性，虽然不同类型的传感器可用于类似用途，但是它们趋于优先连接入网。

根据网络功能的不同可以将计算分为云计算、蜂群式计算和羊群式计算，其区别在于决策与控制的分布方式不同。将传感器插入云端是一回事，但问题是如何使得扩展网络本身更加智能，从而降低对各个传感器感知质量的依赖。我们将这种系统称为嵌入式传感系统。

传感系统是由可以将虚拟化硬件上运行的移植软件进行安全组合的嵌入式功能实体构成的。它将连接机制从全局云带到传感器激活资源的局部云上。这强调通过对用户及其意图的严格辨析，确定数据所有权，以确保社会安全。在未来几年内，此类系统将对社会打下深深的烙印。

关于本书

本书在概念上为读者进入智能传感网络世界提供了一站式入口，因为我们认为智能传感网络的存在与计算云密切相关。它是"环境智能"的等价物，即"云计算"对商业智能意味着什么，因而属于大规模传感组网系统的新一代。通常情况下，云计算是指来自于精心策划的数据仓库网络的可达性。显而易见，云计算概念也可用于嵌入式传感器网络。本书讨论了嵌入式传感器网络的概念、问题和初步解决方案，同时提供了大量实践中的例证。对基本问题和解决方案的了解，能够帮助读者在其技术专长领域中，为基于分布式智能的创新做好准备。

本书通过对符合要求的构建案例进行分步讨论，并考虑到生成环境智能的实际限制条件，从而提供了无线传感网络设计新理论。值得注意的是，它重点研究了拓扑和通信约束条件，同时在理想系统整体功能中增加了智能、安全和保卫。本书通过综述多种典型传感/云网络场景中的应用，重点研究了这些问题。

　　读者将不仅可以深入理解诸如传感云等概念，而且还可以通过实例来学习如何在考虑多种应用领域典型特性的前提下设计此类网络。

　　通常，新技术知识是通过会议和期刊中的新论文进行交流的。此外，需要定期将这些新技术知识浓缩在新书中。本书将为读者提供当前理论与实践方向的综述，因而支持他们站在"巨人"/同行的肩膀上。我们在编写本书时，重点一直放在提出新的概念，尤其是应用于新商业建立中的突破性技术。

　　本书分为 4 个部分。第 1 部分探讨随着云计算的进一步发展，其应用于传感系统外围域的机会。同时，该部分还包含了对大规模网络中新软件模型的描述。第 2 部分对用于理解随后列举的传感网络潜在应用所需的系统设计问题进行了综述，重点放在能够从与云连接中受益的系统应用上。第 3 部分涉及为了成功实现以云为中心的传感网络，必须支持的安全与保卫问题。第 4 部分重点关注了安装传感/显示设备的未来家庭环境的细节信息，该环境完全融入云中。

　　本书旨在成为第一批从未来角度将最先进的传感器组网引入到云中的书籍，以此推动该领域的进一步研究。它从隆德大学（瑞典）和位于纳舒厄的丹尼尔韦伯斯特学院（美国新罕布什尔州）的课程材料中选取了部分内容。它提供了一种从诸多学生经验演变而来的愿景。我们尤其要感谢 Wen Hai Fang, Peter Sundström, Lars Lundqvist, Erik Ljung, Erik Simmons, Barbara Olmedo, Sajjad Haider, Joe Evans, Dalong Zhang, Miao Chen, Mona Akbarniai Tehrani, Shankar Gautam, Olle Jakobsson, Lijing Zhang, Wang Chao, Shkelqim Lahi, Nabil Abbas Hasoun, Dongdong Chen, Bintian Zhou, Cheng Wang, Deepak Gayanana, Markus Ringhofer, Vince Mohanna, Johan Ranefors, Suleyman Malki, Jos Nijhuis 和 Ravi Narayanan。

瑞典隆德　兰伯特·斯班尼伯格

美国新罕布什尔州达勒姆　亨德里克·斯班尼伯格

目　　录

译者序

原书序

第 1 部分　传感器领域中的云

第 1 章　云连接简介 ……………………………………………………………………… 3

1.1　嵌入式系统 ……………………………………………………………………………… 4

 1.1.1　嵌入式系统的特点 ……………………………………………………………… 4

 1.1.2　嵌入式系统特殊性的成因 ……………………………………………………… 5

 1.1.3　封装架构 ………………………………………………………………………… 7

 1.1.4　二分架构 ………………………………………………………………………… 7

 1.1.5　扩展架构 ………………………………………………………………………… 8

1.2　网络处理架构 …………………………………………………………………………… 8

 1.2.1　静态结构化网络处理 …………………………………………………………… 9

 1.2.2　动态结构化网络计算 …………………………………………………………… 10

 1.2.3　网络就是计算机 ………………………………………………………………… 12

1.3　智能传感器组网 ………………………………………………………………………… 13

 1.3.1　各种传感原理 …………………………………………………………………… 13

 1.3.2　传感网络 ………………………………………………………………………… 14

 1.3.3　传感器网络设计方法 …………………………………………………………… 16

1.4　环境智能方法的扩展 …………………………………………………………………… 18

 1.4.1　情境计算 ………………………………………………………………………… 18

 1.4.2　自主计算 ………………………………………………………………………… 19

 1.4.3　有机计算 ………………………………………………………………………… 20

1.5　云计算的概念 …………………………………………………………………………… 21

 1.5.1　云之路 …………………………………………………………………………… 21

 1.5.2　商业云 …………………………………………………………………………… 23

 1.5.3　服务器农场 ……………………………………………………………………… 25

 1.5.4　网络扩展器 ……………………………………………………………………… 25

1.6　云溯源 …………………………………………………………………………………… 26

 1.6.1　商业模型 ………………………………………………………………………… 27

 1.6.2　云经济 …………………………………………………………………………… 28

1.7　物联网 …………………………………………………………………………………… 29

 1.7.1　极瘦客户端 ……………………………………………………………………… 30

　1.7.2　云中安卓 ·· 30

　1.7.3　感知到云中 ·· 32

1.8　小结 ·· 34

参考文献 ·· 34

第 2 章　云中软件 ·· 37

2.1　云的特性 ·· 38

　2.1.1　虚拟化 ·· 40

　2.1.2　云调查 ·· 42

　2.1.3　其他云 ·· 44

2.2　连通集架构 ·· 45

　2.2.1　软件连接 ·· 45

　2.2.2　主干注入器 ·· 47

　2.2.3　同步 ·· 48

2.3　软件迁移概念 ·· 49

　2.3.1　软件组件 ·· 49

　2.3.2　引入 AUTOSAR ·· 51

　2.3.3　AUTOSAR 案例 ·· 53

2.4　拓扑影响 ·· 58

　2.4.1　同源传感器网络 ·· 59

　2.4.2　嵌入式软件配置 ·· 61

　2.4.3　自适应重构 ·· 62

2.5　软件就是虚拟的硬件 ·· 63

　2.5.1　弹性 ·· 64

　2.5.2　异构性 ·· 66

　2.5.3　优化 ·· 67

2.6　小结 ·· 67

参考文献 ·· 67

第 2 部分　以云为中心的系统

第 3 章　系统需求、理解和设计环境 ······················ 71

3.1　系统设计方法 ·· 71

　3.1.1　传统方法 ·· 72

　3.1.2　嵌入式系统设计 ·· 74

　3.1.3　基于模型的设计 ·· 76

3.2　神经网络系统控制 ·· 78

　3.2.1　神经网络理论 ·· 79

　3.2.2　神经控制 ·· 81

　3.2.3　神经控制设计 ·· 83

　3.2.4　模块化层次结构 ·· 86

3.3　网络系统设计 ……………………………………………………… 89
　　3.3.1　编写一个故事 …………………………………………………… 90
　　3.3.2　路径图 ………………………………………………………… 92
　　3.3.3　接线图 ………………………………………………………… 92
　　3.3.4　序列图 ………………………………………………………… 93
3.4　系统案例研究 ……………………………………………………… 94
　　3.4.1　案例大纲 ……………………………………………………… 94
　　3.4.2　提炼故事 ……………………………………………………… 96
　　3.4.3　场景转换 ……………………………………………………… 98
3.5　小结 ………………………………………………………………… 99
参考文献 …………………………………………………………………… 100

第4章　以传感器为中心的系统 ………………………………………… 102
4.1　无线传感器网络技术 ……………………………………………… 103
　　4.1.1　无线通信协议 ………………………………………………… 103
　　4.1.2　功率管理 ……………………………………………………… 109
　　4.1.3　能量采集 ……………………………………………………… 109
4.2　个域网 ……………………………………………………………… 110
　　4.2.1　体感网 ………………………………………………………… 111
　　4.2.2　（严肃）游戏 ………………………………………………… 112
　　4.2.3　商业与教育娱乐 ……………………………………………… 113
4.3　监视与观察 ………………………………………………………… 113
　　4.3.1　无损传输 ……………………………………………………… 114
　　4.3.2　护理、安抚和关怀监控 ……………………………………… 114
　　4.3.3　安全监控 ……………………………………………………… 115
　　4.3.4　环境监控 ……………………………………………………… 117
4.4　监视与控制 ………………………………………………………… 118
　　4.4.1　智能结构 ……………………………………………………… 118
　　4.4.2　交通管理 ……………………………………………………… 118
　　4.4.3　智能电网 ……………………………………………………… 120
　　4.4.4　工业自动化 …………………………………………………… 120
4.5　集体智能 …………………………………………………………… 121
　　4.5.1　冲突避免 ……………………………………………………… 123
　　4.5.2　台球反弹系统中的追踪问题 ………………………………… 125
　　4.5.3　轨迹建模 ……………………………………………………… 127
　　4.5.4　细胞神经网络学习 …………………………………………… 132
　　4.5.5　运动目标检测 ………………………………………………… 134
4.6　多传感器智能 ……………………………………………………… 141
　　4.6.1　情报收集 ……………………………………………………… 142
　　4.6.2　多传感器融合 ………………………………………………… 142

4.7　小结 ･･･ 143

参考文献 ･･･ 144

第3部分　一切尽在云中

第5章　安全问题 ･･･ 149

5.1　可靠性 ･･･ 149

　5.1.1　基本概念 ･･･ 150

　5.1.2　案例探讨 ･･･ 151

　5.1.3　软件度量 ･･･ 152

5.2　可信性 ･･･ 153

　5.2.1　可信电路 ･･･ 153

　5.2.2　边缘信任 ･･･ 156

　5.2.3　安全移动性 ･･･ 157

5.3　弹性 ･･･ 157

　5.3.1　容错 ･･･ 157

　5.3.2　计算中的容错 ･･･････････････････････････････････････ 160

　5.3.3　安全通信 ･･･ 160

　5.3.4　大规模传感器网络的冗余 ･････････････････････････････ 161

5.4　认证 ･･･ 164

　5.4.1　传感器认证 ･･･ 165

　5.4.2　针对可信度评估的交感测试 ･･･････････････････････････ 165

　5.4.3　远程委托 ･･･ 168

5.5　安全即服务 ･･･ 168

5.6　小结 ･･･ 170

参考文献 ･･･ 170

第6章　防御问题 ･･･ 173

6.1　恶意行动检测 ･･･ 173

　6.1.1　干扰 ･･･ 174

　6.1.2　篡改 ･･･ 174

　6.1.3　入侵 ･･･ 175

　6.1.4　针对恶意行为评估的反感测试 ･････････････････････････ 175

6.2　拜占庭将军 ･･･ 175

　6.2.1　故障 ･･･ 176

　6.2.2　签名消息 ･･･ 176

　6.2.3　通信缺失 ･･･ 176

6.3　紧急行为检测 ･･･ 176

　6.3.1　信息报告与管理 ･････････････････････････････････････ 176

　6.3.2　异常检测 ･･･ 179

　6.3.3　误警 ･･･ 181

6.3.4 智能代理冗余 ······ 182
6.4 身份保证 ······ 186
6.4.1 生物认证 ······ 186
6.4.2 用于多模式感知的 BASE ······ 189
6.5 交易中的保卫 ······ 191
6.5.1 电子旅游卡 ······ 191
6.5.2 i-Coin ······ 198
6.6 防御即服务 ······ 199
6.7 小结 ······ 199
参考文献 ······ 200

第 4 部分 云端的最后一英里

第 7 章 把云带回家 ······ 203
7.1 以网络为中心的家庭自动化 ······ 203
7.1.1 家庭网络 anno 2000 ······ 203
7.1.2 运行家庭网络 anno 2010 ······ 206
7.1.3 家外之家 ······ 208
7.2 人—家界面 ······ 209
7.2.1 家庭成像仪 ······ 210
7.2.2 全景可视化 ······ 214
7.3 媒体邀请者 ······ 222
7.3.1 综合媒体社区 ······ 223
7.3.2 家庭邀请者界面 ······ 226
7.3.3 多媒体家庭自动化 ······ 229
7.3.4 多媒体家庭安全 ······ 230
7.4 未来家庭环境 ······ 230
7.4.1 智能球 ······ 230
7.4.2 操作复杂性 ······ 232
7.4.3 云中的高性能计算（HPC） ······ 234
7.4.4 绿色计算 ······ 236
7.5 小结 ······ 237
参考文献 ······ 237

第 8 章 后记 ······ 240
8.1 云 ······ 240
8.2 传感器 ······ 241
8.3 两者之间的一切 ······ 241
8.4 潘塔丽 ······ 243

附录 英文缩略语 ······ 244

第1部分　传感器领域中的云

《经济学家》杂志称云为"距离之死"：使用即将实现的网络技术，建立通信所需的时间越来越少，使得加拿大哲学家/艺术家马歇尔·麦克卢汉提出的地球村概念成为一种虚拟现实。其后果是"马提尼"感觉[⊖]：一切事件在任何地方、任何时候和任何环境中发生。在 PC（Personal Computer，个人计算机）时代，互联网实现了这一切，使得单个用户能够跨越物理极限与其他用户建立连接，但所有用户基本上具有相同的功能。

计算机数量的爆炸性增长支持专业化。我们看到的不是运行多个虚拟进程的单台计算机，而是多台不同计算机在不同位置与现实世界相连，但整体可看做是单一过程。组合比各部分的总和要强，因为随着大型机和个人计算的发展，自治智能增加了一个感知层，从而形成计算的第三范例。

本书的第1部分将探讨云计算的深入发展及其应用于系统外围领域的机会，同时还包含了对大型网络新型软件模型的描述。

亮点

云中传感器

云计算的概念将向下延伸至智能传感网络域。云计算将为传感器智能采集应用与管理引入新能力和机会，从而使得集成系统更为高效。我们将对传感器/显示器和云之间的关系加以扩展。

软件移植

从传感器的角度来看，知道处理应用软件在何处（在云中甚至传感器网络中的某处）运行是无关紧要的。该位置过程可以应用于启动阶段，也可在数据采集过程中定期（或作为重要处理要求事件的一种结果）应用。

软件即虚拟硬件！

随着虚拟化、多核/多层处理器的广泛应用以及网络节点中可重构和可重编程FPGA（Field Programmable Gate Array，现场可编程门阵列）的引入，硬件和软件之间的界线将消失。多重替代资源将使得系统执行优化变得可行和诱人。

⊖　人们将其戏称为"马提尼感觉"，它与 20 世纪 90 年代商业有关，该歌曲引证马提尼可能"随时随地"处于醉酒状态，因为"这是一个你可以分享的美妙世界"。

系统优化

云的异质性和集中化特征便于优化处理方案和最新技术的使用。在更大的云域中，技术升级和更新是可行的。在传感器网络层面的处理资源所有权成本将会大大降低。

第1章 云连接简介

本章介绍组网计算节点世界，每个节点嵌入到特定环境中，共同构成了传感世界。这里大致介绍一些原理和概念，来为后续各章详细讨论和描述以云为中心的处理奠定基础。

计算机技术具有不同的发展方向。一个发展方向是，计算机用于在越来越复杂的软件上运行越来越大的数据集。当单片的超级计算机成为科技和经济发展的障碍时，人们开始将目光从分布式服务器转移到服务器农场。同时，咨询专家开发的内部服务已经转为专家提供的、虚拟市场可用的普遍服务外包。

这里占统治地位的字眼是"云"。随着全球可用服务器农场数量和运行于任意服务器农场上的软件（正如你不知道你的搜索请求是在哪里被服务的）不断增加，人们可能会说"一切皆在云中"。目前，云是首选的商业模式，在全球某个地方，每天都有与云计算有关的研讨会。本书将讨论云，但采用一种类似但不同的方式。

计算机技术的另一个发展方向在于行为，而不是数据。虽然对于强调实时性而不是很注重性能的控制应用程序来说，86xx 芯片在市场上仍然很吃香，但是只有当平台强大到使软件能够实时、准确地解决以往只有由模拟或机电设备解决的现实问题时，才会产生技术的突破性发展。

最初，我们发现应用中具有大量 I/O（Input/Output，输入/输出）的典型控制器需要计算能力辅助。我们将这一里程碑称为嵌入，实际上我们看到许多其他名称的接口。但这并没有结束，仍在继续。在汽车行业，我们已经看到嵌入式处理器组网变成名为自动的单一整体功能。在 20 年内，计算机技术将进入汽车领域，虽然技术成本较低，但它仍占汽车生产成本的30%以上。

在介绍完包含一个或多个嵌入式处理器的改进型功能之后，我们设想像军团一样采用单一理念运行或像蜂群一样具有单一目标运行的大型集体影响。在这些情形中，增加的困难是系统构件在时域内某个瞬间或空域内某个地方不一定是固定的。甚至不存在单一的事件同步序列，因为每个部分主要是在本地环境中运行的。

在这些发展方向的背后，隐藏在后台的是对更加复杂算法的需求。基于同样的原因，服务器农场应运而生。同样，我们也不知道为什么嵌入式节点就不能够有处理复杂算法的能力。对于此类情形，云支持将是意义重大的，但我们认为这可能会使得服务器农场采取不同的实现方案，而不是单一实现方案。

1.1　嵌入式系统

第一个微电子计算引擎——INTEL 4004，是一种针对嵌入式系统开发的典型构件。在这种情况下，目标是取代机械计时表。虽然没有立即获得成功的希望，但是它确实是数字手表市场发展历史中的标志性事件。虽然英特尔开放了数字控制市场，但是最后在科学计算领域将以获取更高、更丰厚的利润作为追逐目标。

由于微控制器不久成为 INTEL 4004 及其衍生物的名字，因而它们通常拥有更大的市场。4 位版本作为数字元件市场领导者多年，引发诸多厂家围绕基本模型展开竞争，以优化所有类型应用的基本模型。当生成 8 位版本变得更为高效时，它开始失去市场份额。市场并不真正需要下一代。例如，一部由 8 位版本微控制器控制的电动剃须刀，不会比由 4 位版本微控制器控制的电动剃须刀更准确。微控制器是一种具有非数字接口的计算机。外围设备品种多样，支持多个玩家。对于软件执行来说，实时控制的应用迫使固定、可行定时的需求产生。最终发展到部件能够为几乎所有指令提供单时钟周期执行功能，并拥有此种保证执行时间支持虚拟外设，以及能够以数字方式配置成多种先前专用非数字接口的 I/O。

同时，片上存储器数量不断增加，为大型程序让路。除了接口电路之外，这些程序包括基本信号处理，从而提高了传感数据提取质量。1995 年左右，可以在格形滤波器写入 100 行代码，具备 5 年前智能 ASIC（Application Specific Integrated Circuit，专用集成电路）要求的性能。随着数字感知和驱动边界稳步推进，在数字域增加非数字功能以实现优于最智慧非数字实现方案成为可能。如今，我们发现诸如汽车这样的产品正通过高性能的实时信号处理来满足环境带来的相关需求，而仅靠以往的引擎结构优化是做不到这一点的。在数码相机领域，我们遇到能够提供有史以来最佳图像质量的超级计算组件。

最后，安装后的计算潜力创造出其他方式无法实现的产品（至少效率和成本不同），从而导致应用数量激增，它点燃了创新之火，新技术——嵌入式系统应运而生。其应用随处可见，且数量惊人，我们为其冠以诸如普适、泛在、环境等名字，但其共同主线是嵌入式技术。

1.1.1　嵌入式系统的特点

嵌入式系统的主要特点是，它们运行时，需要与环境（所谓的嵌入系统）协同工作。对于已定义的用例，甚至大批量消费类应用来说，这种特点使嵌入式系统通常变得非常具体。通过配置（或重配置），它们仍然能够涵盖整个应用域。由于这些域可能相当昂贵，涉及数十亿部移动电话或电视机，此时经济规模能够提供必要的特异性（见图 1-1）。

由于嵌入式系统包含在嵌入环境中，因而难以对其进行实时访问。与键盘和显示器是当前为开发人员工作提供直接反馈的科学系统不同，需要基于运行情况，对嵌入式系统进行离线开发，并提供足够的测试扩展，使得在线使用仍能得到充分的诊断[1]。

图 1-1　嵌入式系统将无处不在，但大多数是不易察觉或不可见的，主要用于增强所示装置和设备的功能

嵌入式系统的特点可以描述如下[2]：

1）它们是其嵌入式系统的信息处理子系统。

2）它们为其嵌入式系统提供具体的、高度可配置的信息处理服务。

3）它们是反应式的，即它们采用连续模式、使用环境所施加的速度与其物理环境进行交互。

4）它们通常使用硬件和软件组合，为其嵌入式系统提供复杂功能，以满足各种非功能约束条件。

5）对于嵌入式系统用户来说，虽然它们经常用于增强嵌入式系统的用户友好性和认知性，但是它们大多是不可见的或无法直接访问的。

嵌入式系统不仅与其环境进行互动，而且目前还配备有通信接口。长期以来，这种数字通信是针对特定领域，甚至针对特定供应商的，但是在经典计算领域开发的标准变得越来越流行。它支持嵌入式系统与网络相结合，这些网络既可以是外部其他领域的，也可以是嵌入领域内部的（见图 1-2）。因此，嵌入式系统可以充当其他系统的嵌入部分，从而为复杂产品（如汽车或整条生产线）提供完整的嵌入式基础设施。

1.1.2　嵌入式系统特殊性的成因

嵌入式系统确实可以调整嵌入式部分的运行速度。可以要求这些部分对激励即时和及时反应。这与结果可随时应用的交互式系统形成鲜明对比。例如，用户交互式系统将用户置于通信的接收端，消磨其时间用于应答。反应式系统要求嵌入系统处于完全控制状态。这就要求即将使用的硬件和软件平台架构具备特殊能力。

在嵌入式系统受控时，嵌入式系统的设计人员面临着一个主要问题。人们必须针对大量未知激励的反应进行开发。因此，需要引入嵌入式模型，但是该模型不一定是完整的。于是，系统要么是足够安全的，能够处理各种未知情况，要么能够适应不断变化的环境。要创建一种安全的嵌入式系统需要做大量工作，包括冗长的模

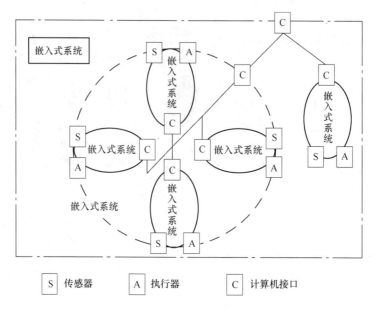

S 传感器   A 执行器   C 计算机接口

图 1-2　嵌入式环境中的嵌入式系统

拟（首先是诸多实时测试）。

由于是嵌入式系统，因而通常针对其大小、成本、能耗存在诸多限制条件。同时，设计的位置也起着重要作用，因为它通常可以在难以到达的位置发挥作用。用于监测环境条件的传感器通常距离较远，因而更换电池不是一种好方案。维护也是如此。通常情况下，嵌入式系统必须在无须任何值守的情况下工作数年。

嵌入式系统通常是非数字的，因而采样激励可能会出现严重失真。众所周知的问题是电磁干扰（Electromagnetic Interference，EMI），它可能导致干扰信号，进而引起无用行为。任何使用发电机的位置（如工厂和汽车）是难以处理的。同时，我们仍然需要嵌入系统低成本，因为嵌入式系统对用户来说是不可见的。它通常应用于移动或可穿戴家电，低功耗也是嵌入式系统的一个标准约束条件。

与设计有关的挑战来自基于详细申请诀窍的目标平台专业化和定制服务。面临的挑战是随着提高硬件和软件组件的重用性意愿的增强，如何保持一定程度的灵活性。可靠性、健壮性和安全性的制约条件来自于重启无法实现而特定程度的自治行为可以实现的情况。跨越诸多不同学科和应用技术的异质性是实现嵌入式系统特殊设计的最后一个重要因素，但并非最不重要。

将所有这些发展趋势加入到嵌入式系统之中，并将嵌入式系统与网络链接起来，形成在部分系统失效情况下仍能生存的复杂基础设施。因此，安全将是一个重大问题，但它应当是整体架构的一部分，即使在部分系统是独立设计与开发的情况下。

但事实往往并非如此，嵌入式基础设施将处于无人值守状态⊖，且缺乏安全性和保障性措施将会是灾难性的。可以将基础设施架构分为 3 类：封装架构、二分架构和扩展架构。

1.1.3　封装架构

封装架构⊜中的计算部分完全可以融入物理现实之中。在讨论网络物理时，Lee[3]初步涉及这一问题。通过调整物理行为使其适应理想行为，可以使现实得到增强。换句话说，特征因缺乏而得到补偿。该架构引发未来派产生无限遐想，并建立在 Ray Kurzweil[4]和 Hans Moravec[5]等技术爱好者的研究成果之上。预期中应用的典型实例在著名的星舰进取号的 7/9（航海家）中描述过，通过植入超级计算能力，它的脑力得到增强。但是，人们仍然对与生物相关的概念津津乐道[6]，但系统可靠性问题使其变得不切实际。

现状有助于推动形势的发展，预期行为模型已经应用于（无生命的）物理现实上，如汽车的动力总成[7]。从汽车的整体需求来看，可以推断出需要提供什么样的动力总成。遗憾的是，该行为无法以可接受的成本嵌入到传统机电技术中。当给定足够时间，让经验丰富的技师专心致志地工作，他也许会提供一种可接受的部分方案。但工资成本使得这一目标无法实现，即使存在足够多的技师来从事大规模生产。另一种方法是增加超级计算部分，它将对现实进行控制，使得它能够按照预期方案执行。显而易见，这只能通过现代微电子技术，且只有当它克服了机械缺点后才能执行。

封装架构的主要特点是局部自治。需要投入额外计算来增强物理现实。为此，它拥有一个现实模型和一组目标，这些都可以通过自适应来实现。它需要做的就是将两者与产品优势匹配起来。该产品可能会再次成为大型产品的一部分，与动力总成是汽车的一部分类似。

1.1.4　二分架构

另一种方法是二分架构⊜（见图 1-3）。系统仅仅是部分嵌入的，更确切地说，计算部分一方面连接到物理部分，另一方面与传统数字网络相连。通常情况下，局部微控制器仅用于为数据日志提供一些支持，而中央计算机接收来自于各个数据源的信息，并为执行提供激励。有人可能会说，我们只有一种精心设计的数字/模拟

⊖ 许多传感器网络被称为"无人值守传感器网络（Unattended Sensor Networks）"或 USN。除非另有说明，我们将假定这是通常情况。

⊜ 封装的定义（韦氏在线词典）：①被胶状物质或膜状的封套所包围（封装水细菌）的；②浓缩的。

⊜ 二分的定义（韦氏在线词典）：分成两个部分、两类或两组。

接口，因为所有信息都存储在中央计算机中。

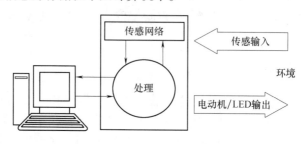

图 1-3 二分架构中的计算节点

这种架构的主要特性是缺乏局部自治性。局部节点几乎没有智能，中央控制器负责做出大多数（如果不是全部的话）决策。在局部节点是仅提供不同物理现象测量结果的简单传感器的情形中，才使用"传感器网络"的名称。

1.1.5 扩展架构

扩展架构是前两种架构的折中。物理部分与计算设备交织在一起，形成采用数字通信的类似物理网络。在完全自治部分，架构在这些部分之间拥有一个二分。实际上，对于严格面向对象的系列进程来说，除了进程在平台上执行的第一项和最后一项功能之外，其他功能看起来都是不相关的。诚然，在传输之前进行数据压缩能够提高网络中系列进程的效率，但它无法从根本上改变架构。

当网络变得易于察觉时，扩展结构开始有所不同。对于分布式数据采集系统，传输效果将难以发挥作用。但当交互发生时，这可能就不成立了。典型实例可以从电网故障历史中查找，中央处理器收到某个节点即将失效的告警信息，但却无法及时反应[8]。这就使得在系统整体设计时，仔细研究这些问题是非常必要的。

该架构的主要特点是节点的协作水平。当无法为简单测量结果提供物理现实，但需要解释时，扩展架构的主要问题就出现了。这就需要通过网络协同服务来拓展其架构，扩大其覆盖范围来解决。我们将会看到这一主题在本书中反复出现。

1.2 网络处理架构

前面对嵌入式节点进行了描述。此类节点很少单独出现。在专用架构中，可能会以一种独特的、不可重用的方式来连接它们，但采用更为普遍、可扩展的方式已成为更好的做法，从而形成一种由处理节点构成的网络。

在处理网络中，诸多小型计算机与少数大型计算机之间存在着差异。虽然网络连接性带来了重用性和可扩展性，但是当增加了诸如可变性和可达性等额外参数时，真正的创新才会发生。

在本节中，我们认为处理网络将成为新的设计单元，即比计算机还要更深一层的抽象概念。在这个层面上，用于实现处理功能的软件和硬件组件将变得高度集成，以至于将无法单独识别它们。它将使得网络成为嵌入式计算机的一片云，与服务器农场成为服务器云类似。

1.2.1　静态结构化网络处理

在云计算之前，人们已经提出并尝试其他大型组网计算方法，如集群计算，它是一种处理节点的并行集合；网格计算，具有通信和分布式网络管理机制，最终一直将信息汇聚到军团，可以将其想象为一种集成的全局计算机。

1. 集群计算

由于微处理器是通用设备，因而这对于某些常见情形来说是有益的，但对于某些特殊情形来说并非如此。正是由于这个原因，通常使用附加处理器作为微处理器的补充，附加处理器专门针对特定用途设计而成。图像处理就是一例。众所周知，安装有图形软件的单台计算机性能急需提升，仅仅是为实现特定用途。最直接的改进方案是在计算机中增加一个特殊用途的处理器。当若干台计算机通过快速互连形成集群时，速度得到极大提升。它支持大量标准计算刀片构建超级计算机，每个标准计算刀片包含多个处理节点。当单个计算节点逐步装备大量线程（在这些线程中，处理节点与其他节点并行运行程序的某个部分）时，集群支持更多并发线程。

集群概念受限于互联网络和内存架构的可扩展性。通常采用共享内存架构，以方便所有节点在同一问题上协调一致地工作。如果一致性要求易于满足，则该架构具有合理的可扩展性，且通常采用芯片级实现方案。一个必要但非充分条件是内部存储器总线必须具有良好的定时功能。从这个意义上讲，它有助于促成所有节点在某块板或芯片上采用相同技术。IBM（International Business Machines Corporation，国际商业机器公司）协同处理单元的蜂窝集群就是典型实例之一。将该架构理念扩展到多个蜂窝芯片，会给内存访问时序带来变数，从而产生一致性问题。

通过增加下一代互联网络来实现节点协调一致地工作，每个节点反过来可作为多线程处理器的多核排列，从而形成经典的超级计算机。由于定时（尤其是一致性）是至关重要的，因而要对这种理想化计算理念进行编程是不容易的。因此，这些机器逐渐被服务器农场所替代，其目标是为诸多客户端快速提供服务，而不是在等待队列中长久等候每个客户端的快速执行。

2. 网格计算

随着互联网的不断发展，集群互联网络可以被一种通用结构所替代。但互联网的贡献是大量已经联网的计算机，每台计算机虽然都可以独立执行大型数据处理任务的一部分，但是不一定在理想时刻完成。主要特点是不同类型、地域分布广泛节点的松耦合。因此，并发性位于作业级，每台计算机负责完成大问题及其相关数据库的一部分。

网格计算的基本理念是汇集互联网的大量资源，并使其应用于预期用途。该用途不是单一并行程序，而是逐任务自愿。典型实例是 SETI（Search for Extra Terrestrial Intelligence，寻找外星文明）项目，它邀请来自世界各地的人们，运行一个可下载程序和新的恒星地图，以发现新的生命形式。据报道，超过 300 万人自愿参与该项目，但最终一无所获。

网格计算技术已经得到 Globus 联盟（www. globus. org）和全球网格论坛（www. ggf. org）等若干个基于用户的组织的支持。

3. 集团处理器

集团处理器是一种用于构建最终虚拟网格计算机的实验：该计算机涵盖了整个世界[9]。它将地理上分散的工作站和超级计算机的异构集合进行组装。集团提供了软件基础设施层，这样系统能够进行无缝交互。由于不需要在多个平台上人工安装二进制文件，因而集团处理器通过提供额外的覆盖层，能够自动完成相关任务。集团处理器旨在通过"开放软件"组织，对网格计算扩展。它是美国弗吉尼亚大学正在进行的项目，旨在设计针对高度并行软件系统的试验台。项目于 1993 年启动，且不会在近期结束。

1.2.2　动态结构化网络计算

计算技术史上的一个重要里程碑是移动性时代的到来。移动设备没有固定连接，因为其环境将随着运动而不断发生变化。云计算出现之前，人们对诸多相关计算形式和有关网络进行了研究和分析。

托马斯·沃森（国际商业机器公司的创始人）"6 台计算机足以满足整个世界市场"的原话，至今仍为计算机科学家津津乐道。今天，由于历史已经在几十年前跨越该关键点，因而这句话变得几近滑稽。随着计算由短缺状态向富足状态迁移，世界也发生了翻天覆地的变化。在第一波计算浪潮中，沃森的观点非常具有代表性。在大型机时代，每台机器被多人共享，且安放在被称为"计算中心"的"圣地"，当时人们没有理由奢望大型机能够为狂热者之外的其他人所使用。但技术在不断演进，首先从电子管到晶体管，然后从双极型器件到场效应器件，从而导致功耗剧降，且支持较高的微型化水平。

计算的第二次浪潮作为一种典型的突破性技术开始登上历史的舞台。虽然大型机市场使用更快、更复杂的机器来为其客户服务，但是诸多创业公司开始了针对微控制器的实验。与微电子制造携手并进，微控制器成为 PC（Personal Computer，个人计算机）的一种支撑技术。它将单台计算机交付于单人进行处理。随着个人平台的成功，一场将更多惊喜（无论在友好性方面，还是在透明度方面）带给用户的运动爆发。互联网在技术领域为计算机开辟了万维网（World Wide Web，

WWW），它将所有的通信机械手段融为一体。

1. 泛在计算

计算的第三次浪潮已被马克·韦泽命名为泛在[○]计算[10]。包含无数计算设备的网络将每个节点的个性进行扩散，使得所有功能随时随地可用。对于每位用户来说，存在数百种可用的计算设备。在过去，额外容量会迅速被新型操作系统或潜在用户需求所使用，泛在计算社会将有足够的冗余空间和能力，把用户从这些技术细节中解放出来。

Reeves 和 Nass[11] 提出一个不同的术语：环境计算，用于反映未来计算机将支持其拟人环境这一特性。该术语强调具有个性化、自适应、预期行为的嵌入式计算机组网技术基础设施中智能社会接口的存在。接着，Mark Weiser 预言了从 2005 到 2020 年计算的第三次浪潮，后来的研究人员预计进程会加快。2001 年，欧洲共同体预测环境计算可能已经成熟，并将在 10 年内被社会所接受![○]此类技术的最大特点是自觉或感知。它强调了计算机社会功能的时间反演：从独特的机器到群体服务。

2. 游牧计算

随着时间的推移，针对游牧计算[○]的解释越来越多。最初，它只是意味着一个人旅行，然后在另一个地方（宾馆）工作。随着便携式计算机的引入，该概念变得更加有意义。用户不仅旅行，而且随身携带其网络节点。在其他位置，用户将计算机插入新网络，旨在宾至如归地使用本地设施。

随着互联网的引入，游牧计算变得可行，因为网络拓扑被网络地址从物理位置中解放出来。无线通信的加入使得移动计算环境中的游牧计算几乎成为标准模式。虽然被忽视，其词义表示一种范式转换，使得我们对信息处理的思考方式发生了翻天覆地的变化。

使用游牧计算，人们永远无法确切获知可用带宽。当连接丢失时，工作应该尽可能好地继续进行。电话将会使其停止（但它应当停止吗?），且邮件处理交付继续，但稍后再进行同步。游牧性提供了一种透明虚拟网络，使意外连接的计算机（几乎）独立于可用带宽工作。

3. 普适计算

嵌入式计算机天生就是普适的[四]。似乎被忽视，嵌入式市场一直占主导地位，

○　泛在的定义（韦氏在线词典）：处处存在或诸多地方同时存在，普遍存在。

○　"2010 年环境智能场景"，ISTAG（Information Society Technology Advisory Group，信息社会技术咨询小组）报告（欧洲共同体），2001。

○　游牧的定义（韦氏在线词典）：①与牧民（或游牧部落）有关的；②漫无目的地从一个地方频繁漫游到另一个地方，或没有固定的运动模式。

四　普适的定义（韦氏在线词典）：扩散到每一部分。

但由于使用原始硬件组件，它缺乏吸引力。很长一段时间内，4 位控制器是主要卖方。但同时，产品在定时和编程可能性方面流线化水平更高，并增加了实时操作和支持以及软件透明度。传感器和执行器变成灵活、可配置的外围设备，它们可以作为瘦客户机进行组网，来将外部世界与服务器进程绑定起来。

PC 时代带来了虚拟世界技术，单一平台上的人员和工件可表示模仿人类行为的交互软件机器人，普适技术带来了一个交互式自然和人工进程的现实世界，这些进程在虚拟链路上进行通信，以生成一种设计行为。每个玩家都有自己的设备集，这些设备的突出特点是能够为集体做贡献。通过使用采集部分的仿真来替代模拟部分集合，能够产生人为意识，并使得计算倒挂。系统直接、实时地对外部世界发生的事情施加影响，或者换句话说，知道所发生的事情。

随着计算感知的到来，计算科学迅速成为跨学科的学科。人类行为方面在模拟世界所传达的功能具有心理学和社会学特性。此类普适系统背后建模方法在数学上几乎属于不精确的、不确定类型，常用于处理化学和物理老问题。

普适计算出现在松散分布的元素计算机网络中。随着计算节点的产生/消失，网络规模将是动态变化的。通过相对低带宽的通信路径，节点以无线进行连接。每个节点代表超低功耗技术的集成。它们试图成为低成本的一次性元素计算机。然后，通信网络类似于网站的特性支持大问题在元素计算机簇上执行，尤其是当问题可以分解为一组同质子问题计算集时。

1.2.3 网络就是计算机

多年来，诸如 SUN（Stanford University Network，斯坦福大学网络）微系统公司（已被甲骨文公司并购）一直使用"网络就是计算机"作为其营销理念。这反映在它们对"哑"终端和瘦客户机的强调上。在 SUN 微系统公司最近的 BlackBox（服务器农场容器）和 SPOTS（用于监控低维护 BlackBox 的传感器）中，推出了高度支持云计算的系统。最近，甲骨文已经收购了 SUN 微系统公司。

基于网络的普适计算的关键是计算机本性问题实际上似乎没有实际意义。嵌入式世界的任何东西都是一台计算机，甚至包含网络。存在诸多节点，大多数节点在给定时刻是不工作的。进一步假定通过游牧性，网络结构将不断发生变化，我们看到任一网络都是一台计算机。Ad Hoc 网络将这一角度应用到其优势中去。例如，当浮标漂流通过大堡礁时[12]，最终到达陆地支持中心的无线互通网络使用一种基于单个浮标当前位置的组织结构。

但是 Ad Hoc 网络并不总是同质的。嵌入式产品伴随着各种资源，而且这不会阻止它们实现 Ad Hoc 配置。当节点能够进行通信时，不再要求它们一定是通用的。当通信距离足够近时，可以对局部功能进行扩展。在冗余的情况下，这仅仅是一个决策问题。

一个典型实例是相机阵列，其中传感器从不同角度观察同一物体[13]。哪部相机具有最好视图（如阴影最小）仍有待确定。另一种扩展是当发现某个节点有缺陷时，它在网络中的功能可以由另一个节点来代替[14]。

例如，在家居生活视频监测网络中，主要摄像头的功能可以进行传递，从而确保本地网可以随时与家庭网络通信。所有这些因素使得网络不再是一台计算机，而是网络可以成为所需的任意计算机。

1.3　智能传感器组网

越来越多的智能传感器子系统将是可用的和经济有效的，虽然最初它们可能有点深奥。后者的一个实例是高光谱相机，目前价格昂贵但非常有用，其未来应用可能会更加普及。

1.3.1　各种传感原理

传感器可用于测量冲击（加速度计）、声音（麦克风）、温度（温度计）、定位（GPS）和光谱（红外、视频、微波）上的各种元素等。通过多传感器集成（融合）能够实现更高的智能。此外，可以应用基于集成神经网络的学习。下面是安全应用中的一些传感器子系统实例：

1）红外/多光谱传感器。非制冷红外传感器可以提供有价值的信息，特别是在恶劣环境中。然而，更多信息可以通过分析其他频率范围内源点的响应来获取。例如，可见光谱表明无生命物体可以暴露隐藏的个人。

2）高光谱成像系统[15]。此类系统具有更多的频率响应，通常出现在空间和调查应用中。不管其适用性如何，它们也还没有在工业视频市场上进行大规模部署，如安全、医药、生物技术、机器视觉或其他与图像相关的副产品市场。

3）X射线/雷达/微波传感器。雷达已经应用于边界保护、人员检测和移动车辆中。针对穿墙能见度的手持式雷达系统正在开发之中，用于检测建筑物内的人员。此外，对于应急响应器来说，建筑物内部的三维表示[16]是非常有意义的。后向散射雷达车用于检查过境车辆和容器。X-射线系统已被用于检查人员、随身携带的行李、托运行李和其他货物。

4）声学照相机/声音的可视化。一个小型震动传感器模块可以在数量上进行复制，并合理安排用于一次有争议的消息传输。将来自于多个振动传感器模块的信号进行组合，且考虑其各自位置，将形成一幅地形图。这种"声学相机"成像[17]可用于显示人员检查，或被适当的二维信号处理算法所控制，如细胞神经网络（详情参阅第4.5.4节）。

在感兴趣区域，分布有多个小型传感器。同样的信息（如车辆通行信息）可以通过融合来自各个传感器的数据得到。这些传感器将在无定形分布式网络上进行通信。

关于处理和通信之间的折中问题，尤其是在功耗方面，需要认真加以解决。对于长期部署来说，从环境中获取的某种功率是非常有用的。

1.3.2　传感网络

传感器能够提供物理效应的相关信息。通过正确安装，传感器测量值与物体关联起来，但它并不局限于物体。更有甚者，传感器还可能提供重叠和补充信息。因此，传感信号可能是相关的，并提供与部署环境而非附着设备相关的冗余信息。

这种结构冗余，也可以应用到整个网络。主要区别在于通常可以观察到执行，以发现所关注的控制部分是否处于故障状态。对于传感网络来说，这种简单的故障确定是不可能实现的。明显的改进方法是通过在冗余结果之间进行投票来实现。技术不同但潜在质量相同的传感器可以查看同一事件。当所有传感器投赞成票时，则观察结果可能是正确的；当否决票达到指定数时，错误感知结果可能会被排除。可以对这两种理念进行融合，我们注意到：①技术不同但能力相同的传感器要求非常严格（只要它们观察同一事件）；②纯"命令行"分层存在差别。

神经网络可以用于从传感器处提取相关信息。在神经网络上对这些信息进行综合，支持基于联合贡献的决策。总体而言，这为下一个提取层提供了量化结果，我们将在第 3 和第 4 章中对其进行描述。

回顾一下，微电子计算机逐步从产品本身发展为嵌入式系统部分。同时，我们可以看出，某一应用域中的增值业务决定了进入另一个应用域的时间。这种渐进式演变见图 1-4。综合起来，它们构建了智能传感器案例，并考虑到传感网络上的分布。预计无线通信将形成系统凝聚力的一种更为松散的形式，并催生联合网络。在联合网络中，诸如护理、安抚和关怀（Caring, Comforting and Concerned, C3）家庭、家庭自动化和保健等应用领域将繁荣发展（参见第 4.3.2 节）。

由多个传感器组成的网络也是一个协作对象的集合。通过引入分工，可以在表面混乱中提出结构。划分网络的指导规则强调了多个突出系统特性之一。这种选择通常在计算机网络历史发展细微改进的连续进程中做出。但当存在诸多设备功能且需要将所有因素考虑在内时，必须对家电网络进行设计。

在传感器网络内部，每个传感节点配备一个网络接口，因而成为数字网络的一部分，且无法使用网络接口将其与其他计算元素区分开来。这些传感器节点既可能是另一种基于 Web 的设备，又可能是个人计算机。这些元素拥有特殊任务。它们为网络社会提供服务，因而被称为服务器。典型实例是数据库服务器和电子邮件服务器。其他元素仅承担外部世界的有限责任，且正在为网络功能提供服务。它们被称为客户端。当它们几乎不需要帮助时，人们称其为胖客户端；当它们离开网络几

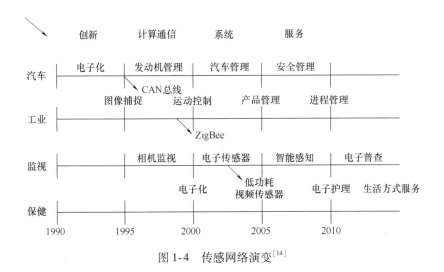

图 1-4　传感网络演变[14]

乎无用时，我们称其为瘦客户端○。一个或多个服务器以及诸多客户端连接起来形成一个本地网。

在各种各样的网络协议中，从两个方向可以看出端倪。令牌传递协议假定单个分组从一个节点传送到另一个节点。在每个节点上，目标是否可达或消息是否必须传送到下一个节点是确定的。因此，分组可充当活动令牌，在网络中是唯一的。这种机制尤其适用于昂贵、高速的连接。另一种方案是碰撞检测协议。该理念采用一种无连接意识的全连接结构。因此，每个节点可随时向网络发送分组。当两个分组同时存在时，由于数据位缺损，因而接收端可以检测出来。然后，两条消息被撤销，在随机周期内使用惩罚机制。当流量密度较低时，这种协议是没有问题的。当流量密度超过 60% 时，问题应运而生；100% 仅是一种理论概率。

至少有一台服务器通过网关提供到其他网络的访问功能。网关知道本地网所包含的内容。因此，当某条消息到达时，它可以轻易确定是否将消息引入本地网。网关还可以记忆一段时间，此时输出消息通过网关。当它知道所需路径时，它不需要再次寻找路径。网关可以直接与相邻网络或路由器进行通信。路由器可以采用分层模式进行配置，以确保每个节点在最多两倍层次树深度内与另一个节点建立连接。如果拓扑是扁平的，则路由器需要大量地址表；如果拓扑不是扁平的，则需要更多的路由器。最优系统基于路由器数和地址表大小之间的科学均衡。需要专门的高速路由器来实现最优系统的转换。

显而易见，这些硬件设备是通用全球通信宏伟计划的一部分，因而在个域网、体域网或微域传感网中是不需要的。基于 Web 的设备往往非常薄，从这个意义上

○　类似于 SUN 微系统公司提出的"哑终端"原始概念。

讲，它们仅拥有基本的 Web 支持，需要借助网关来为网络提供全功能呈现。因此，需要基于架构内的预期信息流来设计网络，该架构有望提供超过各部分总和的功能。

1.3.3　传感器网络设计方法

目前，无人值守传感器网络（Unattended Sensor Network，USN）的开发思路是自下而上的[18]。首先开发传感器技术，然后开发其功率限制范围内的计算能力，接着开发其网络原理/协议，最后开发其通往世界的可操作接口，包括其接入互联网的能力（见图 1-5）。

对于互联网来说，这种优先连接在过去一直工作得非常出色，第三方参与市场竞争以开发更优的网络架构和服务。换句话说，网络的增长意味着连续更新是一种成本昂贵、封闭、劳动力密集的过程，其代价只能从所形成网络的呈指数增长的商业价值中支付。

由于这种方案不适用于 USN，因而需要一种不同的、自上而下执行的开发计划（见图 1-6）。我们建议[19]，对于高级大规模分布式计算环境来说，这种解决方案应当基于最近宣布的"云计算"。我们将"云计算"实现方案设想为一种类似于"主机"的大型集中式企业计算设备，它拥有与互联网相连的大型瘦客户端传感器节点集。

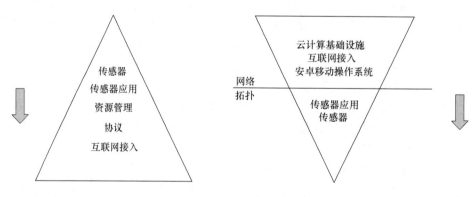

图 1-5　当前自下而上的网络设计　　　　图 1-6　未来自上而下的网络设计

传感设备是域转换器。对不同物理或生理域的事件进行抽样，并将其转换为电信号。虽然微电子传感器日益流行，但是传感器在技术上仍呈现出多样化趋势，因为它们促成了传感元素和信号处理系统的深度集成。例如，温度传感器基于电子/空穴对产生的温度敏感性。载流子形成一种可以作为模拟值进行处理、因而可以轻易地转化到数字域的电流。

某种级别数字信号处理的存在正逐渐从远程计算机板卡进入传感器。这一举动背后的动力是可编程性需求，即当资源稀缺时的结构化重用。指令集架构（Instruction Set Architecture，ISA）基本概念源于在同一硬件上执行不同计算的愿望。乍看上去，这似乎并不适用于传感器。特定传感器通常专门用于执行特定的测量任务。虽然这一点可能是正确的，但是测量环境可能不断发生变化。如何适应这种动态特性通常超出了模拟信号处理的范畴。早期实例是软件无线电（SDR，Software Defined Radio，http://www.wirelessinnovation.org），即行驶中的车辆对 Hi-Fi 的需求催生了编程/重编程设备。

传感器的输出往往代表着测量现象，而不是直接对应于事物本身。转变处理通常将主要组件去除，因而可能会因此失去一些可用信息。这通常不利于后续检测的开展。为了弥补这种影响，优质传感器往往是专用的和/或成本昂贵的。

与大自然相比，这似乎是奇怪的。即使最愚笨的动物都有一种惊人的感知能力。因此，生物学会激发传感器设计人员设计不同传感器似乎是顺理成章的。生物学在一种宏大的风格中利用冗余性，以实现诸多不同目标。乍看上去，它降低了对可靠性的要求，当所需信息存在时，只要当前至少有一个传感器与嵌入式世界进行通信即可。当有源传感器进行同一测量时，这已经提供了一定水平的鲁棒性。但1995 年 6 月的阿丽亚娜 5 灾难实例[20]表明了安全可能是非常有限的，即缓冲区溢出导致计算机关闭，并将控制权传递到存在相同问题的备用设备。当传感器具有一种不同的、但部分重叠影响时（参见第 4.5.1 节描述的碰撞避免），可采用一种更为自然的多数表决方法。一个实例是在火箭室测试中，单个昂贵但易出错的传感器会被分布于该区域内的大量廉价传感器所代替[21]。

显然，当在传感器的位置和功能中应用多样性时，只能信任 n 版本测量（甚至只在某种程度上信任）。换句话说，任何时候都需要完全独立的数据源[22]。在单一宏大世界模型的背景下，传感器应当提供测量数据，该数据应当完全一致或风险可以通过使用模型解释其他传感器已经发现的测量数据来克服。

这使我们基本上理解了实验证据中生物学所表明的内容：大量成本低、智能化低的摄像头要比单个高成本、高智能的传感器更好用。20 世纪 90 年代早期欧盟普罗米修斯项目[23]（更多细节信息参见第 3.2.3 节）中的防碰撞实验就是一个典型实例。在该实验中，可以对单一神经网络进行训练，以平衡诸多传感器的影响。

传感器网络的基础是数字技术。一种简单通信标准（如 ZigBee，更多详细信息参见第 4.1.1 节）使传感器实现相互感知，并生成一种联合测量结果。不需要中心控制器，因为大多数原始生物没有大脑，但仍然能够协调传感测量结果。这说明老式中心控制器范例可以将我们从简单且仍然高效的解决方案中解脱出来。

1.4　环境智能方法的扩展

当前，传感器网络中的"环境[注]智能"概念是基于信息/感知的发展，这些技术广泛应用于 Ad Hoc 分布式传感器网络环境中。网络中包含了大量的计算和通信，以揭示全球信息/感知的内容。

随后，这一信息/感知将必须在网络之外进行通信，以确保可操作性。虽然对于对等数据采集方案来说工作量已经非常高，但是它将迅速变得蛮横和不实际，需要及时做出反应。在第 4 章中，我们将回顾如下两种情形中的实例：

1）感知的集成。在一个典型的姿态系统中，多部相机从不同角度观察身体。它们中的一些相机观察右手，集体学习来理解其运动；其他相机观察脸或嘴。在下一层中，将这些图像细节组成到整体的理解中。该架构支持诸多图像理解应用，但要最优地为特定几何形状和功能的传感器分配任务是比较难于处理的[24]。

2）网络建模。一个看似简单的行为建模实例是西奈台球系统中的运动捕捉[25]。同时，物理弹性定律的基本知识可用于设计节点基本集，基础运动可通过训练进入到下一层，最终产生运动。正如已出版的研究成果[26]所指出的，可以发现所选拓扑中的诸多简单节点在采用 Ad Hoc 配置时，发挥的作用比若干个复杂节点还要出色。

1.4.1　情境计算

当计算机仍然是一种稀缺资源时，它属于热点，当前计算机的泛滥使得用户成为虚拟世界的中心。人们可以将它看做计算模式的一种本质反演，因而需要新型解决方案。情境感知传感中对人类行为的依赖强调处理任何人类参与情况的灵活性。一部或多部相机可用于此项用途，但这需要一种集中式计算能力，从而导致无云架构在数据质量和完整性方面仍然受限。解决方案是在人体上直接或通过着装来添加智能传感器。虽然这种可穿戴技术远远超出了通常意义上的便携式通信装置范畴，但它本身是一种移动应用。Gershenfeld[27]使用无形大提琴的故事就验证了这一点。

在与位置相关的情形中，需要进行一些测量。在过去，它通常是由专用收发器来实现的；在航空领域，这种情形已经存在了很长一段时间，而在航行领域，由于地理标志的缺乏迅速推动人们寻找其他方法。在 LORAN（罗兰）系统中，安装在陆地上的低频无线电收发器非常流行。最近，通过安装全球定位卫星，产生了一种更为通

[注]　环境的定义（韦氏在线词典）：各方面现有或当前存在的事物，即周围环境。差异较小，我们看到具有不同名称的大量相似技术。似乎在昭示某些公司的偏好：普适计算（IBM）、泛在计算（微软、英特尔、施乐）、知觉计算（AT&T）、活动徽章（惠普）、Cooltown（惠普）和环境计算（飞利浦）。

用的方法。最初是针对军事目的设计的，通过与静止 GPS 卫星进行三角形通信，GPS 有利于对地球位置进行精确测量。它迅速得到普及，从而产生基于位置的计算。所有路由服务，无论移动的，还是固定到移动环境中的，都可以使用这些数据进行设计。

前比利时公司 StarLab 的 Vandevelde 已引入"情境计算"概念，它与心理学中的对应概念类似，用于描述行为/偏置接口[28]。它引入了诸如自我和关系等元素，以支持行动者之间的交互。类似关系可以描述为人员及其工作空间之间的关系。因此，我们进入了机器人和阿凡达的世界。

但是，我们必须在位于单个计算机内、具有真实功能的虚拟世界（这与桌面领域一样）和具备由可用网站和摄像头通信生成的虚拟化功能的真实世界之间划清界限。在真实世界中，我们必须增强认知功能，以丰富当前情形中行动者之间的交互和协作（增强现实），这就是情境计算所涉及的全部内容。理论是完美的，但是为了使得情境计算真正发挥作用，需要一些根本性的突破。

1）能源。由于大多数的情境应用具备或部分具备移动特性，因而能源是作为一种补贴出现的。我们需要非监督行为、长寿命的电池、极低的功耗或作为消息组成部分传递的能量。

2）维护。使用如此多的计算机入侵社会，构成部分质量要高，维护成本要低，因为用户一般对故障诊断、隔离和修复不够信任。

3）情绪。设备对用户必须是透明的，且能够适应用户的情感障碍。它应当是一个最好的朋友，能够提供支持，但又是不可见的。

4）安全性。由于设备是高度网络化的，因而入侵防御是一个重大问题。

1.4.2　自主计算

自主计算⊖被吹捧为面向生物的分布式组网实现方案。其目标是形成计算网络与系统（与生物模拟类似），该网络与系统能够向用户隐藏复杂性，并能够提供比当前系统更高的价值。这些新系统需要具备自我管理、自我配置、自愈、自我保护和持续自我优化等功能。

管理一个大型分布式系统需要稳定的蓝图。这样，蓝图的详细分析将为系统提供控制功能。对于大型软件系统来说，这一目标很难达到，即使实现了这一目标，维护也难以开展。对于地理上广域分布的大型系统来说，情况变得更为复杂。因此，理想情况是不考虑这些因素，基于生物灵感来提出一种架构，该架构通过配置故障，来达到较高程度的系统健康，从而具备自我管理功能。

　⊖　自主的定义（韦氏在线词典）：①行动或不由自主发生（自主反应）；②与自主神经系统有关、影响自主神经系统、受自主神经系统控制的影响或活动（自主药物）。

多数大型系统开发遵循自主增长和择优配属的原则。例如，生产线是基于机器的，这些机器单独进行优化，期望开发一种健康的完整系统。大规模制造实践表明，存在一种称为"警报洪泛"的现象。诸多非理想情形将导致诸多表明潜在故障的信号产生，但往往不太明显。因此，这些警报通常与偶发的现实警报一起被忽略，从而导致真正的灾难（也可参见第 6.3 节）。因此，这些理想情形看起来似乎真的很理想。

遗憾的是，自主计算具有较大的挑战性，它跨越的幅度太大了。在云计算会议[29]和其他开发领域⊖，它最近面临着复兴机遇。

1.4.3　有机计算

"有机⊖计算"来自于深度生物灵感。除了易于维护之外，它强调大量简单组件的自适应、目标导向重配置。从这个意义上讲，它是一种系统需要慢慢适应它必须执行的环境和任务的学习机制。

一个有机系统必须是鲁棒和自组织的。它可以提供一个战略目标，但如何达到这一目标对于逐步自适应来说是开放的。不存在全局控制，因为这将意味着调度机制的存在。同样，同步必须基于触发事件，而不是基于固定时钟，因为主时钟是一种全局控制。

需要通过容错来避免对畸变建模的灵敏度过高，这种畸变可以轻易引发警报洪泛。相反，假定节点功能向给定全局目标演进，但对演进路径未进行预先定义。因此，当节点选错方向时，它可能会被饿死，但若给定足够多节点，则足够多的健康节点将生存下来。虽然情况太理想不能完全实现，但是牢记保持有机功能是非常重要的。如果普适计算将成为可接受的现实，则原因是它将从未引起人们注意。围绕这一目标，类似有机行为是一个必要条件。但是，事实证明，物理硬件现实由"云中"虚拟副本补充的混合方法是最有前途的。"克隆云"技术就是一个实例，我们将在 2.1.1 节中对其进行讨论。

⊖　自主计算国际研究所，www.irianc.com。

⊖　有机的定义（韦氏在线词典）：①古老的：仪器的；②a：与身体器官有关的，或在身体器官内发生的；b：影响生物体的结构；③a1：与活生物体有关的，或从活生物体内得到的＜有机进化＞；a2：与食物有关、生产食物或涉及食物使用的，这些食物使用饲料或植物化肥或动物来源进行生产，不使用化学配方肥料、助长素、抗生素或农药（有机农业）、（有机生产）。b1：与碳化合物有关的，或包含碳化合物的；b2：与涉及生物碳化合物和大多数其他碳化合物的化学分支有关的；④a：形成一个整体的组成部分：基本（配乐而不是行动的有机部分——Francis Fergusson）；b：各部分的系统协调：有机的（有机整体）；c：具备有机体的特点：活植物或动物的发展方式（社会是有机的）；⑤与法律有关或构成法律的，该法律是由现有政府或组织制定的。

1.5 云计算的概念

云计算[⊖]建立在类似大型"主机"的集中式企业计算设施基础之上，它拥有大量与互联网相连的瘦客户端[30]。这种"云计算"系统的特点[31]是其虚拟性（"云"的位置和基础设施细节对客户端是透明的）、可扩展性（能够跨逐步扩展的"云"基础设施处理复杂的客户端负载）、最终灵活性（为多种工作负荷提供服务）。在"云计算"架构中，数据和服务驻留在大规模可扩展数据中心处，使用与互联网连接的任何设备都可以对数据中心进行访问。

在传感器网络处理中，强调基于云计算的应用是一种自上而下的传感器网络开发方法。原则上，高性能集中式（指挥/采集）计算机及其互联网通信/基础设施能力是第一位的；瘦客户端传感器元素首先仅采集和转发数据。由此形成的分工将使得计算机能力最大化、通信及系统总体功率要求最小化。为支持这些超大型传感器网络的开发，建议处理基础设施的开发基于云计算范例，这些基础设施主要用于对来自传感器网络的大型数据集进行采集、分析和虚拟化。在云计算环境中，此类开发包含了诸多可用的"即服务"属性，如作为分析即服务、虚拟化即服务实现方案的软件即服务、安全即服务（参见第 1.6.1 节）。

云计算将为国防（无人驾驶飞机、火控）、商业（监视、安全）、医疗（体域网、病人监护）、游戏（网络彩弹球、地理寻宝等）及其他市场提供更为高效的处理网络环境和基础设施。

在第 1.4 节中，我们已经回顾了各种组网架构及其与云计算概念的联系。在第 1.6 节中，我们归纳了它们从老式大型机技术开始向云计算的发展情况。

1.5.1 云之路

恐龙已不复存在。物种灭绝，无人知道确切原因。它既可能是一颗流星，也可能是火山爆发的灰烬。思考空间足够大！但是，在计算机工程领域，不存在真正灭绝的事物。甚至我们仍在使用 COBOL（Common Business-Oriented Language，面向商业的通用语言）。但我们仍然能看到某些发展，并试图延续这种发展趋势，以预

⊖ 云的定义（韦氏在线词典）：①悬浮在行星（如地球）或月亮大气中的可见凝结水汽颗粒集合（水或冰）；②与云类似的东西或使人联想到云的东西，a：具有轻、薄、膨胀或汹涌特性、飘浮在空气中的集合（金发如云）、（帆云之下的轮船）。b1：悬浮在空气或气体中的细微颗粒可见集合。b2：朦胧物质的集合，尤其是在星际空间。b3：带电粒子（电子）的集合。c：一大群或众多：一大群（蚊多如云）。③具有黑暗、降低或威胁特性的事物（战争的黑云）、（疑云）。④能够模糊或损害的事物（模棱两可之云）。⑤深色或不透明的纹理或斑点（如大理石或宝石所呈现的）。

测未来。我们尤其关注的是当渐进式改进方案变得过于复杂时，可能导致的破坏性变化。通过观察图 1-7，我们将回顾这些发展，同时指出，真正的惊喜是不存在的。事实上，大多数创新是基于现有事物，只是这些事物有机会拥有了更多含义。

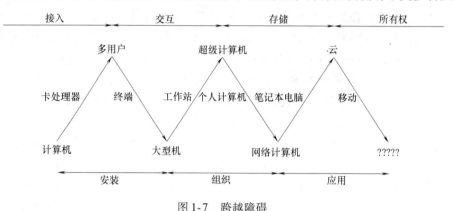

图 1-7 跨越障碍

1. 障碍在哪里

在所讨论的工作潜力方面，计算能力有了稳定提高。计算最基本、最原始的形式是单一的原始引擎，它具有单一入口点，每次仅能完成一项工作。入口点是一个卡站或纸带阅读器，其中媒介是离线准备的，任务是分批执行的。

随着技术的不断成熟，各批次被混合，从而使得看起来能够同时处理更多用户。当批次不需要同时处于工作状态时（如当处理输入时），这种作用发挥得尤其出色。随着电传的出现，这种并进流程运行良好，而输入的在线进入必须规则地等待下一个击键运作。再次重复该步骤，可以将电传与 I/O 站结合起来，并考虑到缓冲问题，因而当主计算机专注于真正执行任务时，可以进行编辑。

低成本、在线编程导致用户数量爆炸式增长。但用户不只要运行程序，而且也希望看到结果。当输入优先为文本时，输出采用图形化形式更易被理解。这敦促用户消耗更多功率，以支持人们的渲染和图形操作需求。图形输出也导致程序越来越复杂，且主计算机将逐步演变为一台超级计算机。

等待批量处理完成不是一件好玩的事情。在多用户计算机时代，当主计算机宕机时，只要有用户已经登录，则通过 I/O 站继续编辑是可能的。因此，使用工作站，情况会更好一些。一旦输出被转移，则用户能够以局部方式继续工作。但用户仍然需要进入工作站。这样，使得工作站个人化支持用户工作在自己的时间和地点。在时域，这种个人计算机变得非常强大，使得它们本身成为一台计算机。

虽然变成了超级计算机，但是大型机变得太大，无法为个人计算机提供服务。因此，虽然大型机仍存在，但此时被称为"服务器"。每台大型机负责控制一组小型计算机，提供昂贵的和/或复杂的共享设施。对于大型机来说，它们的作用与过去的 I/O 站类似。但是，随着局部计算机消耗大量功率，下一步是将其融合进一个虚拟实体——网格。这是超级计算机，但在各种位置由大量个人计算机提供便利。

虽然个人计算机的漫游功能越来越强大，并演变为便携式或笔记本计算机，但是需要对服务器进行组装，以优化资源使用。我们习惯性地称其为"云"。虽然规模仍是一个问题，但业务提供已经成为一大隐忧。服务是最终的"程序 + 数据"。因此，数字版权的管理是对数据集上程序的使用进行规范。与此同时，笔记本电脑已经演变为可变结构的移动设备，且具有组合成机组的潜力，这些机组拥有共同的目标。

2. 发展的维度是什么

当前，存在着 3 种架构维度：速度、数据存储和物理尺寸。随着微电子制造技术的发展，我们看到用户和引擎端速率明显增加。显然，这是一种"推"效应；计算机形状越来越少，速率越来越快。磁盘技术也有一个明显的影响，将本地存储数据量提高了几个数量级。虽然从处理器所使用的技术来看，细节信息有所不同，但它仍是一种微电子技术，因而应用了该领域生产技术的一些新成果。同时，从表面来看，制造技术正在推动着计算机工程的发展。与此相伴的还有物理尺寸。在纸带阅读机必须紧密集成在计算机框架内的地方，当前网络可能会在广域内执行单一计算任务。

如果这仅仅是一系列持续改进措施，那么是什么带来了惊喜呢？看来微电子技术是一个重要的推动力，但不是唯一的推动力。细想起来，我们看到以前描述的历史回顾是不断变化的重点之一。乍看起来，人们的兴趣在于为尽可能多的用户创造访问平台的机会。于是，焦点转移到交互上，支持用户在不知道同一系统其他用户的情况下开展工作。然后，数据存储问题出现，它使得用户使用实时数据实时开展工作。这里，我们认为，作为一种直接后果，当前的焦点是所有权。

这与构成部分的组合方式有关。老式计算机完全是由制造商设计的，他们使用独特的电缆，并假定框架闭合。随着互联网的到来，系统的构成是由使用它的组织定义的。在建筑物的可用位置，他们设计电缆的位置。无线技术破坏了所有这些美好的概念，人们将根据特定应用需求来进行新的安排。

我们还看到，新的方向不一定跳出蓝图。在单用户计算机上，已经存在有交互显示。但它们既笨重，又昂贵，仅购买用于特定用途。根据 Christensen 编写的开创性书籍[32]，大规模存储的情形是类似的。这样就出现了我们仍然必须解决诸多所有权问题的移动区域。关于这方面的更多信息，将在第 5 章和第 6 章进行描述。

1.5.2　商业云

云将需要连接到联网的高性能计算系统。当前的云一般基于刀片服务器，需要高速互联通信路径。用户可能会有潜在机会与搜索公司接触，尤其是与代码实验室和开放安卓软件接触的机会更多。微软、雅虎、英特尔、IBM 和亚马逊内部也存在类似活动。

在我们的云概念中，除了数据采集、分析和报告之外，重点放在为各种传感网数据采集元素提供增强型安全和信任度上。程序需要在云计算中引入新元素，尤其是需要对来自于传感网的采集数据元素完整性进行评估。迄今为止，我们一直假定所有数据都是可靠的。当基于采集数据实时做出决策时，情况并非如此，就像每个互联网网站并不总是可信的。

云计算概念的关键，除了服务器农场的存在之外，将是低成本瘦客户端处理器的可用性。在这种情况下，人们再将瘦客户端定义为低能力、低存储和应用软件。在传感网络中，瘦客户端足够多，因为大多数计算能力有望配置在云中。当然，云不局限于服务器农场，因为在适当的时候，客户端的增多会导致局部云增厚。在第2 章讨论软件迁移问题时，会提到这一点。

拿手机来举一个简单（虽然极端）的例子。此设备已经从一种简单的音频处理单元，发展为能够处理视频、文本和数据的单元。虽然应用变得越来越复杂，但是人们不禁会问：这是不是唯一合理的发展路径？这里，我们认为手机不应当是多个连接管理器。以及时、正规的方式到达其他移动设备是主要问题。当数据传输意义不大时，工具可以随地运行，在线服务器支持成为一种选择。

1）引理 1：随着技术进步，更复杂的工具可以嵌入到本地。

2）引理 2：随着连通性的改善，不太复杂的工具可以配置在云中。

这些引理给设计带来了冲突。通过消耗更大本地功率，人们能够以本地方式来使用性能更好的算法。但是，"超越摩尔"观测结果清楚地表明，算法需求的增长速率比处理器改善速率快得多。另外，当连通性提高时，让这些算法在另一个平台上运行更具有吸引力，此时优化的是速率而不是优化功耗。

我们感兴趣的情形是将工具 1 嵌入某台移动设备，并与另一台（不一定是移动的）工具 2 提供额外计算能力的设备进行通信。最终结果总是会被传递回移动设备供显示用。或者用等式来表示，即

$$执行 = 工具 1 + (2 \times 传输) + 工具 2$$

工具执行时间与算法复杂性成指数关系，而基本速率由平台时钟给出。我们使用因子 α 表示平台间基本执行时间差（服务器 $= \alpha \times$ 个人计算机 $= \alpha^2 \times$ 移动设备，其中 $\alpha < 1$），因子 β 表示算法复杂性尺度。于是，我们将任务分解成两个部分：γ（对应于工具 1）和 $1 - \gamma$（对应于工具 2），等式变为

$$执行 = \alpha \times \gamma^\beta \times 任务 + (2 \times 传输) + (1 - \gamma)^\beta \times 任务$$

在该模型中，我们将传输看做一个给定值，但数据需求的规模显然取决于生成工具的质量。何时工作得更快，以在服务器上执行某部分的问题可以通过下式来

回答：

$$\alpha \times 任务 < \alpha\gamma^{\beta} \times 任务 + (2 \times 传输) + (1-\gamma)^{\beta} \times 任务$$

如果假定 $\beta = 2$，则会发现 $\gamma = 1 - 2\alpha/(1+\alpha)$，且当 α 趋近于 0 时，γ 趋近于 1。当 α 取值合理时，如对于驻存在笔记本电脑上的情形，α 取 0.1，等式在 $\gamma = 0.8$ 处有一个交叉点；或者对于驻存在服务器上的情形，α 取 0.01，等式在 $\gamma = 1$ 处有一个交叉点。这意味着笔记本电脑已经提供了加速承诺，而对于服务器来说，在任何负荷减少量超过传输开销的情况下，都能正常工作。

1.5.3 服务器农场

在最高级别，云计算概念的核心是建立战略分布式服务器农场[33]，以实现计算密度和功耗优化。诸如微软和 IBM 等公司已经建立了大型服务器农场。对于大型计算设施来说，功耗是一个重要问题，因而靠近诸如河流的制冷机以及靠近诸如水电大坝的廉价电力是至关重要的。

服务器农场一般是由集成在机架上的商业处理器同质集群构成的。为了最大限度地降低设备成本及其基础设施，通常将机架安放在集装箱内。集装箱在电源、制冷和布线方面是独立的。SUN 微系统公司的 Blackbox 是此类集成的典型代表。奇怪的是，该盒子还包含有一系列传感器节点（Sun SPOT），用于测量加速度（运输过程中）、温度、湿度、光照和位置。

集装箱的使用也有利于服务器农场的快速、高效组装。除了制冷、电源和布线之外，不需要建造其他特殊设施。服务器农场的原始应用是用于加速网站搜索，针对按需计算的相同设施使用是其能力和水平导致的结果。

1.5.4 网络扩展器

在无线通信运行方案中，可能会发生某种级别的、来自于每个传感器末端树叶的数据集中（见图 1-8）。数据集中通常发生在低功率无线电系统，称为家庭基站（或热点）。它们插入到小区宽带连接，支持移动用户使用现有的移动蜂窝手机来访问数据和语音服务。家庭基站将支持建筑物内最优质的移动服务。

在这种处理水平上，应用是由多核/多层处理元素构成的。IPFlex、Ambric、Tilera、Stretch，MathStar、PicoChip、ElementCXI、PACT、IBM、英特尔、ClearSpeed、SUN、AMD、Stream Processors、Stretch、博通、Cavium Networks、思科系统、ElementCXI 等公司已经开发出了高核/高层计数系统。有趣的是，"碎块状"（在算术逻辑单元级）现场可编程门阵列（Field Programmable Gate Array，FPGA）和多核/多层系统之间的界线变得不太清晰，以至于它们都被市场看做多核处理设备。

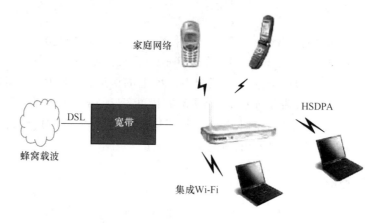

图 1-8　家庭基站成为 3G 的主流⊖

　　PicoChip 公司⊖是一家无晶圆半导体公司，专门开发用于无线基础设施应用的高性能芯片。来自于 PicoChip 的设备包含大约 300 个处理器内核，主要针对 3G（Third Generation，第三代移动通信）蜂窝和 WiMAX（Worldwide Interoperability for Microwave Access，全球微波接入互操作性）基站设计。在 PicoChip 设计方法中，每个处理器内核都相对比较简单，以简化编程和进程分配。

　　在编译时，处理器进程分配与处理器通信模式是固定不变的：在实际执行期间，不需要解决总线争用问题。每个处理元素主要依靠其本地存储器来实现映射到它的功能，当本地内存不足时，对外部 SRAM（Static Random Access Memory，静态随机访问存储器）的访问受到编程器的控制。

　　此外，调试工具提供了整个芯片的图形可视性。这些简化的假设和因素使其复杂应用的开发和调试变得可管理，尽管涉及大量处理器。PicoChip 的 picoArray 技术已应用到 picoXcell 本地网络扩展器基站的开发中。

1.6　云溯源

　　在云计算范例成为常例之后，新的商业模式和技术将被引入。它们将普遍受益于云计算的中心化特性，包括数据库和软件问题中心化，因而提高了客户效率。除数据采集之外，重点应放在为各种传感器网络数据采集元素提高增强型安全和可信

⊖　Baines R. "WiMAX 微微蜂窝和家庭基站需求"，www. wimaxworld. com. cn/picoChip- WiMAX- Femto. ppt。

⊖　"PicoChip 公司：挑战机遇" BDTI（Berkeley Design Technology Incorporation，Berkeley 设计技术公司），2006 年 12 月 13 日。

度上。此外，将要生成的新型商业模型必须考虑诸如云工具更新职责、应用版本控制、数据和计算的物理与安全位置等新问题。

1.6.1　商业模型

在当前的商业模型中，用户获取应用软件包，并以本地方式维护所有数据。基于云的新模型使得用户变成"瘦客户端"，仅负责生成数据和消化报告。对于诸多当前套装软件供应商来说，这种变化将极大地影响商业模型。

因此，供应商原则上将不得不从与客户的"交易"关系，转变为"服务"定制关系[34]。在云计算中，多种形式的服务将从集中位置提供。当然包括更新与升级。从云计算获得的最终利益取决于下面的一个或多个概念能否转变为可行的商业命题。

1. 硬件即服务

虚拟化（如第 2.1.1 节所述）代表了硬件即服务的一种形式。虚拟化还可能包括负载均衡和资源重构的概念。网格计算具有同样的功能，它使得资源能够专门用于所需的计算。

对于特定关键计算集来说，能够请求 200 个处理节点，通过信用卡收取费用，且使得节点在 5 分钟内是可用、可访问的，这是非常有利的。针对 200 个处理节点，计算仍然需要进行科学安排，以实现最大效益。云计算将使得人们具备了能够从家庭、工厂和大学经济地访问类似高性能计算（High Performance Computing, HPC）的能力。

2. 企业和效用计算

企业计算是云计算产生之前的一个计算概念，主要内容是基于需求的实用程序和计算机系统的应用。目前，已经为每个用户提供了许多 CAD（Computer Aided Design，计算机辅助设计）工具。同时，这样做的好处之一是能够完全支持对最新软件进行自动访问。根据使用时间来提供计费信息，同时还要对数据库存储进行收费。特别是对于 CAD 工具配置和生成来说，需要提供控制功能。

3. 软件即服务

从云计算最初定义的、明显的好处是使用在第三方（在云中）计算机系统上执行的软件。不需要购买本地执行的软件，对所需软件进行集中维护，以保证正常运行。从核心内容来看，还需要提供版本控制的形式。

当特定计算需要特定配置和/或高性能时，软件即服务的优势将大大增强，用户节点或网络处的性能不一定可用。从长远来看，期望以较低价格、较低功耗来提高本地能力将是不现实的。

4. 游戏即服务

一种自然扩展是将局部流行的游戏软件变为集中可用。此外，游戏可以拥有多个参与者。每个游戏节点更像瘦客户端，而不是小型超级计算机。在游戏节点处，可能在多核/多层图形处理单元（Graphics Processing Unit，GPU）配置下，仍能以本地方式进行某种级别的图形处理。

5. 系统即服务

当工作在云中时，子网可能被隔离成实现子系统执行，其规模和/或位置不一定是固定的。这种方法也将受益于当前云计算中替代计算配置的异质性。除了在云中更新/升级软件，各种计算架构也有望应用在云中。

一个实例是神经形态的仿真引擎，它是设计作为第6框架"突发瞬态快速模拟计算（Fast Analog Computing with Emergent Transient States）"集成项目 FACETS 的。它基于集成在圆片规模芯片上的混合信号 ASIC（Application Specific Integrated Circuit，特定用途集成电路）[35]，以提供生物神经系统的真实仿真，同时考虑到全冗余。

6. 网络即服务

此外，子云可能成为一个可用网络，它有点儿类似于互联网和内联网的区别。企业内联网或私有云可以采用这种方式建立。采用内联网或私有云的原因之一是安全和防御的需要，假设那些通用全球云计算系统尚未开发出来。

7. 基础设施即服务

基础设施⊖需要拥有理想配置以及针对特定域的应用软件。基础设施将包括计算的所有方面，以及通信和存储。

1.6.2 云经济

前面描述的集成，除具备诸多优势外，也引入了新的要求。我们需要处理这些新要求（如防御、安全性和完整性）以及开发新的"破坏性"商业理念（软件即服务、安全即服务、游戏即服务、一切即服务）。这些开发过程构成了一个完整的新型商业范式，单一来源软件包（如 Office）的日子一去不复返了。

云计算的经济模型基于第三方资源的实际使用。它代表了资源所有权和责任的变化。目前，用户通常使用自己的（购买的）资源。用户还可以购买应用软件包，使其应用于软件的未来修正和更新。对于用户已经购买了的软件来说，想要强行对其修补或者更新是很难的，大量夹杂着恶意程序的僵尸网络的盛行正好证明了这一点。完全修正、最近更新的用户社区能够有效地防止此类不良情形的出现。

局部"环境智能"概念将演变为一种更具全局性"集体智慧"概念。这也意

⊖ 基础设施的定义（韦氏在线词典）：①根本基础或基本框架（作为系统或组织的），②用于军事用途的永久设施，③一个国家、政府或地区的公共工程系统；也可指某项活动所需的资源（如人员、建筑物或设备）。

味着数据将存储在云中。当集体数据驻存在云中时，数据责任也将在云中。云管理将通过采用适当的保护机制，以及恰当的物理分布式冗余，来负责（当然是收费的）提高数据的弹性。

当应用软件管理明确驻留在云中时，版本控制的责任（如及时适应新的版本，同时支持旧版本）也将在云中。在以云为中心的时代，这是用户的付费项目之一。访问云中数据需要认真加以管理。这也是用户的另一个付费项目。同时，一旦数据库实行集中式管理，则还需要提供同步访问控制功能。成本模型需要包含计算收费，以及上面提及的一些价格。也就是说，它应当包含所提供的维护、安全性、访问控制及其他功能的收费信息。

云计算开放性及其集中式配置的后果是：将不再需要工作设施的配置。IT（Information Technology，信息技术）将成为一个瘦客户端的局部修复，且支持云中的版本控制。更多工作需要在家庭中心或工作中心完成。纯工作和创新将在各种工作中心或场所执行，云将提供对工具的支持。这意味着云将提供额外工作，以支持各类工具。

1.7　物联网

设备的互联网 IP 地址应当是唯一的数字。开发基于传感器的系统，将从互联网基本协议由 IPv4 到 IPv6 的未来升级中受益匪浅。在该系统中，每个传感器将拥有一个单独的 IP 地址。

下一代互联网将连接到恒温器和灯光、汽车、环境监视器、工厂机器、医疗设备，以及其他数十亿数字设备（见图 1-9）。物联网可能包含能够读取日常物品上条码的移动电话、通过射频识别（Radio Frequency Identification，RFID）标签跟踪货物的业务以及降低能耗的智能公用电网中的建筑物或家庭自动化系统。

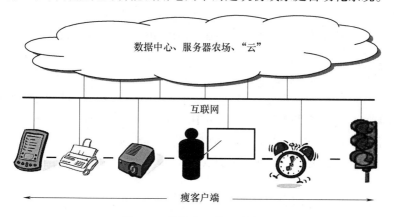

图 1-9　数据中心就是计算机

欧盟已经公布系列计划，以支持由日常物品形成的互联网络（所谓的"物联网"）开发，这些物品内嵌有 RFID 标签。同时，从 IPv4 到 IPv6 的变化将有助于应对独立可寻址物品数量剧增的问题。

诸如 IBM、思科系统等公司已经意识到"物联网"有望成功，链接到 Web 的物体标准需要统一。由思科公司主导的 IPSO（Internet Protocol for Smart Objects，智能物体的互联网协议）联盟已经成立，以加速开发进程。

如前所述，云概念的出发点是一种类似"主机"的大型集中式企业计算设备（服务器农场），这些设备通过互联网与大量瘦客户端（物品）相连。在这种"云计算"架构中，数据和服务主要驻留在大规模可扩展数据中心内，使用任何通过互联网连接的设备可以随处访问这些数据中心。大多数服务（应用）将由云来提供，一些服务（见第 7 章）由本地"传感"云更高效地提供。

1.7.1　极瘦客户端

插件计算是瘦客户端架构的一个实例，可以将它想象为出现在终极云计算环境中。它们具有足够的能力来处理本地用户的接口操作，以及与云的接口操作。同时，在该级别上，可以应用多核/链路处理元素，但需要满足设计的功率限制条件。

Marvell 半导体公司的 SheevaPlug 是一种进入所谓的插件计算世界的最新低成本入口设备。它包含一个 Kirkwood 系列 SoC（System on Chip，片上系统），该芯片拥有一个工作频率为 1.2GHz 的嵌入式 Marvell Sheeva™ CPU（Central Processing Unit，中央控制单元）内核。该设备使用千兆以太网（Gigabit Ethernet，GE）与网络建立连接，能够提供桌面级性能，可用于取代基于 PC 的家庭服务器，实现多种应用。外围使用附带的 USB 2.0 端口建立连接。

与最早由 SUN 微系统（现在属于甲骨文公司）销售的第 1 代所谓的哑终端类似，瘦客户端[36]（如上述的 SheevaPlug）和来自于 ThinLinX 的 Hot-E 设备属于第 2 代设备。有趣的是，甲骨文公司的产品之一是其传感器边缘服务器，能够提供基于传感器（如 RFID）信息返回更高级别数据管理基础设施的信道，以实现数据管理。

1.7.2　云中安卓

安卓是一种针对移动设备开发的、基于 Linux 操作系统的软件平台和操作系统，由后来的开放手持设备联盟（Open Handset Alliance，OHA）开发。开放手持设备联盟是一个由 34 个硬件、软件和电信公司（包括 HTC、英特尔、摩托罗拉、高通、T-Mobile、Sprint Nextel 和 NVIDIA 等）构成的团体，致力于推进移动设备的开放标准。

使用安卓操作系统环境（见图 1-10）的软件无线电已经实现了用于传感器数据访问的瘦客户端。云中安卓方法的优势在于连接到互联网的所有通信基础设施都是免费提供的，用户只负责（基于传感器的）应用开发即可。

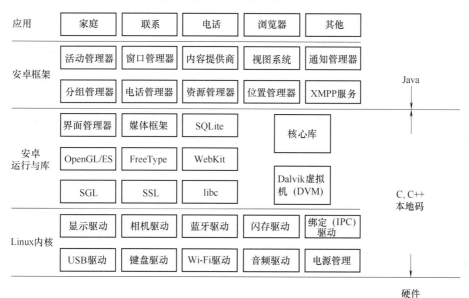

图 1-10　Android 架构[37]

安卓属于开放软件，自带功能库（http：//code. google. com/android/what- is- android. html）。其安卓核心 C/C + +库中原则上包含以下元素：

1）系统 C 库。一种由 BSD（Berkeley Software Distribution，伯克利软件套件）派生实现的标准 C 系统库（libc），可调整用于基于 Linux 的嵌入式设备。

2）媒体库。基于 PacketVideo 的 OpenCORE。该库支持诸多流行音频和视频格式以及包括 MPEG4、H. 264 MP3、AAC（Advanced Audio Coding，高级音频编码）、AMR（Adaptive Multi- Rate，自适应多速率）、JPG（Joint Photographic Experts Group，联合图像专家小组）和 PNG（Portable Network Graphics，便携式网络图形）的静态图像文件的播放和录制。

3）表面管理器。管理访问显示子系统，并无缝合成来自于多个应用的 2D 和 3D（Three Dimensional，三维）图形层。

4）LibWebCore。一种现代网页浏览器引擎，既可驱动安卓浏览器，又可驱动可嵌入的网页视图。

5）SGL（Skia Graphics Library，Skia 图形库）。基本 2D 图形引擎。

6）3D 库。一种基于 OpenGL ES 1.0 API（Application Programming Interface，应用编程接口）的实现方案，该库或者使用硬件 3D 加速（当可用时），或者包含高度优化的 3D 软件光栅器。

7）FreeType。位图和矢量字体渲染。

8）SQLite。一种强大的、轻量级关系数据库引擎，适用于所有应用。

1.7.3　感知到云中

IPv6 的产生及其引发的 IP 标识设备的迅猛、连锁式发展，将导致传感器、数据、信息和智能的极大丰富。已经成熟的"云计算"概念考虑将数据采集网络集成为一种云计算/环境智能组合环境。"环境智能"的概念基于分布式传感器环境中的信息/感知发展。典型情况下，这是在主机上执行的，但对于无处不在的传感器（尤其是传感器网络）来说，这也可能由群计算来支持。群计算是局部云计算的一种形式。为了提出这一点，我们引入"聚拓扑计算"[19]，一种融合了"云计算"和"环境智能"传感器网络理念的概念，如图 1-11 所示。

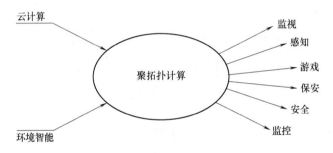

图 1-11　"云计算"和"环境智能"的集成

在聚拓扑计算中，传感器和中央计算机之间的关系与"云计算"中的情形类似：一系列瘦客户端（传感器）和一个"软件即服务"焦点（指挥/采集中央计算机）。审视这一概念的另一种方法是从计算角度。网络使用了大量节点，每个节点包含一个或多个内核，节点和传感器网络都支持多处理功能。

为了加快多核计算机领域的创新步伐，加州大学伯克利分校 RAMP[38] 项目组开发出一种基于 FPGA 的标准研究平台 BEE3（Berkeley Emulation Engine version 3，伯克利仿真引擎第 3 版），用于评估和测试大型多核系统，尤其是其软件开发环境。项目最初是从所谓的"7 个小矮人"（计算模型的一种形式）的定义（在分析参考文献［39］后）起步的。初始研究之后，列表新增了 6 种（共计 13 种）计算结构，有些结构是针对特定域提出的。一种称为自动调谐器的代码优化和生成新方法用于产生 C 优化代码，该代码编译用于特定计算结构。与 20 世纪 60 年代"固定 + 可变（F + V）结构"研究[40]类似，RAMP ParLab 研究项目将根据分析结果确定其计算结构。在 RAMP 情形中，高价值应用域主要包括个人健康、图像检索、听证会、音乐、语音和并行浏览。

我们的"聚拓扑计算"概念源于多核中央处理器（云）以及分布式传感器（瘦客户端）网络拓扑方面的概念，虽然拥有不同方向，但是人们一直在跟踪研究。在多核系统开发中，软件与类 SystemC "计算模型" 相关，向应用代码隐藏了程序互连的细节。在分布式传感器网络（如基于 ZigBee 的网络）中，通常使用基本互连模式（星形、网状和簇树）的相对较小集合。图 1-12 给出了多核处理器（云）和分布式传感器（瘦客户端）网络拓扑问题，虽然拥有不同方向，但是人们一直在跟踪研究。

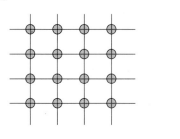 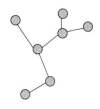

- 多核处理 　　　　　　　 - 分布式传感器系统
- 计算模型 　　　　　　　 - 互连配置

图 1-12　多核处理器和分布式传感器系统之间的聚拓扑计算二元论

我们希望执行与 RAMP 项目类似的研究步骤[41]，来选择一套实用的网络拓扑集，从 Spaanenburg[19] 描述的、包含 3 个传感器采集器的网络着手研究。

聚拓扑计算的概念源于传感网络领域。将多个无人值守传感器散布在感兴趣区域，该区域属于运行（聚拓扑）配置的一个子集，而（指挥/采集）计算机系统将（管理）遍历传感器网络，以采集结果。中央（多核）计算机将采集和分析数据，用于网络的后续更新和/或外部可操作数据项的传输。"采集器" 和 "传感器" 节点之间的劳务分工，是 "聚拓扑计算" 概念不可或缺的组成部分。

1) "采集器" 提供诸如知识集成器、感知采集器、态势显示器/报告器、线索通报器、查询接口提供者等功能。知识集成将提供高性能处理系统中提供的各项功能，包括高级人工智能、多维分析和遗传算法等。这些能力通常被视为传感器处理节点网络无法实现，或者至少不在其计算/功率限制条件内。但是，有多少工作能以局部方式完成仍然是一个问题。采集器为 "摸象" 传感器节点提供了全局感知集成功能。采集器还可以为传感器网络外部通信提供查询/显示接口。

2) "传感器" 提供诸如异常检测（只能与奇异点建立通信，无法实现连续观察）等功能。它们既可以由外部供电，也可以自供电，通常无定形（不在网格上），具有生成磨损、现场再编程和传感器即插即播能力。原则上，传感器不应当提供连续的 "老大哥" 观测结果，它们应当尽可能局限于异常/变化检测。

除数据采集、分析和报告外，强调为各类传感器网络数据采集元素提供增强型安全性、完整性和可信性需求是非常重要的。Oberheide[42] 描述了一种针对移动设备虚拟化云安全服务的创新技术和一种针对基于传感器的瘦客户端的安全即服务方法。

在需要可操作智能的安全应用中，"聚拓扑计算"概念非常有用。需要包含用于访问网元工作状态的技术，包括自检、篡改、敌方欺骗和恶意攻击等与"拜占庭将军"网络分析有关的所有方法[43]。除了采集数据本身之外，访问采集数据的完整性也是极端重要的。在诸多当前使用的传感器网络中，安全技术水平是一个易被忽视的元素（详情参见第6.2节）。

在聚拓扑计算中，抽象源于拓扑使用。它将采集器和传感器之间的劳务分工，与其设计和构建分离开来。聚拓扑计算的未来应用强调，通过网络拓扑，1000个内核、1000个传感器和1000台计算机上的编程应当是一样的。它强调重要的不是位置，而是元素之间的关系，这意味着劳务分工更为重要。由于它是一种自上而下的方法，因而需要依靠软件功能来实现迁移[44]。此外，诸如组织、拓扑、软件分发、客户端－服务器关系等方面的问题，要比单个节点或中央处理器编程更为重要。

1.8　小结

在本章中，我们从嵌入式传感器讲到大规模网络。在谈到过去受制于数量有限的规则，且这些规则多是针对特定应用制定的时候，讨论了当前的普遍性和一般性规则，并迅速转向传感设备群。在这种场景下，计算能力可能是局部的，但支撑（服务器）农场也是可用的。这一切的后果是，功能与平台不能实现紧耦合。事实上，硬件正变得无形，软件正变得富有弹性。这是海森堡定律的微电子等价物：微电子功能无处驻留，无时疏散。

在本书的剩余部分，将进一步阐述该主题。我们将审视云概念以提供系统自由度，并采取相应措施来同时增强保安性和安全性。但首先将在下一章深入研讨移动（传感）网络系统中的可迁移软件概念。

参 考 文 献

1. Collins RR (September 1997) In-circuit emulations: how the microprocessor evolved over time. Dr Dobbs J. Available at www.drdobbs.com
2. Eggermont LDJ (ed) (March 2002) Embedded systems roadmap 2002, STW Report 2002 06 06-03, Technologie Stichting STW, Utrecht, The Netherlands
3. Lee EA (October 2006) Cyber-physical systems: are computing foundations adequate? NSF workshop on cyber-physical systems: research motivation, techniques and roadmap, Austin TX
4. Kurzweil R (1999) The age of spiritual machines. Viking, New York, NY
5. Moravec H (2000) Robot: mere machine to transcendent mind. Oxford University Press, New York, NY
6. Joy B (2000) Why the future does not need us. Wired 8(4):238–246
7. Hammerschmidt C (April 2007) Car designs on fast track. Electronic Engineering Times Europe (online), 16 Apr 2007
8. Amin M (September/October 2003) North America's electricity infrastructure: are we ready for more perfect storms? IEEE Secure Private 1(5):19–25

9. Waugh A, Williams GA, Wei L, Altman RB (January 2001) Using metacomputing tools to facilitate large scale analyses of biological databases. In: 6th Pacific symposium on biocomputing (PSB2001), Kamuela, HI, pp 360–371

10. Weiser M (September 1991) The computer for the 21st century. Sci Am 265(3):94–104

11. Reeves B, Nass C (1996) The media equation: how people treat computers, television and new media like real people and places. CSLI Publications, Stanford, CA

12. Bondarenko O, Kininmonth S, Kingsford M (October 2007) Coral reef sensor network deployment for collecting real-time 3-D temperature data with correlation to plankton assemblies. In: International conference on sensor technologies and applications (SENSORCOMM2007), Valencia, Spain, pp 204–209

13. Zhang L, Malki S, Spaanenburg L (May 2009) Intelligent camera cloud computing. IEEE international symposium on circuits and systems (ISCAS), Taipei, Taiwan

14. Ljung E, Simmons E (2006) Architecture development of personal healthcare applications, M.Sc. Thesis, Lund University, Lund, Sweden

15. Gomez RB (April 2007) Hyperspectral remote sensing: physics, systems, and applications. In: 14th Annual mapping, imaging, GPS and GIS user's conference (GeoTech07) lecture notes, Silver Spring MD

16. Baranoski E (July 2006) Visibuilding: sensing through walls. SAM 2006, Waltham, MA

17. Kercel SW, Baylor VM, Labaj LE (June 1997) Comparison of enclosed space detection system with convential methods. In: 13th Annual security technology symposium, Virginia Beach, VA

18. Stankovic JA (October 2008) Wireless sensor networks. IEEE Comput 41(10):92–95

19. Spaanenburg H, Spaanenburg L (August 2008) Polytopol computing: the cloud computing model for ambient intelligence. In: 1st international conference and exhibition on waterside security (WSS2008/Structured Session F), Copenhagen, Denmark

20. Gleick J (December 1996) A bug and a crash: sometimes a bug is more than a nuisance. New York Times Magazine, 1 Dec 1996

21. Guo T-H, Nurre J (July 1991) Sensor failure detection and recovery by neural networks. Proc IJCNN Seattle WA I:221–226

22. Kalinsky D (August 2002) Design patterns for high availability. Embed Syst Program 15(8):24–33

23. Nijhuis JAG, Höfflinger B, Neusser S, Siggelkow A, Spaanenburg L (July 1991) A VLSI implementation of a neural car collision avoidance controller. Proc IJCNN Seattle WA I: 493–499

24. Simmons E, Ljung E, Kleihorst R (October 2006) Distributed vision with multiple uncalibrated smart cameras. ACM workshop on distributed smart cameras (DSC06), Boulder, CO

25. Sinai Ya.G (1970) Dynamical systems with elastic reflections: ergodic properties of dispersing billiards. Russ Math Surv 25(2):137–189

26. Therani MA (December 2008) Abnormal motion detection and behavior prediction. MSc thesis, Lund University, Lund, Sweden

27. Gershenfeld N (1999) When things start to think. Hodder and Stoughton, London

28. Schmidt A, Vandevelde W, Kortuem G (2000) Situated interaction in ubiquitous computing. In: Conference on human factors in computing systems. The Hague, The Netherlands, p 374

29. Dobson S, Sterritt R, Dixon P, Hinchey M (January 2010) Fulfilling the vision of autonomic computing. IEEE Comput 43(1):35–41

30. Armbrust M, Fox A, Griffith R, Joseph AD, Katz RH, Konwinski A, Lee G, Patterson DA, Rabkin A, Stoica I, Zaharia M, (February 2009) Above the clouds: a Berkeley view of cloud computing, Electrical Engineering and Computer Sciences. University of California at Berkeley, Technical Report No. UCB/EECS-2009-28

31. Lohr S (2007) Google and IBM join in cloud computing. New York Times

32. Christensen CM (1997) The innovator's dilemma, when new technologies cause great firms to fail. Harvard Business School Press, Boston, MA

33. Katz RH (February 2009) Tech titans building boom. IEEE Spectr 46(2):40–43

34. Prahalad CK, Krishnan MS (2010) The new age of innovation. McGraw-Hill, New York, NY

35. Schemmel J, Meier K, Muller E (2004) A new VLSI model of neural microcircuits including spike time-dependent plasticity. In: Proceedings international joint conference on neural networks (IJCNN2004) Budapest, Hungary, pp 1711–1716

36. Vance A (2008) Revived fervor for smart monitors linked to a server. New York Times, October 13, 2008

37. Thompson T (September 2008) The android mobile phone platform. Dr Dobb's J. Available at www.drdobbs.com

38. Patterson DA, (February 2006) Future of computer architecture. Berkeley EECS Annual Research Symposium (BEARS2006), University of California at Berkeley, CA

39. Asanovíc K, Bodik R, Catanzaro B, Gebis J, Husbands P, Keutzer K, Patterson D, Plishker W, Shalf J, Williams S, Yelick K. (December 2006) The landscape of parallel computing research: a view from Berkeley, Electrical Engineering and Computer Sciences, University of California at Berkeley, Technical Report No. UCB/EECS-2006-183

40. Estrin G (May 1960) Organization of computer systems – The fixed plus variable structure computer. In: Proceedings Western Joint IRE-AIEE-ACM Computer Conference (WJCC), San Francisco, CA, pp 33–40

41. Spaanenburg H (May 2008) Multi-Core/Tile polymorphous computing systems. In: 1st International IEEE conference on information technology, Gdansk, Poland, pp 429–432

42. Oberheide J, Veeraraghavan K, Cooke E, Flinn J, Jahanian F (June 2008) Virtualized in-cloud security services for mobile devices. In: Proceedings of the 1st workshop on virtualization in mobile computing (MobiVirt'08), Breckenridge, CO, pp 31–35

43. Lamport L, Shostak R, Pease M (July 1982) The Byzantine generals problem. ACM Trans Program Lang Syst 4(3):382–401

44. Spaanenburg H, Spaanenburg L, Ranefors J (May 2009) Polytopol computing for multi-core and distributed systems. In: SPIE symposium on microtechnologies for the New Millennium, Dresden, Germany, 736307, pp 1–12

第2章 云中软件

如今，随着处理平台的重心从科学计算领域转向商品服务领域，连接性问题变得愈发重要。理想的状况是：数据本身就是商品，我们可以在通信结构中随处提取，就像"提取墙上的水和能源"一样方便。但与水和能源不同的是，在传输方面，数据服务供应者的数量不再受到限制，任何人都可以成为供应者或消费者。所以，建立优质的服务，是当前必须面对的问题。

在经典的传输系统中，供应者给网络容量设立了上限。在掌握了用户的数量及上网的环境（如家或者办公室等）以后，可以计算出每个固定网络所需的规模。而随着获取资源的源头越来越多，用户开始摆脱对供应者的依赖，此时情况就大不相同了。当这些用户有能力不定时地向网络回传不定量的数据时，又产生了新的问题。今天，集中控制方法已经开始落伍，能够预先处理区域传输问题的智能化栅格能源网才符合当前的需求。在现代通信领域，这个问题已经不新鲜了。

卡尔[1]指出，计算机系统的发展正沿着电力分配的发展模式前进。当引入第一批计算机之后，计算能力是一种需要共享的稀缺资源。通过专用线路和网点，可以通过简易终端在线访问系统中心的大型主机来为数以百计的用户提供服务。而随着规模与能耗的持续降低，微电子技术的发展带来了更多的智能终端设备，最后几乎实现终端的完全自主化。随后，这些终端发展转变为更利于

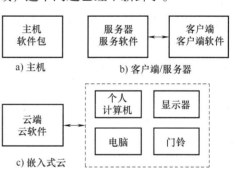

图2-1　计算机系统的发展历程

移动、运输乃至嵌入的处理器，同时，能够把这些智能终端连接起来的网络也变得日益重要。这样，主机开始化身为服务器，而服务器在云端网络化，从而建立起一个不同于集中式分配的新方法（见图2-1）。

然而，上述的关于通信的问题并不局限于数据方面。在音频领域以及微电子领域里都引发了类似的变革。简易电话发展为智能电话，智能电话又升级成移动电话，而移动电话的功能则越来越多。同样的趋势也可见于视频领域。陈旧的广播式电视台正走向淘汰，大号的老相机也转化为小巧的商品，随后被集成到移动电话以及其他产品之中。基于这些设备，人们都学会了拍摄视频录像并上传到互联网上。

计算机通信系统的三个"原料"（数据、音频和视频）之间的区别不再局限于

性质的不同，现在也包括各自流量密度的不同。而首先，传输的含义有很多种。两个数字产品可以通过多种媒介传输，如在空中传输（OTA），或蓝牙传输（OTB），或光缆传输（OTC）等。这种多样性归功于微电子产业的迅猛发展，使得通信设备从最初的使用模拟电路到使用数字电路，再到如今基于软件的迁移。

这种逐步的转变直接反映在无线设备的发展历程中。在过去，对于一个嵌入了众多标准化芯片的设备，有太多的标准可以参考。这种额外的成本花销严重阻碍了基站的建设，因为对于每一个新的标准，都需要建造新的基础设施，这也就意味着追加新的投资。不仅如此，这也导致客户的流失，因为一个新的基础设施就意味着客户要购买一个新的设备，以此类推。所以，在可配置商品的发展促进下，产生了这种渐变的需求。

各种连接的能力和花费并不相同。例如，无线连接从根本上讲一定慢于有线连接，电力线也不能和同轴电缆相提并论。起决定作用的是连接的可用性，或者公共性、私有性等。对于交互式结构来说，这些都不是主要问题，但当更多的设备与分布式执行的多媒体传播相连接的时候，成本因素就会变得无处不在。因此，需要应用路由器来为互动应用提供路线的规划。

这里介绍在传感云系统中如何处理软件的分布及执行。在后面的第 5 章和第 6 章里，将介绍如何应对诸如可靠性、安全性以及以云为核心的传感系统应用的完整性等新需求。这些基于云的软件的发展，尤其是其"分布式执行"这一方面，将引发一种崭新的商业模式⊖。

2.1　云的特性

从技术上说，云计算是历史发展的必然产物，这来源于单个平台上对软件共享的以下需求：

1）系统故障灵敏度。当将某个应用程序作为单个 SMP（Shared Memory Processor，共享内存处理器）实例运行时，操作系统容易出故障。

2）系统健康。对系统属性诸如能源消耗以及内存访问冲突等进行监视能够显示动态调整的需求。

3）系统维护。软件成本主要集中在维护上，用于在处理层提供前向后向的无缝兼容。

使云计算技术成为可能的技术是虚拟化技术。从软件的视角来看，这一切都始于 IBM 在 20 世纪 60 年代发展的时分多用户计算机，其目的是让更多的用户在同

⊖　"如何插入到云，"特别报告：业务创新，信息周刊，2008 年 12 月 8 日。

一时刻不知不觉中共享同一平台上的资源。针对目标设备,所有的软件都要被编译,因此自然就要针对每个不同的平台进行重新编译。要让机器看起来不一样,仿真是第一步,但在多用户环境下仿真并不好用,因为软件还是无法被自由调度和安排。但是,更新固件可以解决固件问题,从而在批处理尚能运行现有应用时清理平台。

随着处理器结构的发展,带来的芯片支持让我们在访问资源时可以使用不同的权限同时进行,如同时进行系统的维护和用户的应用。而软件库的日益普及带来了强制性的需求,那就是必须存在可以同平台合作处理的多种编译软件。从此,发展的脚步迈向对操作系统拥有着继承性独特品位的过程容器,云技术应运而生(见图 2-2)。

图 2-2　虚拟化理论发展时间线

当我们得以运行自身有特定操作系统支持的软件时,随之而来的就是 IP(Intellectual Property,知识产权)。由于运行过程中不需要二次编译以及对底层硬件的调整,所以就可以将其动态地调整到任何需要的地方去。在一个典型的云网络中,可用的服务很多,但是每个服务都按照单独的方案运行,所以要将系统移动到空间充裕的已激活服务器中来自我加固。这样每当需要执行一个应用程序时,实际上是在不同的服务器上进行的,这些服务器有着不同的资源品质,从而也有着不同的运行特征。

当软件只能在主机里执行时,我们关心的是软件的实际位置,而在网络中关心的焦点已经转移了。首先,当工作站分担用户的小型“请求—响应”交互时,繁重的计算依然是留给服务器来执行。渐渐的,用户得以拥有超级计算的服务,同时主机也转变成为云以满足更大的需求[2]。用户交互已经从工作站模式发展为可以基于用户手里拿着的任何设备。换句话说,软件被分为可以通过网络通信的数个部分,且每个部分都定位于一个合适的位置。就目前而言,这种划分仍然是静态的,所以可以认为存在使配置更动态化的技术。

对于服务器云的存在意义,有两个重要方面:一是高速互连。通过网状连接大量处理器来并行处理也能实现超级计算般的计算能力,但是如果程序无法完美地并行化,或者说数据只能以较大的规模或者极高的速度搬运的时候,运行品质将极速下降。通过高速互连和本地集成的数据库将所有任务整合在一起将带来明显的优势。二是由于云要服务到每个用户,所以就不能专用某一个操作系统,且更不能允许服务器的硬件对无害软件施加限制。

2.1.1　虚拟化

追求灵活的软件组织的过程是由一系列的阶段组成的。柔性连接的最初形态是中断结构。也就是说，将一个中断处理函数放置在内存空间的顶端，里面的表单里存有若干指针，这些指针指向那些为每个已连接的独立外部进程处理特定数据传输的程序。这是首次尝试通过一个集成的内存空间里面的地址来建立连接，且仍能顺利地将任意设备连接到计算机上。

支持一台计算机上的多重处理，从这一需求中产生了不同的两种内存空间：本地内存空间和总体内存空间。总体内存空间对系统提供了一个综合的视角，该视角来源于一系列提供局部视角的进程。区别在于贯穿内存处理单元的硬件支持，这也叫做将内存空间虚拟化：通过页面表，本地存储可以放置于总体存储的任何位置。

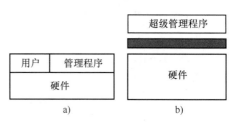

图 2-3　即将来临的超级管理时代

所有的进程都是平等的，除非其中一个被赋予监视整体的权限。当用户模式中正在进行处理时，监视模式里可以改变该处理（见图 2-3a）。

操作系统位于硬件的顶端。它直接控制着下层硬件，但是对应用程序员掩盖了个中细节。通过对下层硬件功能的提取，支撑着一系列平台，这个下层的硬件就是虚拟机。这种从现实到虚拟的转变可以由软件或者硬件完成。很流行的例子，说的是编译层面的软件技术，那就是 Pascal 语言的 P0 语言层和用于执行 Java 程序的虚拟机（JVM）。最初的虚拟机是编译器驱动的，所以下层硬件对其不透明。这严重地限制了它的应用。早在 1967 年，IBM 就已经展示如何控制管理模式。而到了2000 年左右，SUN 微系统公司利用这个可能性提供了基于同一硬件的多操作系统，这被称为"超级管理程序"或虚拟机监视器（Virtual Machine Monitor，VMM），见图 2-3b。超级管理程序可以检查所有指令并分隔开其中非本地的或特殊处理所特许的，如仿真和模拟。

在单片集成的超级管理程序里所有的用户操作系统都适用于同一个超级管理程序。这需要标准化的接口，此接口位于用户和下层虚拟机管理器程序之间，例如：

1）一个用于虚拟管理的框架应用程序接口。

2）一个用于虚拟机间通信的应用程序接口。

3）以通往下层为目的的半虚拟化。

4）为维持负载平衡和便于维护所采用的机制。

操作系统的每个部分都与网络连接息息相关，存储等级、进程调度以及设备驱动都被存放在管理区域。换句话说，超级管理程序自身就是一个实时操作系统（Real Time Operating System，RTOS）。单片式的超级管理程序缺乏弹性，因为所有设备驱动都在管理区域里，无法随用户的特定需要进行延伸。因此，"控制台—用户"超级管理程序将驱动向上层移动，直至虚拟层的顶端，这样就实现了功能的添加。这就是 Linux 中允许添加驱动的机制。上述这些针对大型复杂操作系统的变化（见图 2-4）的统称为寄居式超级管理程序或第二类超级管理程序。

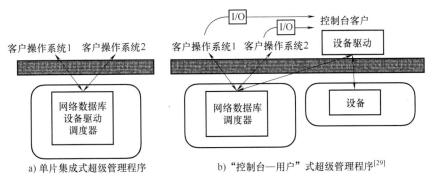

图 2-4　单片集成式超级管理程序和"控制台—用户"式超级管理程序

图 2-4 同时也暴露出寄居式结构的一个通病，那就是虚拟化程序封装复杂、结构庞大。因此很难去维护，更糟的是易被攻破。所以，下一步要做的就是限制管理部分的规模，把内核换成微核。

这是本地或者完全虚拟式或者第一类超级管理程序（见图 2-5）的特性。在特殊区域里有一小片共同区域（当它可被视为无穷小时，通常被称作"裸金属"），而剩下的则是用户区域中的一个可实体化的虚拟化进程。还有额外的优势就是虚拟化很容易（甚至动态地）转变为个人应用。

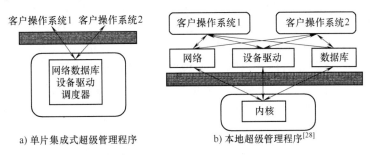

图 2-5　单片集成式超级管理程序和本地超级管理程序

为满足上述的个人需求，所产生的机制就叫做准虚拟化。准虚拟化将一个虚拟化建立在另一个的顶部，用最优的接口配置实现最佳性能。当前的技术发展水平甚至可以支持透明平台中的实时性能。既然如此，硬件本身就不再是一种区分标准，且分布式传感网在软件的分布共享上同样是多核的。静态的解决方案通过将任务以最优的方式预分配到节点来平衡所担负的工作量，据悉这已经被用于平行化的计算问题，但是仅仅到此为止。而动态的解决方案则在任何需要的时间和地点将进程发送到节点。

当前虚拟化最主要的应用在于服务器云，作用是促进与位置无关的软件和/或服务的执行。相比需要计划的服务器，客户更需要一个即时可用的服务器提供的服务，因为软件对资源的需求是多种多样的。另外，客户需要测试并开发软件，前提是能保证该应用稍后会扩展到云端。显而易见，虚拟化到云要比虚拟化到计算机公园更加复杂。

2.1.2　云调查

如果一个问题被多数人频繁提起，那么就应该把答案留存下来以备日后使用。可有些人的问题是比较偶然且特殊的，那这种问题的答案就不必留存了，那是对存储的浪费。针对这样的情况，当问题出现时直接去计算答案更有效率。这两种截然不同的方法并没有把数据这一角色考虑进去。如果一个问题反复出现但里面的数据又时常变更，就还是要占用一点点空间去储存，举个例子，就像出入境时的面部识别问题一样。问题很简单：这个人可否入境呢？

虽然我们总是不断地问这个问题，但是要检查的人总是稳定地在变。对于一个复杂的情况来说很难提出特别合适的问题。所以用户需要一个引导，他们需要的不是繁杂的答案，而是简单适合、门槛较低且易读性高的指示。把云定位在一个信息市场的位置，在这个市场里，数据存储系统庞大、具备高速高性能互连的服务器也可服务于类似街边小铺偶尔逛逛般的悠闲客户。

对于服务器来说，典型的工作就是将应用程序和操作系统装在一个单独的"容器"里来实现最自由化的动态配置[3]。总的来说，有 3 种重构的方式（见图 2-6）。工作量分离是最陈旧的一种，旨在利用不同的"容器"来实现单一平台上的交互。而合并则是将不同服务器的工作量先整合在一个"容器"中，然后尽可能最优配置到一个个足够小的服务器群里。而近来，我们则见到了迁移，也就是从效率（如速度更快、外设更好等）上考虑，将"容器"重新分配给另一个服务器。

云端入口的带宽相对较窄，与之类似的是，计算系统里的资源也主要集中在云本身而非入口上。这赋予了云难以估量的存储和计算能力，但同时也造成了访问的困难。如果云真的是为了提供服务而不仅仅是单纯地计算，就不应该出现这样的问题。所以这意味着云通过提供抽象层压缩了所需的带宽。当用户对某一措辞不明确的概念怀有疑问时，云就会计算关于该疑问的若干种可能性并给出些初始答案。然后用户进一步完善自己的疑问，进而让云排除不必要的搜索并缩小限定范围继续计算。这种往复直到用户和云达成共识时才会停止。上述过程构成了所谓的"非对称函数"，它与建立安全传输时所用的方式十分类似。

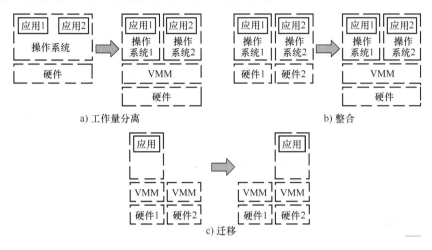

图 2-6　重构方式

一个很典型的例子就是克隆云（见图 2-7）。在 Chun 与 Maniatis[4] 的论文中，讨论过这样的内容，那就是通过在云端设立一个手机镜像来扩展手机的功能。平时两者是同时工作的，但当手机遇到复杂问题需要处理的时候，镜像将更快地解决该问题并将结果传回真正的手机。这样，手机就可以做得轻便一些，使它看起来处理速度更快。另一个好处就是，当云端无法访问（或用户并不急于通信）时，手机也可以正常工作。

嵌入式系统一般来说覆盖范围很广。一方面，它需要实时响应，因此计算系统的规模要小；另一方面，它需要与应用紧密相连。所以在虚拟化的需求方面，这就意味着我们既需要主机安排，也需要本地的安排。因此，传感网必须与它们的系统结构相适应。

将上述需求分离到不同的抽象层中之后，就得到了如图 2-8 所示的夹层结构。通过这种方式操作系统可以在不同的平台上运行，同样应用程序可以在不同的操作系统上实现。而图上与之垂直的部分则显示了库和无处理器接口可以虚拟化。

让我们回到人脸识别的问题上来，在这个领域，云可以建立特有的数据库搜索，其容量比刚刚谈到手机时要大得多。如今的数字摄像头都包含了 GPGPU（General Purpose computing on Graphics Processing Units，通用图形处理器）来处理这样的问题。我们的建议是对于手机来说，不必复制这种模式，但却可以通过云连接使功能变得更加强大。

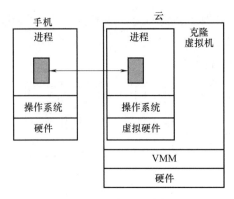

图 2-7 增强型手机

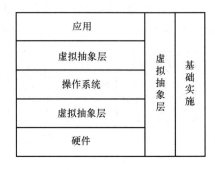

图 2-8 依托虚拟化构建的抽象层[29]

2.1.3 其他云

想了解计算机发展的历史，还有一个方法就是去了解一下软件的发展史。在资源不足的时代，软硬件自然而然地结合在一起以满足所需的系统功能。而在服务器/客户端时代也是采用同样的结构。服务器和客户端的软件仍然独立，但是产生了一种便于通信的交换模式。决定性的改变发生在当计算机外设从工作站分离并开始带有独立处理器以后。这种逐渐的智能化带来的就是嵌入式计算机：一种外观不同但是功能依旧的设备。大多数的基础设备计算只占用计算机计算能力的一小部分，剩余的大部分反而用于该设备上所运行的应用程序。因此，软件的定义不再局限于为控制硬件执行局部命令而刻意安装的程序，而是扩展到任何本地程序。

功能迁移使得程序开始变得和硬件一样。过去，对包含 1 个 CPU、一台主机、若干本地程序的系统来说，硬件几乎不会空闲去被利用。如今，到了硬件的大普及时代，带宽开始接替硬件成为限制因素，程序和数据也要转移到网络里效率更高的地方去执行。有人说软件正变得越来越"硬"，并逐渐转为系统功能的提供者。换句话说，软件正取代硬件在系统中的地位。这是融合了云、微核和 FPGA（Field Programmable Gata Array，可编程逻辑器件）技术的未来时代的本质。

以上这些都非常强调网络的重要性。网络不仅连接硬件，同时也将软件融入功能中。这种以连接为中心的观点是关于聚合拓扑的总体方案的一部分，该方案把功能建立在变化的网络拓扑结构[5]之上。这个方案已经取得了一点成果。收割者一边穿行于网络之中，一边寻找着节点上的信息。在一些专门的网络里，数据自行搜索可用的服务器。近来，一款名叫激战的网络游戏引入了最小带宽传送系统。通过该系统，玩家可以获取自己想要的内容。或者说更重要的是，系统还可以在玩家正在游戏时提前将他所关注的新内容下载完毕。这迈出了远离集成化安装和计划分配模式的一步。

随之而来的形势是，我们拥有潜在的大型传感网，这个网络通过引入嵌入式技术，实现了一定的硬件多样性，但更多的是软件的个人化。举例来说，现在有 6 亿宽带电话正在被使用，它们处于和其他计算或显示设备共存的情况之中。接下来自由地连接这些设备来进行以图片例的信息的检索、转换和显示就是顺理成章的了[6]。这是云的下一代结构，而我们也很有兴趣看看是否采用原来的技术。在 Want 等人[6]看来，下列描述就能说明这一点。

Fred 和 Sally 打算去他们的朋友 Joe 的家里作客，讨论一下关于 Sally 刚刚度过的假期。与以往只是给大家展示移动设备上的照片不同的是，Sally 用手机连接 Joe 家墙上的平板电视，从而实现像播放幻灯片一样地展示她精选出来的照片。

2.2 连通集架构

云正向围绕特定（软件即服务）的超级计算机的分配式网络的方向发展。对于移动设备的云来说，发展的趋势是通过将软件按需迁移来建立平台上的应用，这取代了以往提前安装软件的方式。在假定实现由软件向节点迁移的措施已经出现的基础上，连通集架构（Connection Set Architecture，CSA）已经成为关键要素。

CSA 工作基于抽象化连接，目的是在可移动的软件上完成功能的实现。为了实现这一点，需要将调度模式从移动软件替换为主干注入器。主干注入器工作在软件之间的抽象连接里，而且在对节点的引导限制上非常有效。该主干注入器从属于另一个主干注入器。当主干注入器和功能开始沿着网络传播时，通过对网络拓扑进行抽象，可以有效降低复杂性。

2.2.1 软件连接

在主机时代，资源和呼叫者必须要清楚网络的拓扑和协议的安排方式和地点。在有限的资源条件下，软件必须要连接端口来应对格式转换的需求。为实现连接两点的目标，需要网络作为工具，因而网络路由有着较高的重要度。但如今，情况已经大不相同：网络无处不在，两点间的连接不再稀奇，格式也已经标准化。在软件网络化、硬件虚拟化的同时，功能在资源处还是访客处或者两者之间某处执行、遵照什么样的路由和协议都不再重要了。

举例来说，手机看起来是让软件移动化了，但实际上它只是个软件的容器而已。对于一般的用户来说，手机真的是软件的容器或者说一个支持"功能 + 数据"的平台吗？显然，我们不需要去区分数据与计算，但是要观察信息流的静/动态性能。我们正在考虑功能迁移的规模问题，这个问题已经存在于云端、传感器、软件或者 CPU 的（多）核中。尽管如此，首先还是要把目光放在连接的问题上，先让软件动起来，然后才能去考虑网络本身。

　　这里说的连接并不是线缆的替代，也不同于硬件里两个节点之间的那种连接。它的存在意义在于软件之中。当前的目标是引入动态连接来实现软件的移动，为了实现这一点，对于软件有两点需要改变。第一是不能在编译时固定连接。第二是从可移动的角度看，软件的分离化和结构化必须可以实现。

　　连通集架构将连接与其附属软件抽象在一起。CSA 具备将软件功能意图与未知源实际应用分离开来的效果。这意味着软件可以像包裹一样进行处理，而在网络层面上，需要顾及形成完整系统的包裹配置。在单条连接层面上，可以不用考虑单独设计和实现来控制需要发送什么和需要提供什么。

　　这和管理传感网中采集器与传感器的关系是一样的（参见第 1.7.3 节）[7]。传感器提供信息，但不清楚收集器如何使用这些信息。在软件里，收集器可能指代用户交互接口而传感器指代后面的具体功能。如今传感器除了能够提供信息之外，还能提供对信息的处理方法。这项功能应该被分离出来，并像传感器一样附加在用户带来的庞大的迁移世界里。

　　我们试图通过引入更高级的自主性、再利用性以及可维护性来打破这种传感器与收集器的从属关系。在 CSA 模式里用户（传感器）可以决定以何种方式将信息呈现给用户界面（收集器），而所呈现的信息是由功能（传感器）提供的。在一个软件中，用户就是程序流的控制端，用户界面就是 API，然后功能就是逻辑和信息。这表明 API 在功能与交互方面不需要保持静态。另外，当使用 API 或者标准的时候，标准的一部分可以无副作用地被动态改写。

　　这让人联想起 Java 里面的"注入"这个概念，即虚拟机将程序移动到其他硬件时采用的办法（见图 2-9）。同时也将源程序移动到其他地方编译并执行。对于互联网来说这项技术是个不错的开始。要记住的是，将所有软件集中在一个节点上是问题的根本，但应存在更多、更好的节点用于注入。

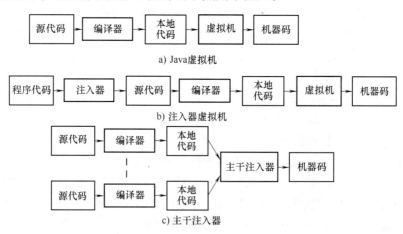

图 2-9　Java 与主干注入器

2.2.2 主干注入器

在传统的多核软件开发中，对软件部分采用静态分析并分配至节点，随后编入事先计划好的队列里。在一个单核或传感式的嵌入式 CPU（Central Processing Unit，中央处理器）里，总有一个小小的性能代价，消耗不大，用于调度和安排。当逐渐扩大到多核和多传感器时，这个代价急速增加，性能也就随之下降。把程序分成更细有一定抑制作用，但这样做反而增加了调度的时间，得不偿失。另外，处理大的程序分块能降低调度时间，但代价就是性能的损失。显然，调度对于多核来说不是个好事情，所以要将其挪开。

我们打算用一个注入型的资源处理程序（见图 2-10）来替代程序机。主干注入器可以压缩并封装仍在程序机里处理的软件分块。形成的这些称为隔室，主干注入器技术的作用就是安置和连接这些隔室。隔室的建立可以在设计时按需完成，它们规模不一，但绝不分割计算与功能。这就意味着对于单核的 CPU 来说，会有一个小小的性能损失，但收获的是开发时间的缩短和维护成本的降低。

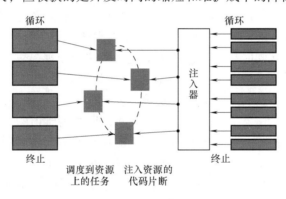

图 2-10　调度与注入

CSA 使软件隔室的移动成为可能。现在问题集中在描述和构建上，也可以说集中在连接并设置隔室的语言上。另外，主干注入器可以作为一项支持技术用来跳过对具体的连接手段的思考。在指令集架构（ISA）里，注册机曾经被作为容器，用抽象的方法处理、描述、构建以及移动信息。而在 CSA 里，隔室就是注册机那样的容器。

架构主干注入器系统在工作调度时可以比作 IPFlex 公司的 DAPDNA（Digital Application Processor/Distributed Network Architecture，数字应用处理器/分布式网络架构）和 TRIPS（Tera-op Reliable Intelligently adaptive Processing System，万亿次高可靠智能自适应处理系统）多核架构[8]，这些架构里，一个大的计算分块被放入若干内核中，每当对外界进行调用时，就会往内核上加载一个计算块。这样就在多核尺寸与计算部分之间形成了一种静态绑定。但是，外界计算块调用的正是主干注入器连接的插入位置。然而，值得注意的是，调用并不是从计算块中来到注入系统。无论一个核还是一系列核，都无法自行决定自己的计算目标。

主干注入器堪称一位"大师"，而当它被添加到模块中时，它又成为一位"优化师"。资源去调用主干注入器并不是为了索取更多的数据。这是合理的，因为除非计算机资源被绑定到软件上并转为不可移动的软件，否则它们无法知道自己该要什么。向核发送什么也许和程序的逻辑没有关系，但和系统之间，就像低功耗运行对应普通功耗运行的关系一样。

2.2.3　同步

人机交互的目的是理解行为中的因果关系。我们之所以对人机交互投入更多的关注，是因为其展现出系统利用率的可认知的一面。这引发了可模仿人机间智能互动的行为，这种行为是基于状态的，并且使靠直觉反应的模型成为现实。我们称这种模型为"3I 模型"（目的、起始和解释）。

通常，用户和小件设备之间的互动涉及文本、音频和视频。按惯例，它们是由独立应用程序来处理的，但是用户无法将其区分开来。命令与指示可以由任何信息源来启动。但是与此同时在同步信道上对这些资源的处理提供了人性化引导的机会，如"指明并说出"：一边点击屏幕上的熟人一边说出"呼叫"和一边说出"Pierre"一边按下"拨打"键达成的效果是一样的。

显然，上述讨论留下了一个非常大的疑问，那就是所谓的"指向"到底用什么？光标？手指？棍子？甚至遥控器？由于所包含的是消息，所以"指向"反映的是人的意图。但是反映人的意图本身已经是一种"指向"的形式了。因此，用"凝视"可以代替"指向"，进而暗中地表达自己的意图。在传统的桌面上，所有的图标都是在一个二维平面上分布的，而要想表达内心就需要提升层面的数量（通过移动滑块或放大镜）或者规模（映射到过道或球体上）。

这就留下了解释的空间。虽然句子里包含词汇，但只有词汇并不能构成有意义的句子。当一个人大叫"妈呀"的时候，他的电话绝不能自动拨通他继母的电话。句子的含义同时也来自上下文的内容和所处的环境。所以，电话应该具备情景感知功能，这个情景包含时间（刚刚醒来）和空间（是否在家？）。

3I 跨越了基本的"交互架构"[9]（见图 2-11）的控制空间。时下使用最广泛的鼠标键功能设置（左键点击，右键操作）正逐渐要被替换。在单入口设备上按固定次序进行的操作需要一定的训练，因为你只能按照规定操作，不存在多样性。回到鼠标的例子上来，由于长期压迫手腕，这种僵化的操作方式甚至会产生健康隐患。

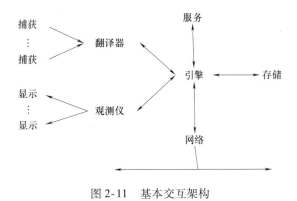

图 2-11　基本交互架构

具有灵活性的多入口设备带来了很多的好处，但同时也引发了关于同步的新问题。数据流将汇集成可读的句子，随后需要对其进行语法语义的检查，相比于以往的"展示和呼叫"[4]，这种做法似乎管得太多了，但要想接入云端，这是必需的。

2.3　软件迁移概念

在高级云端计算、甚至哪怕是蜂群式或者集群式计算中，抽象的增长都来自于网络拓扑。这把数据收集器和传感器间的工作与两者的设计和构建分离开来。未来的云计算应用将通过拓扑，处理来自超过 1000 个传感器且分布在超过 1000 个核上的任务。这表明地点不再重要，元素之间的联系才是最关键的，这就必然会分割劳动力。因为这是一个自上而下的过程，所以需要软件的功能实现可迁移[5]。

功能迁移使软件变得移动化，带来的效果就是功能更加稳定。功能迁移是自上而下的过程，可以按部就班地应用起来。与此同时，功能迁移在全局/本地标量上是自下而上的。这种程序上的两面性的原因是：我们并不是工作在网络节点上，而是在拓扑网络上。这意味着地点确实是网络和功能不能忽视的要素。

软件迁移开始于硬件数量激增的时期，是不得已的。在连接到硬件的设备数量越来越多的时候，功能迁移就该出现了。也就是说，硬件网络包围了我们，并改变了我们对软件的需求。同时传统的软硬件间的区别开始变得模糊，至于到底什么应该固定、什么应该移动的问题（有点类似 Estrin 的固定加可变结构[10]理念），我们对未来的展望是，不断变化的社区之间的用户转移。

这就催生了关于软硬件的新观点，而我们的计划就是 CSA。CSA 使用抽象连接来让软件内的功能移动化。为了实现这一点，有些东西需要变得更具体、更坚固、更稳定，而"道路"和占位符则需要变得更灵活、更抽象。

2.3.1　软件组件

程序结构是编程中的重要因素。一个良好的结构带来的是一个可读性高、进而错误少的程序。像 Edsger Dijkstra 等人就强调过这一点，他们的观点是程序的结构必须"数学上干净合理"。以前的程序谈不上有什么结构，空间不足且程序空间是按页划分的，与算法一点儿联系都没有。Edsger Dijkstra 毕生都致力于取缔 goto 语句这一分页结构的产物。

结构缺陷同样会引出全局变量。就比如说 FORTRAN 这种语言，有一个综合变量空间（通常称为 IAUX），服务于"覆盖"结构中。而至今仍有一些 Dijkstra 的学生把他著名的第一戒律"你不可以覆盖"挂在墙上。后来，"全局变量是万恶之源"这句话成为共识。

将结构引入以算法（而非平台）为核心的程序的第一次尝试得到的就是面向对象程序设计（Object Oriented Programming，OOP）。其心理模型中，对象是由具有一定联系数据和允许的操作组成的封装体。就像一个句子是由同一语言动词和名词组成的。这种程序在实时领域里可能会出问题。

基于组件的程序（Component Based Program，CBP）则不做这种关于对象之间的联系的假设。从某种意义上讲，CBP 看起来更像硬件一样，能高效地将定义明确的模块整合在一起。最主要的例子就是"关注的分散"。软件组件是像软件打包一样的，能够压缩并装入数据和程序。软件的每个部分都可以作为组件甚至模块来用。

与硬件相似的是，组件之间通过端口进行通信，这个端口是由组件自身的接口定义的，每当组件之间互相提供功能支持的时候，就会得到一个接口，接着供应组件就会被封装到用户组件中。另外，用户组件会得到一个用户接口，通过这个接口可以明确封装所需要的准备工作。

从对接口规格的依赖中，可以看到组件被替代的趋势。通过同一个供应接口传递功能的组件可以被用户组件所代替，进而实现升级或者功能的提升。从经验上看，当组件 B 提供的不少于组件 A，且所需的又不多于组件 A 时，B 就可以立即取代 A 了。

对于高品质的软件组件来说，可再利用性是很重要的一个特性。应该重视一个软件组件的设计与应用，这样以后才能在不同的程序中反复使用。编写一个高效可复用的软件组件，需要卓绝的努力和认知，因为一个组件需要满足以下几点：

1）完全文档化。

2）经受过更全面的考验，如鲁棒性——全面地输入有效性检验；能够给出适当的错误提示或返回码。

3）设计时充分考虑到使用中的不可预见性。

如今，新式可再利用的组件同时封装了数据结构和相应算法。它建立早先那些诸如软件对象理论，软件结构、框架以及设计方式，再就是大量的面向对象的程序设计理论之上。软件组件，就像用于电信的硬件组件一样，最终必将具备互换性和可靠性。因此，基于组件的编程非常适合开发可在任意硬件上运行的软件网络，如

AUTOSAR（详见第 2.3.2 节）。

基于软件组件的应用程序带来的最显著的好处就是分离了应用程序设计（将应用程序各部分封装为一体）和组件程序设计（建立可复用组件）。这一系列行为需要多种技术和工具的支持。同时也在不改变应用程序的前提下实现了组件的选择性运行，也就进而实现了软件的灵活、动态部署。同时应用程序不再需要加速和中间软件的支持。

这里要提一下 SystemC[⊖]：这是一种在抽象层上设计出来的软硬件描述语言，自带 C++ 类程序库来统一系统建模中的时钟、并行、中断、等级、硬件数据类型等。另外，它还是个小型的模拟器内核以及可执行的并行系统程序设计环境。

在 SystemC 中，应用程序的功能被表述为计算本地数据的组件集合。这些组件在概念上有天然的并行性，它们可以和其他组件一同运行。在信号传输与数据通信时，它们运行有序。在 SystemC 里，对应用程序间的信号传输以及数据交换的管理贯穿于通信要素，这些单元可以仿真出各种各样的通信结构，无论抽象还是具体。

SystemC 支持广泛的计算模型（Models of Computation，MOC）。抽象的 MOC[11] 拥有高级的应用功能，可以推动程序描述的简洁化和程序的可移植性。物理上的 MOC 有着有效的算法实例，可以在目标平台上展现出色的性能。SystemC 也最低程度地支持独特的计算模型，这个模型着眼于时间、进程激活的类型和进程通信方法诸如 KPN（Kahn Process Network，卡恩进程网络）、静态多速率数据流、动态多速率数据流、通信序列进程（Communicating Sequential Process，CSP）[12] 以及寄存器传输级别（Register Transfer Level，RTL）。

美国伯克利大学的 RAMP 计划[13]（参见第 1.7.3 节）中已经定义了总共 13 种通信结构，这也算是通信模型在特定领域的特定形态。另外，他们还设想，随着自动调谐的发展，C 程序代码将得到优化，并将在编译后分别为不同的计算结构服务。

而其他的工作也没有停止，尤其是在软硬件结合这个方向上。其中一个典型的例子就是奇异点项目[14]。该项目不再像先前那样需要仔细规划存储空间，而是尝试除去这些限制，同时可以让任意"数据 + 程序"块定位在虚拟存储中的任意位置。当然，要想实现这些，还有很长的路要走。

2.3.2　引入 AUTOSAR

汽车制造业是工业自动化中的佼佼者[15]。随着功能的多样化和复杂化，车内电子设备正逐渐朝着更广泛、更复杂的方向发展。控制器局域网（CAN 总线）就是汽车市场的产物，并给工业自动化带来了革命性的进展。CAN（Controller Area

---

⊖　http：//www.systemc.org。

Network，控制器区域网络）总线是一种车辆总线标准，用于支持车内小型控制部件在没有主机的情况下互相通信。

像 CAN 总线这样的技术最初是针对汽车应用而开发的，因为当时对实时性、可靠性，当然还有经营成本的要求不只是单纯的高标准，还要能适应复杂的供应商层次。激烈的竞争和高昂的研究成本使汽车工业不得不率先实行竞争前合作这一模式。AUTOSAR（AUTomotive Open System ARchitecture，汽车开放系统架构）应运而生，如图 2-12 所示。

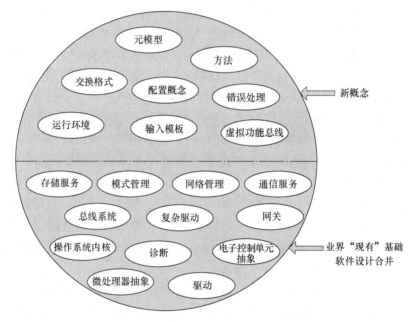

图 2-12　AUTOSAR 技术范围

如今的汽车工业的一个标志性特征就是合作开发。传统工业中承包商用签合同的方式保证责任的落实，而合作开发模式里则直接责任同担。这使得制造一辆车所需要的承包商的数量急剧下降。这样，一辆车的生产就只需要汽车制造商和几个主要的供应商就可以了，他们一同为车辆的安全性承担责任。

2003 年成立的 AUTOSAR 是一个开放式的、标准化的汽车软件架构，由 OEM（Original Equipment Manufacturer，原始设备制造商）、供应商和工具开发商共同开发，着眼于为汽车电子架构开发并建立一套实际的开放工业标准，并作为管理未来应用程序和标准软件模块的基础⊖。其核心合作企业有标致雪铁龙、丰田、大众、宝马、戴姆勒、福特、通用和汽车供应商博世、德国大陆集团以及西门子威迪欧。

　⊖　AUTOSAR 文档和规范：www. autosar. org。

沃尔沃是其中的高级会员。

建立 AUTOSAR 合作的目标是为汽车电子架构定义一个开放的标准，在这个架构背后，他们所追求的是：

1）伴随功能多样化的电子复杂性管理。

2）产品修正、升级和更新的灵活性。

3）生产线使用时的可扩展性。

4）电子系统质量和可靠性的提升。

而目标则是：

1）迎合未来汽车的需求，如可用性和安全性，还有软件升级、更新，以及汽车维护方面的需求。

2）在功能整合和转移方面更好的扩展性和灵活性。

3）提高生产线中商业现货供应软硬件的普及性。

4）提高产品和生产过程的容错。

5）可扩展系统的成本优化。

这些企业对于开放式系统的展望是"即插即用"般的兼容性，也就是说某家供应商所生产的元件可以轻易地被另一家所生产的元件替代，其潜在的好处同样可见于嵌入式系统，即开发时间和成本的下降、质量的提升以及技术的专业化。

2.3.3　AUTOSAR 案例

接下来将针对 AUTOSAR 标准给出一个简短的介绍，借此说明一些前面提到的概念（软件移植方面的内容参见第 2.4.2 节）。AUTOSAR 的基本思路很简单：首先要有一个用于硬件平台之间通信的标准框架，再有一个合适的运行环境（有实用程序和占位符来支持存储使用和进程连接）对其进行保护，这样就形成了一个开放式的系统。在这样的系统里，不同的供应商提供的软件能够无条件地共存。

AUTOSAR⊖是一种基于第 2 类超级管理程序的概念，该程序使用带有确定接口⊖的模块化元件。当前 AUTOSAR 中的系统包含以下元素（见图 2-13）：

1）ECU（Electronic Control Unit，电子控制单元），即物理硬件。

2）RTE（Runtime Environment，运行环境）。

3）MSW（Main Software，主体软件），由以下两部分组成：BSW（Basic Software，基础软件），建立在 RTE 之上，提供通用功能；SWC（Software Component，软件组件），是任何软件集合的底层实体。

⊖　AUTOSAR 文档和规范：www. autosar. org。

⊖　沃尔沃关于当前项目和 AUTOSAR 的内部文档，2008 年。

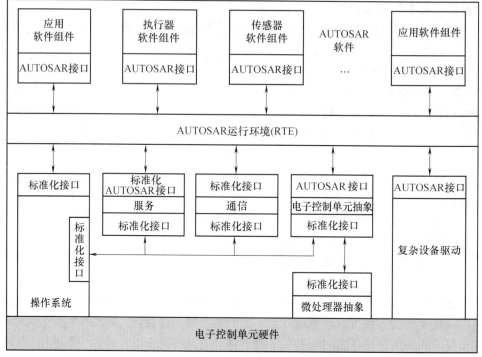

图 2-13　AUTOSAR ECU 软件结构

4）CSW（Complementary Software，附加软件），是由主体软件中分离出来的制作者和模型专用的软件组件。

1. 基础软件（BSW）

BSW 是一个标准层，在 ECU 上提供 AUTOSAR 底层结构（软件组件和运行环境）的整体功能，是运行软件的功能部分所必需的。但是它并不能独自实现任何功能。软件组件可以做到。BSW 组件被分为两个区（见图 2-14）：标准区和 ECU 专用区。

基础软件(BSW)	
标准化组件	电子控制单元特有组件
操作系统服务，通信，微处理器抽象	电子控制单元抽象，复杂设备驱动(CDD)

图 2-14　BSW 组件

操作系统（Operating System，OS）也是一个必需的要素，因为它为所有车辆领域提供一般结构。标准的 OSEK 操作系统（ISO 17356—3）被当做 AUTOSAR 操作系统的基础，包含诸如基于优先级的时序安排、运行时的保护功能、实时性能、静

　AUTOSAR 文档和规范：www. autosar. org。

态配置、不依赖外部资源的低端控制器可扩展性和可装载性等特征。它提供了系统服务并覆盖了诊断协议、闪存和存储管理以及非易失性随机访问存储器（Non-Volatile Random Access Memory，NVRAM）。主要由通信、存储以及系统服务 3 部分组成。

这类服务是模块和功能的集合体，可用于每一层的模块。具体实例是实时操作系统（提供时钟服务）、错误管理器和库函数（如 CRC、插值）。它是系统通信并且覆盖了通信框架，如 CAN、LIN（Local Interconnect Network，本地互联网络）、FLEXRAY、MOST（Media Oriented System Transport，面向媒体的系统传输）以及 I/O（Input/Output，输入/输出）和网络管理。基本的软件组件或者其他上层软件通过专用电路的下级软件层（又称作微控制器层）与硬件进行交互，这限制了软件对微控制器寄存器的直接访问。它管理着微控制器的周边设备并提供包含独立于微控制器数值的 BSW 元件。它还包含数字 I/O、模拟/数字转换器、闪存、看门狗时钟、串行外围接口（Serial Peripheral Interface，SPI）、脉冲宽度调制器/解调器（Pulse Width Modulator/Demodulator，PWM/PWD）、电可擦只读存储器（Electrically Erasable Programmable Read-Only Memory，EEPROM）以及内部集成电路（Inter-Integrated Circuit，I²C）总线。

ECU 专用元件提供简单的软件接口，这个接口可传递任何从专用 ECU 到高层软件的电参数。这样做是为了使 ECU 元件独立于下层硬件。它是一个松耦合的容器，上面可以进行专用软件的实现。

2. 软件组件（SWC）

AUTOSAR 软件组件，又被称作"原子软件组件"，是自动应用程序在功能上的实现，也是 AUTOSAR 系统的基本组成块。这里原子指的是 SWC 无法分散到多个 AUTOSAR ECU 里面去。每一个 SWC 封装应用程序的一部分功能，

图 2-15　SWC 类型

也许是很小且可以重复使用的一部分功能（如过滤器）或者大一些的整个应用程序。"SWC 说明书"同时描述了 SWC 在 XML（Extensible Markup Language，可扩展标识语言）里的外部以及内部行为。

存在两种类型：应用程序和基础组件（执行器和传感器—硬件—相关）（见图 2-15）。软件组件的内部行为主要是 RTE 事件、可运行状态、独有区域、交互可运行变量、基于实例的存储区、多实例支持等。应用程序 SWC 包含了互相连接的软件组件，其中封装了确定的应用程序功能。需要注意的是，这些软件组件

（只限源代码中的）从根本上独立于 ECU、存储单元等。

执行器/传感器 SWC 是一种特殊的软件组件，用于传感器评估和执行器控制，并且依赖于硬件元件；这里的硬件指的是特定的传感器或者执行器，独立于微处理器和电子控制单元硬件。考虑到集成（标准化描述）等原因，这些传感器/执行器软件组件位于 RTE 的上层。可再定位性受到限制，原因是与原始本地信号的强烈交互。传感器/执行器元件的任务实例有开关抖动消除、电池电压监控、直流马达控制、照明控制。

描述一个 SWC 的结构时可以分为三个不同的层次：

1）SWC 通过如下方法来描述外部行为（见图 2-16）：提供的接口（元件提供的：P-PORTS），所需的接口（元件需要的：R-PORTS）。

2）SWC 内部行为描述了软件组件在其中的行为。

3）SWC 实现，如资源再利用。

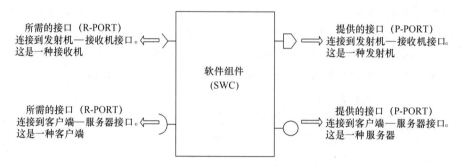

图 2-16　带有不同接口的 SWC

通信模型描述了 AUTOSAR 的通信模式。它支持两种通信模式：发送方—接收方模式或者客户端—服务器模式。

1）发送方—接收方接口定义了一个（或多个）发送或接收的数据元素，这些数据元素的类型既可以简单（整型或浮点型），也可以复杂（阵列、记录，它们都可以独立地发送和接收。元件可以实现 1:n 或者 n:1 这样的通信方式。

2）客户端—服务器接口定义了一个或多个操作，并通过添加类型和方向来定义操作参数。这个功能可用于每一个操作。每个操作都可以独立地被调用。组件提供 n:1 的通信，所以客户的单次呼叫不能使用多个服务器。

RTE 提供上述通信模式的具体实现。对于 inter-ECU 通信，RTE 使用 COM（通信）提供的功能。

每一个软件组件都包含一个或多个可运行对象，这些对象分布于软件组件内部的执行/控制和程序员编写代码实现的位置。它们由事件触发，如周期性的接收数据时，或者当服务器被呼叫时（见图 2-17）。事件与可运行对象的交互通过 AUTO-

SAR XML 中的一个内部行为配置来捕获。

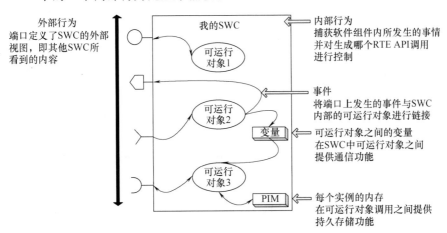

图 2-17 内部/外部行为的描述

3. 运行环境（RTE）

RTE 是 ECU 结构的中枢。软件组件间的所有通信以及软件组件与基础软件的通信，包括操作系统和通信服务都是通过 RTE 层来执行并实现的。更准确地说，RTE 是 VFB（Virtual Functional Bus，虚拟功能总线）的实时实现，用于专门的 ECU，其承担着从通信机制和通道中为 SWC 提供自主性的责任。每个 ECU 包含一个 RTE。一个 SWC 的通信接口可以由若干个端口组成（特征由接口描述）。SWC 之间通过接口的通信（无论组件是否在一个 ECU 里）或者 SWC 与 BSW 之间的通信模块都位于同一个 ECU 之中。通信只能通过组件接口发生。

根据"发送—接收"或者"客户端—服务器"接口的不同，可以对接口进行分类。前一种接口提供消息传递功能，而后一种则提供功能调用。无论资源可用的软件组件（源代码软件组件）还是只有工程代码可用的软件组件（工程代码软件组件），RTE 都能支持。后者对 IP 保护十分重要。每个软件组件的二进制代码都有一个专有的 .xml 文件来描述它的接口。

RTE 是 AUTOSAR VFB 的实现。VFB 提供了能使软件组件变得便携和可重复利用的抽象概念。RTE 封装实现该抽象概念所需的装置。根据 RTE 文档规范[⊖]，它提供两种通信模式：

1）显式。组件通过显式 API 呼叫来发送和接收数据元素。

2）隐式。RTE 会在运行状态被调用之前自动读取特定的数据元素组，等到可运行状态终止后自动写入（一个不同的）数据元素组。这里用"隐"字是因为可

⊖ AUTOSAR 文档和规范：www.autosar.org。

运行状态并不会主动发起数据的发送和接收。

RTE 头文件定义了固定元素，该元素不需要为每个 ECU 都重复生成和配置。图 2-18 给出了 RTE 头文件、应用程序头文件、周期头文件以及 AUTOSAR 软件组件之间的联系。同样，该图也显示出这些文档以怎样的方式存在于模块化实现软件组件和通用无原件代码里面的。

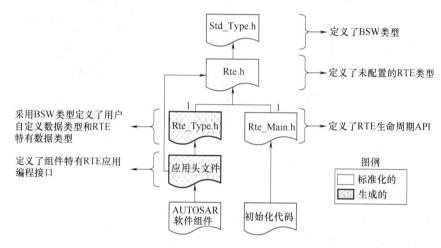

图 2-18　AUTOSAR 组件与头文件之间的联系

应用程序头文件定义了元件和 RTE 之间的"接口"。该接口包含了元件的 RTE API 和可运行状态的原型。并明确了 RTE API 的定义需要相关数据结构和 API 调用。关于数据结构对 API 的支持定义在 RTE 类型头文件里。这使得该定义可用于多个模块来支持直接函数调用。数据结构类型的声明是在 RTE 类型文件中，就在生成的 RTE 中定义实例的那个位置。应用程序头文件定义了从 RTE API 到生成的用于元件的 API 函数之间的寻址。而元件的应用头文件里面则规定：对于特定 SWC 类型，只允许 RTE API 的调用。

AUTOSAR 类型头文件定义了从输入配置或 RTE 实现中衍生的 RTE 特定类型。生成的 RTE 包含从零到若干 AUTOSAR 数据类型，这些类型产生于 RTE 生成器的输入内部的 AUTOSAR 元模型类的定义中。而 AUTOSAR 元模型类则是由 AUTOSAR SWC 模板定义并包含有整型、浮点型以及诸如记录这样的复合型数据类型定义所需的类。RTE 生成器应该建立一个 AUTOSAR 类型头文件，来定义 AUTOSAR 数据类型和 RTE 实现类型，然后 RTE 实现类型来包含元件数据结构。

2.4　拓扑影响

微电子学的发展让产品的尺寸不断缩小，能耗持续降低，这使得更智能的终端甚至是几乎完全自主的工作站成为了现实。接下来进入了微型化时代，工作站发展成为处理器，处理器可以轻松实现搬移、运输以及嵌入。同时，连接智能设备的网络变得越来越重要。这就是传感网当前的现状。另外，主机发展成为服务器、服务器又进化到了云中网络。我们所说的聚拓扑计算指的就是这样的现状。

在多边形拓扑计算中，软件的分配与连接创造新的功能，使网络中的节点汇聚到了一起，这扩展了当前技术的上限。在多核计算中也有相对应的情况。为了做到这一点，需要提出一个设想，使软件可以联网。下面这个例子在一定程度上可以解释这个设想。

当我正在看电视的时候，电话响了，是我老婆打来的。问我把孩子们的哪张照片框起来送给爸妈好？她接入了家庭网络并从照片库中把她喜欢的那些显示在电视机屏幕的一角。而我则拿着电话指向我最喜欢哪一张。她没有意见，并表示她将直接把照片取走。这就是一种典型情景：通信中的接入、存储和显示设备是不同的，并且承担不同的职责。从我老婆打电话开始，她手中的设备便掌控了一切。然后她发送一个手势到电视上并从主目录下开始查找存储。当我指向照片的时候，我的手势轨迹被复制到了她的电话上，这样她就看到了我的选择。

换句话说，呼叫方进入了家庭网络，与我进行了通信随后离开。显然，这样的剧本需要细致的设计并对安全性提出了更高的要求。

对软件移动的需求引出了任务分流的需要。在网络里我们拥有众多的传感器和其他设备，在硬件里我们有一个由核心组成的网络。聚拓扑计算提出了一种网络拓扑的抽象概念使上述领域结合起来，使得计算的执行离开节点，转向网络。此时，功能迁移的新领域产生，并为支持拓扑功能流的基础设施提供聚拓扑计算。这样网络结构得以隐藏，进而实现对软件功能位置的隐藏。支撑技术是主干注入器和连通集架构的引入，其中主干注入器是任务调度器、网络聚拓扑计算抽象、应用于软件之间连接的虚拟化的替代品。

2.4.1 同源传感器网络

当我们的认知从设备这个层面上升到网络层面之后，有效覆盖的问题就出现了。举一个用于区域监视的视频传感器网络的例子来分析问题，要求是传感器能够无死角地监视想监视的区域，这是个维护方面的问题，因为摄像头的布置有着太多变数。理想的状况是能够自我校正，这里主要是两种情况。想要让所有传感器从不同角度都能看清同一物体，要确保所有的角度都被覆盖。根据角度的不同，物体的外形可能会出现非线性的变化。可以通过这个视角的分析解决覆盖的问题。

在一个典型的 WiCa 系统中[16]（更多详情参见第 4.5 节），8051 控制器处理基础构件，同时 IC3D 智能图像处理芯片负责进程的处理。每台摄像头都具有应用层，但是在这个动态配置的网络里只有一台摄像头能作为云服务器。这些摄像头通过无线的 ZigBee 网络配对并传递监视数据而不是图像，这样就有效地利用了带宽。

这个基于 ZigBee 网络的操作系统允许移动云服务功能，这样哪怕出现故障摄像头也不影响系统性能。

类似的，当所有传感器覆盖一片区域的所有部分时，它们的视野必须有一定的重复才能保证监视没有死角。这里就又出现了维护的问题，可以使用同样的原理去解决，但这次不同的是，测量每一个摄像头得到的目标角度来得到其位置。图 2-19 给出了该操作的工作原理[17]。当目标路过或者多个摄像头都

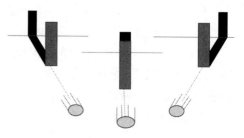

图 2-19　阴影随光的变化情况

拍照时，光源投在物体上形成不同的阴影。这些阴影可以通过测量，得到的数值传到服务器上，其中光源—物体—摄像头—屏幕系统是一种非线性验证的冗余数字序列。基于此，就能知道是否达到了想要达到的覆盖程度。

但上面的讨论仍然留给我们一个问题，那就是到底多少摄像头才够用。当每个传感器单独存放位置数据这一做法的成本高到无法接受时，分别解析/控制网络里每个传感器里的有拓扑关联的数据里的全局视角就变得很有吸引力了[18]。这种同源分析[19]见图 2-20。该图表明，给定特殊传感器网络（顶部），数学家可以分析理论模型——Rips 复合体（中心）来推算出为保证地区覆盖哪些传感器（底部和暗点）必须开启，以及哪些可以关闭。在这个例子里，网络中的传感器有 101 个是必需的，111 个可以进入休眠模式。

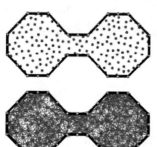

在有界域D中，212个节点的位置

Rips复合体R的图像投影到D上

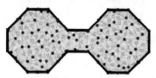

对R的分析导致101个节点被提取出来，用于确保覆盖D，另有111个节点可以安全地进入休眠模式

图 2-20　同源传感器网络[30]

另外，如果一个或者多个摄像头发生故障，这种方法能让我们知道应该采取什么措施。尤其在公共场所，遭到人为破坏的监视摄像头数目惊人。在这种情况下，

就有必要快速出台一个计划来唤醒其他摄像头以恢复系统功能。

2.4.2 嵌入式软件配置

嵌入式软件的配置有两个途径：静态配置和动态配置。静态配置是在编译或者连接的时候完成，而动态配置则是在后期生成时完成。但是，动态配置有着很多约束条件，如存储限制、实时需求以及若干其他和操作系统有关的限制。在这里，动态配置和后期生成配置这两个词说的是一个意思，两者可以互换。整个过程见图 2-21[20]。

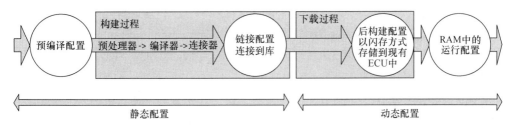

图 2-21 配置阶段

1）静态配置是在源代码进入生成阶段之前实行的。这使得通过宏或者 C 语言的预处理程序开关可以实现一些配置的设定（如异常处理）。这使得在运行时它的效率更高，但是相比动态配置缺少了一些灵活性。这个限制来自于这种专业化的类型的需求在运行时前是无法得知的。举个例子，一个存储管理系统可以利用运行时得到的页面使用信息来改变页面替换策略，从而减少页面开销[21]。连接过程的配置往往用于将带有 ROM 常数的表连接到程序库。

2）动态配置，又叫后构建配置，是在运行时执行的，无论通过外部输入，如用户接口，还是自动作为应用程序呼叫的重构。动态配置可以作为延伸基础系统的手段，或者简单点说，在软件进入现有平台之后作为后处理配置的起点。

但这样还是留给我们一个问题，即如何通过动态配置实现上述效果。原则上说，有两种不同的策略：延伸和替换。替换可能是最简单的选择。一个函数被另一个所替换。所以总要为新的版本留出足够的空间。另外，替换之后也要腾出空间。最低的要求是新的版本不能更大，而且受到原始功能的限制。

延伸需要一个附着点。为达成这个目标，经典的方法是替换一个"存根"。一个标准的系统往往配备有一定数量的无用存根作为占位符来使用。当有需要的时候，存根就被功能取而代之。另一种是软件总线，也就是一个编译后的端口结构。将 CSW 连接到这个总线就连接到了系统。通过存根来生成一个总线分支就有可能实现上面的这些概念，然后 CSW 就会附着在一个专有的延伸上了。

两种策略都被成功地运用到了 AUTOSAR 函数的后期处理中。Hörner 的论文[20]基本上否决了后期加载的使用，因为那样会使系统变得难以管理，并表示那将使基于元件的结构所带来的好处毁坏殆尽，无论关于内部的数据结构还是系统的可靠性上。当前的 AUTOSAR 3.0 版本以 RTE 作为静止层，这样做禁止了信号的叠加以及后期生成中的可运行状态。图 2-22 显示了所有 SWC 和 BSW 之间的通信都通过 RTE 层来控制。

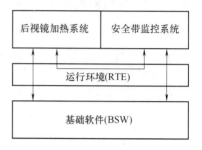

图 2-22　BSW/SWC 透明通信架构

关于 AUTOSAR 后期生成配置的假设是为了给新的 SWC 保留和前一个版本同样的接口文件（.xml），与此同时，保持前一版本中同样的存储的产物就是工作制度。为了解决这个问题，从编译并连接过的工程里移除了旧的元件，并将新的重新添加并连接进去。

2.4.3　自适应重构

从带有客户卫星的中央服务器到渴求电子网络的全自动合作，这是个很长的延伸。为了寻找这之间的灵感，我们常常从生物学里寻求答案，在那里我们发现一大群"愚蠢"的生物可以聚集在一起做出"智能"的行为。这时候往往字典上面的介绍是没有帮助的，因为上面只强调一个"群"字，而如果要想搞清楚群之间的区别，就需要加上相应的动物的名字，如"牛群"、"鸟群"和"虫群"。而且还有更多的办法来区分这个"群"。

1）［掌控者数量为 1，身份固定］。牛群有一个共同目标，那就是放牧吃草，但是很没有组织性。它们之中存在一个模仿所谓的头目效应。这隐含一种对牛群行为的集中控制。比如说，如果头目突然开始漫无目的地奔跑，整个牛群也会跟着惊跑。除此之外，整个种群就没什么有组织有意义的行为了。

2）［掌控者数量为 1，身份不固定］。对于目标，鸟群会用协同策略去达成。通常它们会形成一个确定的结构，就像鹅群用于减少风阻的、著名的 V 字阵形。这暗含了为什么区域合作能逐渐成为全局同步的原理，但是这里并没有一个静止、固定的中央控制。但每只鸟仍能够笔直飞行，每一只都可以作为领头的那只，相当于每个节点都可以作为控制节点。

3）［掌控者数量不定，身份不定］。蜂群也采用协同的方式来行动，对于蜂群来说，完全没有中央控制这一说，也没有结构这一说。它们的适应性很强，甚至在危急时刻都在进步。简短地说，蜂群是最理想化的网络模式，通过节点间的合作实现完全动态的性能最大化，但是这样的模式给社会带来的后果需要慎重考虑⊖。

⊖　Crichton，M．"猎物"，雅芳书局，2002 年。

合作系统的原型就是细胞网络。这是一个理论性的概念，我们是通过类似"模拟人生"那样的游戏来了解这个概念的。稍微复杂一些的游戏还有猎人/猎物游戏。这些游戏可以在细胞神经网络上用电子技术实现（见图 2-23）[22]。

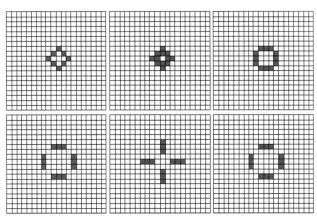

图 2-23 生活游戏实例

上面这些例子向我们揭示了网络化智能的存在。在传感器网络中，我们把刚才这个概念上升到一个更高的抽象水平上，让它不仅仅包含数据的交换，同时也包括软件的交换。这就同时覆盖了数据简化过程（降低带宽需求）和合作过程（作用正相反）。这时，模块化神经系统和机械智能技术就应运而生，从而维持有效的平衡，同时保持对传感器节点平台约束的检验。

从网络节点中的基础控制里产生的分散控制技术[23]是网络化交互的前提和保证。相互适应以提高任务质量的要求使得节点必须依照策略共同工作。在优化系统可维护性所付出的努力中，这一点尤为重要。

2.5 软件就是虚拟的硬件

"7 个小矮人模型"（参见第 1 章）在一般的计算模型中，翻开了（在我们看来）"牧本浪潮"在 2007 年后新的一页[24]（见图 2-24），也带来了真正的特殊用途计算，并实现了个人（多核）超级计算机。

在定义了一个"侏儒"型计算之后，就可以接着定义一个"虚拟化中间设备"架构，该架构可以映射到 FPGA（如 BEE3）结构上。这种方式给"虚拟"架构的实际性能带来了最大化的并行性和生产力。对于系统程序员来说，"虚拟"（中间设备）机将转变为程序设计环境。"虚拟"机的程序设计和代码生成会利用传统的软件工具，如编译器和汇编器，它们与我们讨论的"7 个小矮人"有关。这个方法的一个实例，尽管受到数据流（虚拟化处理器架构）的限制，但仍见于 Mitrion-C

或者 Vector Fabrics 工具箱。Mitrion 虚拟处理器让用户可以在他们的基于 FPGA 的"虚拟化"中间设备上运行软件。

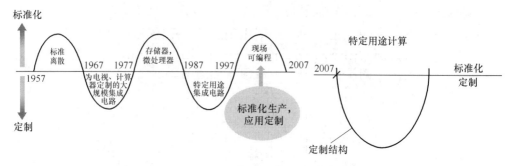

图 2-24　扩展的"牧本浪潮"

若干年前,在一次《电子周刊》的访谈中(2005 年 5 月 9 日 ⊖),时任 Xilinx 总裁兼 CEO 的 Wim Roelandts 提出了下面的观点:

下一步要让 FPGA(Field Programmable Gate Array,现场可编程门阵列)消失。如今,我们的客户是硬件工程师。但是 FPGA 是可编程设备。如果能够为软件工程师提出一个抽象概念,就能把客户群的数量提高到至少 10 倍。那就是我们的未来。只要你有可以编程的界面,你就不需要考虑硬件的状况。

多核系统中虚拟化的应用,尤其是基于一套计算模型(如 SystemC)之上的,会为系统设计师和(计算)模型设计师带来高效的程序设计开发环境。软件组件技术、SystemC 和虚拟化中间设备三者的结合最终将实现"软件就是虚拟的硬件"这句话[25]。

2.5.1　弹性

很显然,软件工程的问题在于复杂系统的创建。为了控制这类问题,必须引入一个结构,首先要通过(很多)可控进程来强调本地计算原则。下一步则是限制过程参数表的种类。这就把问题引向了虚拟化总线这一能够促进可扩展系统建设的方法。当一个复杂系统是由最小的(核心)系统组成,这些小系统提供基础但又极为简单的功能,这个复杂系统就是可扩展的。同时,程序可以由外部访问内部总线,从而丰富和桥接核心功能。通过 AUTOSAR 的例子我们得知,小型系统比完整系统释放得更快,维修起来也更加容易。

当面对多相、分布式的复杂性问题时,元件程序设计的老规矩表明,正确的做法应该是将应用程序拆成很多小块,这些小块能够被独立地开发、运送和升级,能够与其他分块交互,能够脱离它们起初的应用程序。这样的分块、软件组件经常被

⊖　电子周刊(2005 年)。http://www.electronicsweekly.com/Article39564。2005 年 5 月 9 日访问。

比作集成电路。每个集成电路都提供一个离散的、定义明确的功能组，服务于任意数量的印制电路板。类似的，软件组件也为应用程序提供了同样的功能组。

在终极的传感器网络中，软件组件可以浮于网络之上，这就是弹性[○]。

1. 热交换

首先需要一个技术来实现"热交换"。于是连接件再次登场。硬件连接件是一个连接特殊机器的闭合光缆，可以避免错误的连接。就像硬件的针脚，软件连接件具有预赋值地址的参数。但它忽略了形状，从而将非故意应用排除在外。这里提出"追踪式呼叫"这一方法。具体的方法是在连接的两端各设置一小段代码。如果两个互相兼容的进程成功连接，就说明没有（或者是几乎没有）信号的错误，这是因为内存是共享的，连接时同时的就代表着没有出错。如果将两个可兼容进程链接在一起，则会有信号错误的征兆，这时根据自主"检测连接"的需要，会调用内部的简单检测功能。

从全面性上考虑，以往功能与呼叫只见的连接需要通过参数列表来完成。因为呼叫参数就写在呼叫后面的地址上，所以可以把这些参数复制到函数开头后面的地址参数里面（寻址呼叫）。这样做的速度很快，但是需要建立并维护正确的列表和顺序。这对点对点列表来说有些繁琐，所以编写代码的时候更有效率的方法是用名称调用而不是靠地址绑定。没有命名的数值可以使用默认值（数值呼叫）。上述这些措施在调试阶段结束以后就不那么重要了。随着软件的编写完成，虚拟化总线就有了定义，从而也建立起了软件进程的网络架构。

这些已经用于传感器或者云连接了。云直接把软件"塞"进自身。网络会调用 IP 服务，但取决于具体情况——服务是完全版的（会用于云）还是限制版的（用于本地）或者甚至测试版的。和 AUTOSAR 案例相似的是，实际的运用还需要服务之间灵活的转变，不需要重新对应用程序进行编译。

2. 敏捷软件

敏捷软件引起广泛的关注是因为它是一种为了应对快速变化的需求和代码发展的开发策略，这种策略需要自我组织型的团队之间的反复合作[○]。但是其相关技术上并不仅仅局限于上面这些，而且常常以其他名字出现，我们之所以在这里描述它是因为它的定义明显表现了一种网络行为。

反复合作这个概念来自于一个周期性的结构，甚至也许是一个蜂窝结构。从这个分析中人们可以推断出一个与当前流行的观念相悖的结论，即敏捷操作并不一定

○ 弹性的定义（韦氏在线词典）：①弹性的质量或状态：a：受到压应力身体变形后，紧张的身体恢复大小和形状的能力，富于弹性；b：恢复力；c：适应质量。②非独立经济变量对影响因素变化的响应速度 <需求弹性> <价格弹性>。

○ "敏捷软件开发宣言"，www. agileManifesto. org。

要稳定。Hopfield 神经网路就是一个广为人知的例子。这一系列带有全局反馈的节点在学习过程中缺乏会聚性，这一点是出了名的，除非对其进行适当的设计。而在无监督学习过程中这个问题更加常见，所以这里的研究只局限于适应性的方案（如 Hebbian 准则）。

3. 机会计算

在机会[26]网络里面，当一个或多个设备与另一个设备的距离很近，近到可以通信的时候，就可以开始创建自组织网络了。这个网络会提供资源和数据共享的机会。另外，也能支持远程任务的执行并促进信息在网络里向更远的地方传递。

在所谓的 MANET（Mobile Ad Hoc Network，移动自组织网络）里，各种各样的网络单元的位置是不固定的。另外，参与中的网络元素的数量也会变化。由于网络元素是可移动的，很难给这些元素提前分配功能。一个移动自组织网络是伴随网络发展和相应的软件分配逐渐建立起来的。

在机会计算中，网络的这种发展是在两个距离足够近、近到可以建立可靠通信的节点之间同时产生的。这种已实现网络的形状是不定的，且为下层（尤指社会）网络传递了移动的本质。这种方法带来的好处就有通信功耗的降低，然后元素只有在大多数的其他元素周边时，才能够成为移动自组织网络中的一员。

2.5.2 异构性

异构嵌入式多处理系统通常包含一个或者多个处理子系统，如传统的一般用途的处理器、数字信号处理器（Digital Signal Processor，DSP）、自适应处理系统（基于 FPGA）或者固定资源（ASIC）。这些可供选择的实现方式的使用为特定功能的实现带来了额外的自由度，也单独为每个选择提供了一个权衡。

举例来说，一个二维 FFT（Fast Fourier Transform，快速傅里叶变换）组件的界面就可以由若干个执行过程来支撑：一个使用运行时主机，另一个使用 PowerPC 处理器，第 3 个使用 4 个 PowerPC 处理器，第 4 个使用 16 个 PowerPC 750。与其他的应用一致的是，这四个执行不涉及变化、重编译、重连接以及对现存应用程序的操作。这样给组件作者带来的好处就是他们不需要破坏应用就可以测量执行的规模了。

电量感知功能就是一个典型的例子，处理器持续运行一个测量电池可用电量的进程，然后调度器决定运行哪组与功能相对应的进程。这种区别可以是软件硬件的区别，或数值的区别，甚至位置的区别。

说到节能的概念就不能不说高速缓存和 IP 段的使用。这使得同样的功能可以在若干功率段里实现。通常，多样化的实现的优点已用于调度器。但是当函数迁移到其他节点时，该优点可能会发生变化。此外，用于通信的能源就不得不用于运算。

对于一个典型的云结构来说，服务器的整合看起来是有必要的，但是在无线传感网里，用于软件迁移的临近节点的数量和多样性明显要高。因此导致的多样性会大到预组装表格无法涵盖，而网络也不得不适应这种情况的变化。

2.5.3 优化

即使对于相对简单的计算类型，有效的网络解决方案的形式也不止一种。换句话说，无论平行处理、流水线处理、循环双重结构中的哪一种，或以上三种的组合，都不能保证适用范围的普遍性。

当想要尝试对特定程序的可选配置进行评估的时候，会有若干种可能的实现方式。一般来说，我们可能会问我们自己：如何决定针对某种算法使用何种设置，以及如何保证其效能，还有程序在适应上述配置时的最佳转换方式（如果可能的话）。

多重处理计算环境有一个关键而又独特的方面，那就是在处理期间，其基本功能和子系统的运行可以沿它们各自的设计曲线多点实现。换句话说，每个元素和/或功能都必须按照设计的连续体来评估。之后按照上面的元素所对应的设计空间点的正确组合，就可以做出对整个系统的解决方案的评估。这种分配/选择的过程与运筹学中基于资源受限的组装线流程安排的过程十分相似[27]。

这个问题的重要性不仅体现在起初的设计上，也体现在后期针对特定应用的技术革新与升级上，尤其是当这些要在同一个受限制的情况中实现的时候。真正的异构性处理系统是得到每个系统、生产力、潜在因素、尺寸（质量和体积）、功耗和成本最佳性能的基础。

弹性机制为最佳化增添了新的筹码。大多数优化都要受到平行性或者流水性的制衡。当有了云端弹性机制后，这种优化就变为二维甚至三维空间中的评估过程。本地优化变得有启发性、适用性。一些小的干扰则可以通过"爬山"法评估。

2.6 小结

在这一章里深入探讨了将云与物理网格分离的技术——虚拟化。软件的设计目的是在硬件上运行，并提供其吸收合并一个或多个"超级管理程序"的能力或手段。这将使软件可以在特定的设计语言中编写，在更合适的工作站上进行编译，与更好的、有品质的函数库相连，在设计好的软件嵌入中得到验证，无须改变，直接外包到云。从客户的角度出发这些都是有必要的，但是在一个最高配置 86xx 型控制器的传感器上是不可能实现的。如今一切都发生了改变，转眼间传感器已经装配了可虚拟化的硬件。这样传感器网络就成了"云"，剩下的问题就是如何利用这一点制造更多的优势。

参 考 文 献

1. Carr N (2007) The big switch. W.W. Norton, New York, NY
2. Lohr S (2007) Google and IBM join in cloud computing. The New York Times, October 8, 2007

3. Uhlig R, Neiger G, Rodgers D, Santoni AL, Martins FCM, Anderson AV, Bennett SM, Kägi A, Leung FH, Smith L (May 2005) Intel virtualization technology. IEEE Comput 38(5): 48–56

4. Chun B-G, Maniatis P (2009) Augmented smart phone applications through clone cloud execution, In: Proceedings 12th workshop on hot topics in operating systems (HotOS XII), Monte Verita, Switzerland

5. Spaanenburg H, Spaanenburg L, Ranefors J (May 2009) Polytopol computing for multi-core and distributed systems. In: Proceedings SPIE microtechnologies for the new millennium, Dresden, Germany, 736307, pp 1–12

6. Want R, Pering T, Sud S, Rosario B (2008) Dynamic composable computing. In: Workshop on mobile computing systems and applications, Napa Valley, CA, pp 17–21

7. Spaanenburg H, Spaanenburg L (August 2008) Polytopol computing: the cloud computing model for ambient intelligence. In: 1st international conference and exhibition on waterside security (WSS2008/Structured Session F), Copenhagen, Denmark

8. Sankaralingam K, Nagarajan R, Liu H, Kim C, Huh J, Ranganathan N, Burger D, Keckler SW, McDonald RG, Moore CR (2004) TRIPS: a polymorphous architecture for exploiting ILP, TLP and DLP. ACM Trans Archit Code Optim 1(1):62–93

9. Ranefors J (2007) Integrated development environment for user interface development and customization of mobile platforms, M.Sc. Thesis in Computer Science and Engineering, Lund University, Lund, Sweden

10. Estrin G (May 1960) Organization of computer systems – The fixed plus variable structure computer. In: Proceedings of Western Joint IRE-AIEE-ACM Computer Conference (WJCC), San Francisco, CA, pp 33–40

11. Lee EA (2003) Overview of the Ptolemy project, Technical Memorandum UCB/ERL M03/25 July 2, 2003

12. Hoare CAR (1985) Communicating sequential processes. Prentice-Hall International Series in Computer. Science, Prentice-Hall International, UK

13. Patterson DA (February 2006) Future of computer architecture. In: Berkeley EECS Annual Research Symposium (BEARS2006), University of California at Berkeley, CA

14. Hunt G et al (October 2005) An overview of the singularity project. Microsoft Research Technical Report MSR-TR-2005-135

15. Gautam SP, Jakobsson O (April 2010) Usage of CSW in AUTOSAR, Master's Degree Thesis, Department of Electrical and Information Technology, Lund University, Lund, Sweden

16. Kleihorst R, Abbo AA, Choudhary V, Broers H (2005) Scalable IC platform for smart cameras. Eurasip J Appl Signal Process 2005(13):2018–2025

17. Zhang L, Malki S, Spaanenburg L (May 2009) Intelligent camera cloud computing. In: Proceedings ISCAS, Taipei, Taiwan

18. Klarreich E (2007) Sensor sensibility. Sci News Online 171(18), Week of May 5

19. de Silva V, Ghrist R (January 2007) Homological sensor networks. Notices Am Math Soc 54(1):10–17

20. Hörner H (2007) Post-build configuration in AUTOSAR. White Paper, Vector Informatik GmbH. Available at www.vector-informatik.de/autosar

21. Beyer S, Mayers K, Warboys B (December 2003) Dynamic configuration of embedded operating systems. In: WIP proceedings of the 24th IEEE real-time systems symposium (RTSS2003), Cancun Mexico, pp 23–26

22. Spaanenburg L, Malki S (July 2005) Artificial life goes In-Silico, CIMSA 2005 – IEEE international conference on computational intelligence for measurement systems and applications, Giardini Naxos – Taormina, Sicily, Italy, pp 267–272

23. Zhirnov V, Cavin R, Leeming G, Galatsis K (January 2008) An assessment of integrated digital cellular automata architectures. IEEE Comput 41(1):38–44

24. Manners D, Makimoto T (1995) Living with the chip. Chapman and Hall, New York, NY

25. Spaanenburg H (May 2008) Multi-Core/Tile polymorphous computing systems. In: First international IEEE conference on information technology, Gdansk, Poland, pp 429–432

26. Conti M, Kumar M (January 2010) Opportunities in opportunistic computing. IEEE Comput 43(1):42–50

27. Moder JJ, Phillips CR (1970) Project management with CPM and PERT, 2nd edn. Van Nostrand Reinhold Company, New York, NY

28. Hoogenboom P (November 2009) Architectuur bepalend voor beveiliging hypervisor (in Dutch) Bits & Chips, 3 Nov 2009, pp 37–39

29. Dunlop J (September 2008) Developing an enterprise client virtualization strategy. White paper, Intel Information Technology

30. De Silva V, Ghrist R (December 2006) Coordinate-free coverage in sensor networks with controlled boundaries via homology. Int J Robot Res 25(12):1205–1222

第 2 部分 以云为中心的系统

当网络中的节点相互连接之后，就会产生一个类似于希腊神话中的戈尔迪之结那样的维护问题。当所有节点都链接在同一个文档上时，通信很容易饱和。完美的网络应该拥有这样的拓扑结构，该技术能够使各种成本因素互相协调。总的来说，就是大量的微型网络通过有层次的结合形成更大的结构，这个方式就像是地图在显示一个区域时可以具体到小街道，而到了国家运输这个级别上则只显示一部分主干道一样。

这个情况与早期的无线电通信形成了鲜明的对比，发明无线电的目的是实现消息的远距离传输，而电话则面向相对短一些的距离。换句话说，就是一个带有全球无线连接的区域固定网络。如今，为了实现移动通信，无线电的应用距离越来越短，并且可以凭借光纤的支持进行超远距离的快速传输。Negroponte 在他独创性的 Being Digital（由 Vintage 于 1995 年出版）这本书中称这种反特性的情况为无线电交换。

本书的第 2 部分回顾了系统设计方面的内容，这些内容对于理解后来的潜在传感器网络应用十分重要。全书的重点在于连接到云端之后系统应用将获得的优势。

亮点

每个网络都有自己的故事

网络存在于我们每天的生活之中，它无时无刻地续写着一个永不停止的故事。因此，对故事的分析就显示出了软硬件系统设计中的基础需求。

讲故事的人配置网络

神经网络非常适合于为网络提供策略。不同用例通常使用统一建模语言（Unified Modeling Language，UML）生成。这里，神经网络控制的基础理论可用于将来自于故事板的用例放在一起。

通过镜子观察

有人活动的地方应有网络。人们会影响网络，且该网络将能够对人们的活动进行观察。这使得传感网络成为社会不可或缺的组成部分，因为它即将到来。

一切即服务

为了支持超大型传感器网络的发展，可以设想处理基础设施的发展，它基于云计算范例，实现来自于传感器网络的大型数据集的采集、分析和可视化功能。处理基础设施的发展包括云计算环境中的诸多可用"即服务"属性。

第3章　系统需求、理解和设计环境

嵌入式系统的设计是从提出需求开始的。但当系统采取松耦合的方式，并在此方式上建立功能时，就没有什么后续的事情来做了。首先，尽管缺失很多定义，设计空间仍然要经过开发来找到实际应用中的工作极限，要解决这种难题可以通过智慧，但还是推荐使用成熟的结构化的开发方案。

基于模型的设计假定所有实际问题都可以用数学描述。它是一切工程设计的基础，因为它无须大量的实验就可以对系统性能进行验证。但前提是建模要符合实际。

以往，物理的发展都伴随着数学的进步[1]。关于元素与粒子的存在的假设都引发了数学上相应的假说。在这个模式上，实验要么用来证明正确的，要么用来否定错误的。这种由实验支撑的模型之后可以化作物理公式（如欧姆定律）。

电子学中利用物理定律来开发更高阶的模型，当然假设这些模型在数学上是正确的，再给予无穷的计算能力，这种假设看起来就很合理了。然而，由于不可能在极其短的时间内完成无限的计算，必须提出一个简化模型的假设。

模型简化限制了解决问题的思路和方法。因为系统解决问题时会假设一系列内部状态，由于这些内部状态可以描述系统的行为，于是系统得到了扩展。降低系统的复杂性意味着减少这些内部状态。所以对一系列特定的解决方案进行建模，每一个建模对应手头难题的一个特定方面。

3.1　系统设计方法

想要造出一个产品，就必须先要提出一系列计划。这样能够节省资源并减少错误，而且还能提供更好的性能指标和更短的生产周期。一个产品的寿命期就是过程与程序的组合，并配有相对应的文件用于将想法变为现实。

因此，生产开发中就必须要引入产品管理。好的产品管理涉及降低风险、计划和协调。但是技术开发工程是一个特例。在这些工程里，最终的产品是一种新技术，或者新的功能，甚至新的知识。这样的特性使技术开发有别于一般的新产品的开发，使得传统的管理技术在这里并不适用，因为这些技术在提出的时候针对的是更有预见性的产品，但是技术开发恰恰是不确定而且充满风险的。

很多大型的项目已经不再局限在微电子领域内开发了，这样人们将能够学到很多其他领域的专业技术。在典型的传感器网络的多媒体设置中，电影脚本的发展给我们带来了新的思路。无论故事怎样发展，技术就是技术。在开始的例子里甚至都不清楚自己的产品涉及微电子行业的哪些方面，实际上，我们只开发用于拍摄电影的相关技术。

嵌入式系统设计的另一个方面就是容错率，我们需要建立一个几乎不需要维护的平台，因为不这样的话电影的生产成本就会变得过高。我们需要的是那种可以用来拍摄很多电影的场景，无论用里面的道具还是什么别的情况。为了实现这个目标，就要了解哪些是可以实现的，以及该如何把那些有潜力、引人关注的产品特点与公司的利益相结合。

更好的工程管理方法是分段实施。具体的分法想多详细就可以多详细，范围可以从一个阶段到一个分层的阶段、任务以及步骤。在阶段与阶段之间通常会进行被称作"里程碑"的程序回顾。在回顾中完成产品的交付并且制定对项目未来的决策。决策包含了需求总览、战略变更、测试结果分析及对成本和时间的最新评估。对于工程的每一个阶段，都有很多种方式来进行构建。这里就其中 3 种进行简短的陈述。

3.1.1　传统方法

以往最常用的方法叫做"瀑布式"，如图 3-1 所示。首先是分析阶段，然后是设计阶段，接下来是执行阶段，最后的测试用来结束整个过程。每个阶段由不同的团队完成，并且每两个阶段的过渡都有一个管理决策点。

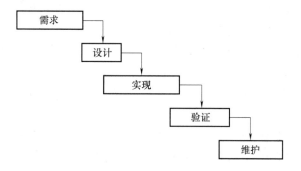

图 3-1　瀑布式

之所以被称为瀑布式，是因为从一个阶段到下一个阶段的过渡十分自然，就像瀑布的流水一样。瀑布式会假设前一阶段的所有工作在下一阶段开始前已经全部完成。

这个模型满足了成为一个好方法的几点要素：前期对需求的彻底研究和定义、逐步地开展工作、阶段之间有回顾。然而，事实很快证明，这种有序的结构并不适用于那些具有市场急迫性的商品。

为了适应多分发、多版本的工程（如软件开发工程），瀑布式演变为螺旋式，螺旋式是一种基于迭代性和周期性开发过程的方式（见图3-2）。在瀑布式里连续性的阶段流程现在在螺旋式里变为反复迭代直到产品足够合格。在开发团队能够获取早期用户体验并在一次次尝试中不断进步的同时，就有可能开发出低仿真度的原型甚至可以将产品短期投入市场。

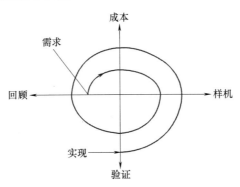

图 3-2 螺旋式开发[2]

原型是一种商品的概述或者表现，其有限的功能并不妨碍它用于评估。原型设计是一项非常实用的技术，尤其当开发团队想把用户拉进测试阶段的时候。当经过现实的测试以后，技术规格会更加透明化，尽管原型还只停留在纸上，但有了它，小的缺陷仍比较容易被发现。

原型设计和迭代开发的概念有着紧密的联系，要想使原型开发有价值，就必须保持低成本和短时间的开发。它们可以用于在初期去试验设计的方法和理念，或者在后期去探索用户行为。层次细节是由保真度来表示的。如果一个原型和最终产品的差别很大或者说它仅仅是一个概念的体现，那我们说这个原型是失真的。这一类的包含图纸原型和实物模型等。至于高保真的原型，就是那些能准确反映整个系统的原型，可用于保证最终产品符合设计需要、功能需求。对于原型设计，有很多不同的方式，其中包括：

1）可复用原型设计：该设计可整体或部分用于最终的产品

2）增值原型设计：可在设计过程中添加新的设计和想法。

3）水平原型设计：覆盖面广但是其中大多数运转不完全。

4）垂直原型设计：一种重点针对某个功能的原型设计。

对于全线的计算结构中的进程，能得出两个结论，下面分别来看。注意到规则和洞察力都是有着自然直觉的，我们将会使用第5章和第6章中的观念来说明两者的适应性。

第1个"法则"（见图3-3）是"概念上的连续"：通过计算分配的大型主机

工作方式已经进化到了最近新出现的大型服务器农场模式（另一种形式的主机），而后者正是通信技术领域中类似前者的进化过程的成果在互联网上的反映。

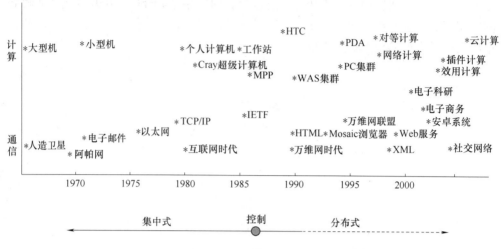

图 3-3　计算与通信技术演进：1960～2000[3]

　　同样，技术革新和开发过程看起来是接踵而至的。举例来说，在人工智能和神经网络这些研究领域中，开发的过程首先要经历一个疯狂的时期，随后是反省期和再思考期，在这之后对于老的问题就会有新的方式去解决。

　　第 2 个"法则"，也就是我们所说的关于"麻烦的保持"的法则，技术革新会带来好处，但是这些好处是有代价的。举例来说，多芯片电子封装的发展就带来了设备的小型化和更高的计算密度，但是相应的代价就是对于诊断和测试的可观察性所提出的额外的需求。对于云计算的发展，相应的代价则是对于可靠性和安全性的更高要求。这种更高的要求在当前很多已经应用了智能传感器的网络中是一个缺失的部分。针对这个问题，我们将在第 5 章和第 6 章详细阐述。

3.1.2　嵌入式系统设计

　　集成电路设计并不简单。这些年来硬件的复杂性不断提高。摩尔定律指出，为了掌控可用的设计元素数量指数级的增长，必须为其增加设计理念：从 1970 年以来，大约每 8 年就会翻一番。有了嵌入式系统之后，问题并没有变得更简单，因为这种设计包含很多的观点和概念，每一种都需要复杂的工具去执行。实践中一个人是不可能完成的，需要一个专家组成的团队。

　　在认识到测试并不是一件惬意的事情之后，设计的方向逐渐远离盖吉斯基图，并逐渐开始关注综合化和装配、包含功能验证，并涵盖从设计综合化之前到装配之后的测试过程以及所有的细节（见图 3-4）。

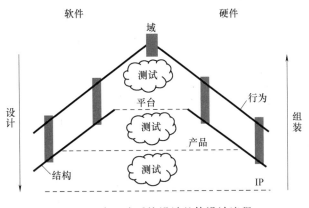

图 3-4　嵌入式系统设计整体设计流程

对于基于其对所在领域的彻底理解而进行需求开发的系统设计师和开发可支持一系列领域规格的普通平台设计师来说，两者的世界完全不同。另外，这也与那些致力于专用集成电路的设计从而实现平台设计的芯片设计师的世界不同。所有这些设计者（或者更多）都被叫做系统设计师，退一步说这很让人疑惑。

当如此多的人对于这个问题的看法和理解有所不同时，他们开始使用比较灵活的词眼，就像刚才说的，"设计师"这个词已经带来了一定的误解。因此，通常使一些人从头到尾地参与工程。一个硬件设计师在设计时通常最多考虑两个层面的问题：第一个层面中他通过构件和下层可用的通信机制制定并解决问题。由于考虑了设计成本和上市时间，下面的效果就理所当然了。

软硬件会合的地方堪称一个臭名昭著的战场。在这里软件设计师们同样面临复杂的问题，但是缺乏和硬件设计中类似的客观条件，所以对如何处理抽象与等级就缺乏一致的观点。这种可见性和结构性的区别提出了一个软硬件结合的工程设计中的重要的协调问题。存在大量由于沟通失败而进行二次发明的实例，有时是由于打击另一方的嚣张气焰而导致的[4]。如今，设计师们生活在世界各地，培养在世界各地。这就带来了一个文化上的问题，比如说 yes 这个词就有很多隐含的意思，让我们用更加技术化的眼光重新审视图 3-4，在最高层人们处理概念并努力地想要提出一个可用于模拟或者原型设计的规范，而在图中的低层中的某处，有的人则从包含了足够的下层信息的可执行规范入手，这些信息可以用于对现实中的产品进行模拟。显然，"可执行规范"这个词在不同的设计过程中的意义差别很大。

总之，先不说规范、建设和验证中协同设计的迭代过程，嵌入式系统的设计流也显示出了不同设计师之间的交流和协调过程。

每一个高明的系统设计都是从深思熟虑的需求开始的。没有了需求也就没有了目标，从而也就有可能在经历了漫长而昂贵的开发之后却找不到相应的市场。又或者是开发过程难以驾驭，由于缺乏对于现实和目标的共识，从而随着时间的流逝导致难以管理。这些原因都经常见于延期完成或者未完成的复杂工程中。

3.1.3 基于模型的设计

通常有很多方法来完成一个系统。为了限制这种多样的复杂性，通常开发一个（UML⊖）用例：一个典型的流程（见图3-5），用以说明典型的使用案例。随后说明了系统只被授权来执行这个使用案例。

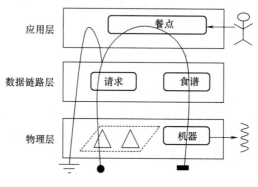

图 3-5　系统透视

通常，一些典型的案例执行得更详细。对于一个或者多个案例来说，典型的行为通过将参与元件加入到特定情况的一系列事件来表达。因此，下一步要做的就是适时地描绘这些元件之间的交互行为（见图3-6）。

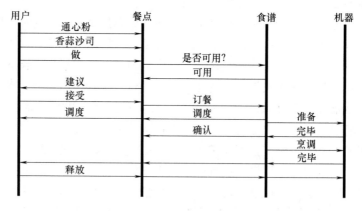

图 3-6　顺序图

⊖　统一建模语言（更多信息参见第3.3.1节）。

在顺序图的垂直方向上，我们通过时间来搜索每个元件的故事它会收到输入，并基于该输入做出反应。换句话说，它经历了一组状态、一个个历史特征和可能的反应。因此，下一步就是收集这个过程并通过状态图（见图 3-7）将其模型化。

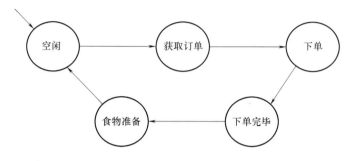

图 3-7　餐点管理状态图

在得出合作状态机的设计细节之前，上面的开发过程中很多事情会出错。作为最终的检查，需要对设计建立一个模拟，由于当前的关注终端在各部分之间的通信，这个检查将首先满足一个模型，在这个模型中状态机将被编写成分离的 Java 类，每一个类在一个窗口中工作。

最小的系统不一定要是复杂性最低的系统。状态的最小化在某些情况下不仅不会简化计算过程，反而会使其变得复杂。举个物理建模方面的例子那就是弦模型[5]。在该模型中，现实是用 11 状态模型描述的，而不是 10 状态模型。另一个例子是系统设计方面的，关于数字序列机的异步普通编码。因此，需要更加严格并且争取把系统的复杂性降到最低。

计算的复杂性不仅仅是指计算量的大小，还包括了计算的精度。通过对计算算法的了解，我们知道，在某些特定的时刻，如果不在结果的质量上做一定让步，就无法自由地选择为操作选择时机和顺序。这样将导致一个类似于反馈结构那样的前向崩溃结构，这个结构将影响系统的动态性，并因此影响到所有状态特性。

为什么解决方案间的联系有可能发生变化，原因还有很多，如失效。失效会轻易导致状态转换从而从本质上改变系统的行为。当 Isermann[6] 谈到故障的检测、隔离和诊断时，他提出建立一个失效系统模型的程序库。

根据一系列的模拟实践，系统可以表现出故障程序库中独有的行为，这样系统就应该会发生故障。Van Veelen[7] 从系统的固有维度解释这种现象。系统行为其总体是多维的，但是系统的设计与实现限制了这种多维度，当故障发生时，会很轻易地延伸到这些隐藏的维度里面并将它们带向前台。

大多数的故障并不是灾难性的，事实上，大多数的告警恰恰体现了模型与实物之间是有差异的，如维护问题和老化问题等。对于一个单独的工厂来说可能已经为这些付出了不菲的代价。像这种告警，如果能够建立起其中的因果关系，那么可以通过系统化的设置升级来消除。对于一个大规模的分布式的传感器网络，这样做就太费劲了。因此，在这里讨论其他的控制警报的手段。

隐藏的维度在系统装配时可能会再次出现。现有一定数量的系统 s_i，其中每个系统都带有一个可能是独有的状态 q_{ij}，当把这些状态装配到一个系统 S 时，总体系统会因为子系统状态的笛卡尔积而拥有 $j!$ 个状态。即使子系统的数量很少，总体系统的维度也会飞速增长，这种现象叫做状态爆炸。实际上这些状态都是等效的并可以减少到只剩一个，但是问题是寻找状态的算法属于一个 NP 完全问题，这些等效状态会轻易被故障破坏掉。

在生产线上，我们看到这样一种情况，那就是一些个别开发的设备连接到一个新的、单独的系统上。这看起来很像"分而治之"，但是事实上并非如此。要将系统划分为不同的部分需要假定一个或多个部分仍在重现整个系统的行为。在生产线上，并不能保证系统的方方面面都包含在这些部分里面，结果就无法避免新行为的产生。同样的，在把两个大规模网络（如通信网和电力网）结合的时候，也观察到了这个情况（详情参见第 6.3.2 节）。

装配部件能够使状态量激增并导致模型的复杂性陡然上升。这时"抽象"这一用来降低整体复杂性的理念变得十分受欢迎。所谓抽象，就是去掉没有必要的细节，但是我们已经讨论过"没有脂肪"好不好这个问题了，因此，这种通过移除细节来简化模型的方法并不是抽象，而是一种安全性上的风险。

抽象是一种符号化的升华，是通过总结细节把概念提升到更高的层次上。所以，从安全上考虑，冗余就变得有益了。

3.2 神经网络系统控制

1943 年，当莫克罗—彼特提出电路的主张后，（人工）神经网络作为人类大脑研究中的一种模拟假设方法，开始进入了电子时代。Rosenblatt 在 1958 年走出了实践的第一步，他发明了感知机，但是 Minsky 很快便指出他的这个想法的局限性。同时，Hopfield 认为人们不应该尝试模拟大脑而是应该去了解大脑。等到 Rumelhart、Hinton 和 Williams 彻底改良了反向传播算法之后，新的时代到来了。在 1986 年，随着对复杂计算中算法运行所需的超级计算机的需求暴增以及领域拓展所激发的对模拟设计的需求的增加，一切突然来到了一个新的起点。从那以后，一系列令人印象深刻的应用开始出现。

尽管大多数真正成功的工业应用产品并没有得到广泛的宣传，但是它们之所以能够出现，显然是先前类似玩具的产品推动的结果，其中最广为人知的故事就是 Widrow[8] 在书中演示的倒车控制系统。这个任务是一个众所周知的控制问题，因为它已经向新手司机提出了挑战。随着时间的流逝，实验被多次重复并最终生产出一个公开的一般化的解决方案[9]。

还有一个广为流传的类似实验是平衡杆实验[10]。在这个实验中，首先会在一辆小汽车的顶部放一根杆子，然后通过控制小汽车的移动来保持杆子在车顶的平衡，使其永不掉落。这个实验中包含的动态性带来了更高的复杂性。甚至早在第一例神经实验之前，就已经从控制理论分析中找到了一个封闭的分析解决方案。上面的两个实验已经清楚地向业界表明了将神经网络用于原型解决方案中的非线性控制问题的吸引力及其对未来的系统研究所能做出的贡献。

3.2.1　神经网络理论

神经网络最一般的形式就是一个由互相连接的基本处理单元组成的系统，基于历史原因，这种形式为神经元。每个神经元都与一个数值相联系，这个数值表达了神经元的状态。神经元之间存在联系，这样一个神经元的变化可以影响到另外一个。可以通过对系统操作进行规划，具体就是以给每个联系分配不同的比重的方式来设置这种互相影响的程度。图 3-8 描绘了一个单独的神经元，从左到右看是以下几个过程：输入信号 x 在分配完权重后被采集到系统中；加入一个补偿量 θ；运用非线性函数 φ 来计算状态量[11]。

建立一个神经网络有很多方法，对应不同的应用需求，我们有不同的结构去实现。系统结构和加权设置中有个特别的功能，那就是结构对应总体功能，权重对应特殊功能。下面将对神经系统的这两个方面进行粗略的回顾。

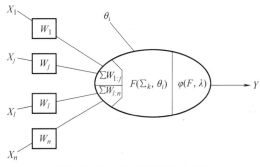

无论从整体全局上还是细致的描绘上，神经系统的结构都可以反映网络的功能。网络功能（网络传

图 3-8　单个神经元的处理过程

输功能、变换功能或者其他术语所代表的功能）实现网络的主要任务：获取问题、提交网络、获取答案。问题和答案这两个词是人际关系中借来的表达方式，我们广泛采用的是输入输出"实例"这样的词眼：对于网络而言，例子就是解决问题的行为，输入实例（激励）往往伴随与之相当的响应也就是输出来表现。这个过程在网络中以正向传递的方式运行着：神经网络的输入（问题）激励带来相应的输出或者说是响应。因此网络中的这种前向传递等价于将输出表达为输入的功能、网络的结构、节点的转移以及参数，这样在后向的传递中，算法才能适应连接强度从而产生实际的、所希望的输出结果。

对于一个多层的前反馈神经网络（见图 3-9），输入向量 x 与输出标量 y 通过

网络函数 f 实现连接。具体描述见式（3-1）：

$$f(\overrightarrow{x,w}) = \varphi\left(\sum_i w_{ji}\varphi\left(\cdots\varphi\left(\sum_k w_{ik}x_k\right)\right)\right) \tag{3-1}$$

式中，φ 表示节点转移；w_{mn} 表示网络结构中权重不同的各个连接，其指数代表信息传输的方向。括弧中的嵌套结构代表了算法的前向反馈流程必须经历的步骤。

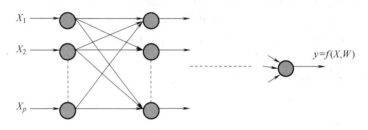

图 3-9　多层前向网络

迄今为止，这个非线性神经网络传递函数的本质还没有明确的界定。也就是说，可以直接入门化也可以复杂化。就如同式（3-1）中表达的一样，甚至可以通过一个复杂的变换将一整个神经网络打包作为一个神经元用于另一个神经网络中[12]。对此我们保持克制并仅仅使用 S 变换，这里特指 S 函数。具体来说，会采用"逻辑"和"零中心"，也就是两个具有典型对称性的传递函数，其对称性对全局的学习性能的影响能够顺利地适应，并显示出所描述的行为。其现实意义依赖于一个事实，那就是数理逻辑函数可实现于数字电路，同时 0 对称函数优先在模拟电路上实现。这些函数的规范说明见表 3-1。

表 3-1　两种 S 型传递函数规范

	逻　辑	零　中　心
函数 φ	$1/(1+e^{-x})$	$(1-e^{-x})/(1+e^{-x})$
输出范围	$(0,\ +1)$	$(-1,\ +1)$
一阶导数	$e^{-x}/(1+e^{-x})^2$	$2e^{-2x}/(1+e^{-x})^2$
$\varphi'=f(\varphi)$	$\varphi'=\varphi\times(1-\varphi)$	$\varphi'=0.5\times(1-\varphi)^2$

人工神经网络（Artificial Neural Network，ANN）通过自适应定位了一个问题在已知区域中已有的解决行为的因果依据。从人类的角度出发，可以形容为网络"学习"了该类问题的处理方式。这个学习过程是一个优化了的过程，是基于大量网络、利用梯度优化的方式实现的。这种梯度方法可以形容为爬山（下山）的过程，该过程以找到最佳或者说极端的状态作为终点。在该状态下，网络对问题的建模是最好的，同时我们期待问题区域中的每个问题传递给网络之后，都能在输出时

包含正确的响应（答案）。

任何一个优化问题都可以用一系列的不等式和一个成本函数来描述。在神经网络中，这个成本函数常常建立在对实际网络和理想网络的区别衡量上。函数值则限定了问题的区域，也就是划定了界限。通过对网络中的权重的谨慎调节，实际响应和理想响应可以达到一致，即理想的极限值。换句话说，这种对单个或者多个输入所带来的响应间差异衡量可以用于使网络掌握理想权重设置的算法——学习算法之中。

作为实际响应和理想响应互相吸引中造成的结果，学习过程将基于反馈原则，在监督式学习中通过一个监督者计算的权重设置外部算法来实现，在非监督式学习中，算法设计将深入架构，作为内部神经元之间的竞争体制。为此，上述两种可用网络从根本上讲就是不同的。问题中的独立参数数量（问题的本征维数）和网络中的独立参数的数量（解决问题的方式的维数）之间的关系将对网络运行造成显著的影响。

当一个网络的解决方案的维数小得不足以囊括问题的时候，就说这个网络是"参数不足"的。相反，当问题本身的维度相对于网络功能来说过小时，就说网络是"参数过剩"的。显然前面一种情况中网络没有学习的必要，而在后一种情况中学习则会带来反效果。因此，网络的参数化程度多少会比问题所需的参数化程度要大一些，但是也不能太大。这个值的正确选择是网络设计的一个基础问题[13]。

3. 2. 2　神经控制

为了使控制应用达到理想的状态，人们常常喜欢使用设定值。由于系统部件会发生改变，每个设定值都需要适应实际环境。为了降低这种敏感性，通常允许设定值在系统间隔时间里进行操作。然而，随着时间的流逝，整个进程可能还是会产生变化进而需要持续的适应性。为了实现这一点，要对过程进行建模。这样做的结果是过程模型可以替代设定点成为新的控制参考。作为单独静态数值的替代，操作中带有参考值的控制是基于环境的理想方式。这就是一个典型的适应控制的情况（查看 Narendra 的独创性文章[14]），图 3-10 给出了基本的结构，在直接配置中，神经控制器是按顺序串联在进程中的。这样控制模型就可以适应过程中的特定的现实特征。

将神经模型串联在过程中会带来一系列的问题。首先，控制器的速度不够快，因此在响应的实时性上存在问题。其次，必须要保证学习过程不能太猛烈，否则进程可能会反应过度。因此，通常会备有一个更简单的控制器与过程相连。这导致了一个间接的排程。这里的神经模型的作用是学习设置控制器，并最终实现定期升级。

对于前向反馈的神经网络来说，它有着一个经常被用于控制应用的劣势，那就是在学习领域之外的错误判断。基于这一点，就有必要对其有效区域进行了解从而保护神经模型。这样做的结果是，图3-10b中的神经模型需要一个激活信号（用于告知模型什么时候检查控制器的设置）和一个例外信号（用于告知模型什么时候可以突破有效区域）。

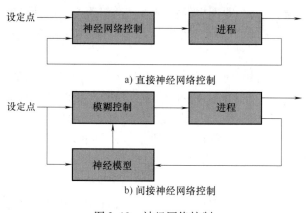

图 3-10　神经网络控制

　　所有这些都基于单控制器的进程。对于多控制器的情况，生产线越来越难适应单个的调整点。这种情况类似于神经网络中多层网络在网络频繁趋向不稳定时难以在有限的精度下完成适应的情况。在生产线中相比学习更偏向于适应，而且情况也没有那么糟糕，但是影响仍然存在。

　　往侧面走一步，看看船舶的航线控制（见图3-11），航线控制是很重要的，因为船舶绝对不能失去控制。所以，当失去了与中央控制室的联系时，机房就会接管整个船只。而如果当机房也无法顺利地引导船只的时候，就需要有人下到甲板下面进行手动引导。这是一个基本的控制等级，是 Rodney Brooks[15] 针对机器人学提出的。这种备份方案提供了结构性冗余，但仅限于这一"命令行"方式。

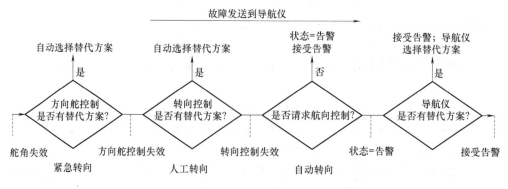

图 3-11　方向舵控制中的分级告警处理[16]

3.2.3 神经控制设计

1986 年，欧洲汽车工业启动了普罗米修斯计划（一个给欧洲交通带来最高效率和前所未有安全性的计划）。其中一项任务就是在未来实现自动导航驾驶功能来提高汽车的安全性和实效。普罗米修斯计划中的 PRO-GEN 子计划就开发了被称为副驾驶的功能，该功能采用了基于大量专家知识的图像处理技术。早期的产品实例就是 VITA 汽车。这个副驾驶功能十分广泛，如碰撞规避、车道变更以及护航驾驶。其中基本的特性就是车辆的横向控制，这为疲劳驾驶和突然生病所带来的行为失控提供了安全保障。

从系统理论的角度来看，驾驶员、车以及道路形成了一个闭环控制系统，如图 3-12a 所示。基于实际情况的参考输入 $r_H(t)$ 和人所感知到的车辆/道路系统的输出 $y_H(t)$ 两者的实际尺寸都是未知的。大部分已经发表的涉及转向性能的成果中都假定 $y_H(t)$ 是没有横向分量的[17-19]。然而，驾驶员的目标指令却与当前环境有着紧密的联系（保持车道、超车、保持安全距离），而且会逐渐适应模糊语言状态，如"把车维持在马路上"和"提高驾驶舒适度"。

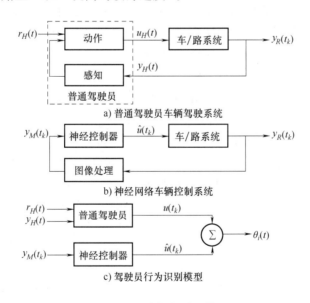

a) 普通驾驶员车辆驾驶系统

b) 神经网络车辆控制系统

c) 驾驶员行为识别模型

图 3-12 车辆驾驶系统

图 3-12b 中显示的是建议采用的神经控制系统。在该系统中，神经网络收到的数据被车载的图像处理系统发出的信息所限制。这个由 Daimler-Benz 设计的图像处理系统是基于一个小型晶片网络的，其系统运行所使用的基本算法是在其他文献中描述的[20]，且其可靠性已经通过与传统的状态空间控制器相结合的方式得到了

证实[21]。

在例子中，图像处理系统中已经使用过的输出的数量（同样也可能是反馈信号的数量）是 5，分别将其命名为汽车速度 $v(t_k)$、汽车偏角 $\varphi_{yaw}(t_k)$、道路弯曲率 $c_{ROAD}(t_k)$、道路宽度 $y_{ROAD}(t_k)$ 以及汽车在路上的水平偏移 $y_{OFF}(t_k)$。其中，汽车偏角是指汽车行驶方向和道路延伸方向之间的夹角，水平偏移（或者说补偿）是指汽车位置与道路中心线之间的距离。虽然传感器的可靠性和量化噪声会影响到收集到的数据的质量，但还是假设得到的输出 $y_H(t_k)$ 就是这五个感应信号的神经功能。实时的图像处理系统每秒钟处理 12.5 张图片，并且在不到 80ms 的时间内完成对相关参数的计算。

在实验[22]中，我们把主要的集中力放在了保持车道这一基本任务上。因此，对神经控制器的参考输入并不是绝对必需的，但是控制的指标还是隐藏在内部网络数据的编码中的。众所周知，汽车的方向盘是用来控制汽车的横向移动的，也就是说，$\hat{u}(t_k) = \varphi_{SW}(t_k)$，式中 SW 表示方向盘转角。

从图 3-12a 和图 3-12b，可以轻易得出这样的结论：实现神经网络对驾驶行为的控制中存在的问题可以当做系统识别问题来看待[14]，尽管如此，与以往文献中的通用方法比较，并不识别被控制的系统而是去掌握那些闭环控制人物。然后，不同于普通系统识别的是，物体和模型有着不同的输入（见图 3-12c），式（3-2）描述了设想中的驾驶员的行为：只控制方向盘。

$$u(t_k) = P_{HUMAN}[y_H(t), \quad r_H(t)] \tag{3-2}$$

神经网络的目标是决定这个函数 P_{NEURAL}，进而在 $\forall t_k \in (0, N)$ 时：

$$\| u(t_k) - \hat{u}(t_k) \| = \| P_{HUMAN}[y_H(t), \quad r_H(t)] - P_{NEURAL}[y_M(t_k)] \| \leqslant \varepsilon \tag{3-3}$$

式中，理想情况下 $\varepsilon > 0$。

在仅仅记录了 $u(t_k)$ 和 $y_M(t_k)$ 的情况下，$y_H(t)$ 和 $r_H(t)$ 的值仍然是未知的。要注意的是，只要我们的任务还是对驾驶员进行模拟，式（3-3）就是一个充分条件。而对于一个稳定的控制器来说，该式则只是一个必要条件。而且，至少还要满足另外一个条件，那就是网络传输得到的输出 $u(t_k)$ 是无偏的。所有的那些训练过程贯穿整个开发过程的网络都存在这个情况。

收集自不同驾驶员的数据组可以用于训练神经网络并验证其性能，这些数据组包含了德国联邦高速公路上 140 ~ 580s 的驾驶时间内的 1750 ~ 6356 个测量记录数值。在首次调查中，测量值的取值范围限定在 [0，1] 之间，这些最初的实验基于具有隐藏层的神经网络结构，就如文献中的理论所证明的那样，这些前向反馈网络可以实现任何有界连续函数：$f: R^n \rightarrow R^m$[13]。所有的神经元都采用表 3-1 中的传递函数。传统的错误反向传播算法可以随着自适应学习的速率来调整神经元的权重，并且采用一个系数为 0.7 和 0.5 的动量项，来为网络的稳定性和训练速度提供一个合理的协调[23]。

在这些起初的可中断模拟过程中，人们可以观察到输入数据之间的一些关联。一个包含了 50 个输入神经元和 135 个隐藏神经元的大型的神经网络会通过自适应来模拟人类的转向动作，输入数据包含了所有 5 个测量值及其延迟值（最大为 10）。在经历 100 000 次学习周期后，神经网络会复制人类的驾驶行为，平均错误率低于 1%，并且几乎不会出现较大的误差。通过改变其中一个的数量同时其他的保持不变，我们对输入进行了统计分析，最终的结果揭示了权重空间中的一些隐藏的实用知识。如同我们预料的那样，实际输出与道路的曲率、水平偏移和车辆偏角有着紧密的联系。而车辆速度和车道宽度的数值变化反而对有经验的驾驶带来反效果，所以将其丢弃，因为它们在这个自适应的过程中并不能充分地反映出相应的物理联系。

有了这个预备知识，在接下来的第 2 步中设计者就可以将神经网络中的拓扑结构简化到只有 5 个输入神经元和 15 个隐藏层中的神经元。输入神经元相当于数据中的偏角、道路曲率、横向偏移、加权的单位时间内的道路曲率和横向偏移。这种暂时的记忆保证了车辆的动态行为可以进入神经网络[24]。神经网络中对于每一个稳定的解决方案都汇聚了 50 000 个学习周期，通过输入神经元在每个学习周期里都能获得一帧测量样本。

这个简化的神经控制器模拟驾驶员行为时的平均错误率是 5%（见图 3-13），图中某些位置的图样表明，方向控制可以有很大的差异，有时甚至会导致车辆驶离路面。因此，必须进行包含神经网络模拟器（Neural Network Simulator，NNSIM）、车辆和道路模型的闭环模拟来对神经网络的横向控制能力进行检测。网络以曲率 $c_{\text{ROAD}}(t_k)$ 作为指令变量以 $y_{\text{OFF}}(t_k)$ 作为由反馈环路控制的变量，$\varphi_{\text{yaw}}(t_k)$、$c_{\text{ROAD}}(t_k)$ 和 $y_{\text{OFF}}(t_k)$ 负责控制汽车的动力，并且起到防震的作用。

这些包含了权重初始化设置、一定数量的隐藏神经元以及对象数据组的实验表明，相对于依赖拓扑结构，网络参数解空间对于自适应的敏感度要更高。但是所有的潜在方案都显示出对于较大和较小数值之间敏感度的不对称。例如，用 0 到 1 这个区间来衡量，以 0 作为左偏最大化，当乘以一个静态的权值之后，0 或者极为接近 0 的数值对神经元激励总和并没有特别明显的抑制或者刺激作用。另外，在训练阶段，当输入为 0 时，可以抑制权重修正。因此，网络会适应较大的数值或者图像弯向右边。

因此，在第三步中选择对称输出函数也就是对数型 S 曲线函数。标准的对数型 S 曲线函数是定比的，而且已经转换为区间在 [-1, 1] 之间。这种函数可以克服刚才讨论的问题。

为了合理利用这个取值区间，采用饱和点在 -1 到 1 之间的半线性输出神经元，这样神经网络控制器会保持车辆在路上以小于 0.16m 的幅度左右偏移。与人类驾驶员类似，网络存在指向右端 0.17m 的静态偏移。针对极限情况的深度仿真表明，这种网络普遍具有的能力支持控制器处理偏移背离问题，且曲率比学习集中包含的曲率更大。

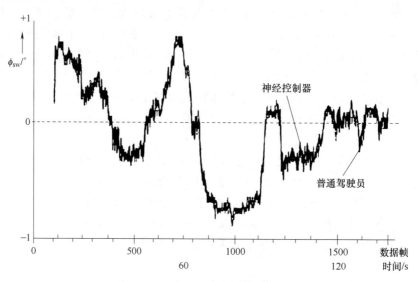

图 3-13　驾驶员与神经控制器的转向行为对比

　　为了造就一个德国高速上的"完美无缺"的驾驶员，在记录了 50 000 个转向动作之后，终于构建了一个神经网。随后选择一个由 21 个神经元组成的三层前向反馈神经网络来为其建模。最终，在 1992 年 9 月，把它安装到了 Daimler- Benz Oscar 这款车上来进行效果验证。结果是：基于人类驾驶行为受训的神经控制器在高速条件下展示出了不定期的反应，并且不会消失（测试最大速度为 130km/h），相比线性状态控制器，神经网络控制器的横向偏移更小并提供了舒适的驾驶体验[22]。

3.2.4　模块化层次结构

　　开发神经网络的核心问题是数据的收集、验证和实例的展示。这里经常提到 90% 以上的工程时间都用于针对 Schuermann[25] 的学习所做的数据获取和准备。这很令人惊奇，因为通常来说大量的基础知识（如物理定律）都有很多种方法可以融入网络。

　　首先，网络起初可能会去模拟"理想"的行为，这个干净的网络里的权值是在 0 附近随机产生的很小的数值，这样做的打算是避免内部的偏向性，从而使学习内容不受到限制。而根据设计来看，大一些或者非随机产生的权值会带来偏向性，但是其计算过程往往并不透明。

　　其次，对问题的描述可以采用更多的有吸引力的例子。为了促进这一点，这个有吸引力的点子必须要基于现实和已有的原则方法，也就是所谓的真理。即便对之间的联系进行了合理的介绍，但是死板的知识仍会加剧自学习中的问题[26]，通常会把这样的问题直接扔进神经网络里，这样其参数就会稍微适应那里的环境，从而供我们进行测量。

　　对于大型的网络，一个复杂的方案（如果可能的话）往往是很难针对它对网络进行训练[27]，这是由训练组中的冲突数据或者训练过程中产生冲突的数据引发的。针对这一点，其中一个解决方案是把网络分为不同模块，每个模块以子网络的形式存在，能够独立地初始化或者训练。幸运的是，这带来了一个好的副作用，那就是例子的结构化和精简化。有时网络的组成就源自于手头的问题[28]，但是卷积网络却能提供通用的框架来支撑并行子网络的分层等级。

　　分层的等级制度是建立在很多完全连接的前向神经网络的联合操作上的，这里有一个潜在思想，那就是三层结构，这个结构在电信领域中十分普及（见图3-14），其含义如下：

　　1）底层（基础）中表述了基本的工艺材料，这样可以把基本常识引入到神经网络里，并将基础的物理参数抽象到数字领域，或者是将不同的图像包集成为单个设计界面。在图像理解过程中，我们从初始化的子网络中得到了用于预处理的低级像素处理。

　　2）中间层（处理）包含了操作函数并提供了能够支持某些相关技术领域中的应用问题的转换和操作。这也许能够为模块化提供一组类并且/或者提供一组提供数值支持的算法。在图像理解中，我们发现子网络，它们通过单独训练，来选择中等水平的二进制对象处理。

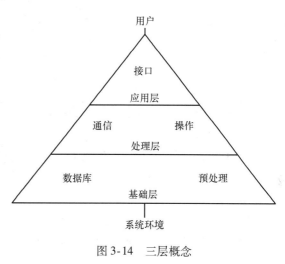

图 3-14　三层概念

　　3）最终层（应用）提供了手头应用的用户界面，在这一层，将针对用户进行个性化从而提供直接的支持。对功能的描述主要集中在函数处理的方面。这样的结果是，对于应用中的任何变化，只要它们还可以用函数来表达，其变化就不会产生显著的影响。在图像理解上，我们得到了高级的特征操作，用于解决全局问题。

　　引入上述3个层的目的是减弱用户应用带来的平台限制和硬件依赖性。在软件的竞争中，这个3层结构与重复使用和维护的概念有着直接的联系。对于硬件来说，层反映了组件与产品之间的集成阶段。想要了解神经网络多层结构的更多优点，参见 Nguyen 的专利[29]。

这种方法最初的彻底应用是在轧钢厂检验钢铁表面缺陷的过程中[30]。这里，表面缺陷指的是平面上的凸起。由于这些缺陷与对周边区域的影响要高于对钢板性能的影响，所以可以基于一种单独的网络样式来搭建一个底层来找到它。这里先把光反射中的物理定律转化为人工数据。这里需要用到各种可能入射角的光反射样本，对于特定子网来说，入射角围绕目标值特性发生变化。输出是对应于物理定律的特征值，但是从某种程度上讲这反而让分类器功能变弱了。由于上层网络需要综合所有特征值来进行决断，因而这要求底层的训练数据尽可能地覆盖整个问题空间（见图 3-15）。

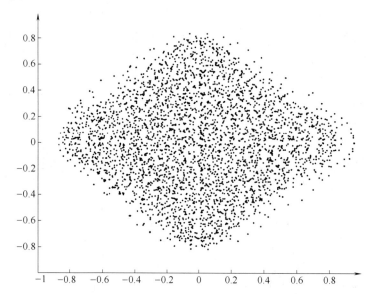

图3-15　底层网络目标数值分布（训练数值代表的是整个问题空间）

中间层的作用是提供恒定的参数，通过将下层的输出引入所谓的剥离层来忽略旋转和大小对判定的影响[30]。当凸起较大时，宽度仍保持不变，且覆盖所有 3 层剥离层，但如果是小的凸起，则只能覆盖里层。采用底层产生的矢量方向，并计算 3 项特性，这些特性能够反映这些矢量聚集成潜在凸起的连续性。此外，还要添加一个门限值，用来抑制那些数值还达不到一个凸起反射的结果。这 3 个输出值会作为顶层的输入值，顶层会做出最终的决策，来决定该图像中间是否是一个凸起。

在这个应用实例中，神经系统只处理单张图像。通过对预期反射和实际观察到的反射进行智能匹配，它实现了对缺陷的检测和衡量。相比"情况吻合"，称上述方法为"结构吻合"。

3.3 网络系统设计

总的来说，我们发现设计和探索的根本方法基本上都建立在"分而治之"这个策略上。具体来说，就是将问题分割为若干部分，对每个部分进行单独的处理，然后再把各个处理会聚在一起，从而解决一个复杂的问题。当然，这是建立在"问题的各个部分相关性很小、可以分割"这个假设上的。但实际中并不总是这种情况，因此需要在设计开始之前对问题的本质进行深入的探索（见图 3-16），对此在这里引出一种和电影剧本创作十分类似的技术。

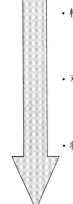

- 模型大小与复杂性成指数关系
  - 将问题分解为若干部分，以降低整体复杂性
  - 将容许行为分配给各个部分
    - 防范包容
- 对各部分进行建模与设计
  - 将预期功能映射到更强大的平台上
  - 将容许行为在各层上进行分配
    - 检查连贯性
- 将各部分组装成系统
  - 组装可为生活带来反应功能
  - 域被分解为容许行为
    - 检查一致性

图 3-16 设计与开发中的反向穿越[31]

多传感故事的一个典型特征就是要能吸引很多的观众，不论他们有没有身体缺陷。例如，盲人还可以利用听觉和触觉，失聪的人还拥有视觉，这是由大量冗余数据的输入实现的，因为要对缺失的感官进行一定程度的补偿。这也会给无障碍人士带来额外的好处，因为缺陷的源头并不一定就是生理功能的缺失，它也可能是一瞬间的兴趣、集中力或者方向感的缺失，正是有了这些，才可以感受到一辆车正在朝你驶来，即便你没有看到它。

感知冗余的好处是容易扩展到系统本身，不可以让系统故障带来的缺陷转变成一个错误，有些错误对于功能的影响不大，可以容忍，错误不光是源自于缺陷，它也可以源自受限的功能。从这个意义上看，冗余扩展了感知，详细解释参照McLuhan编著的图书[32]。

通常，传感器提供的信号不止一个，举例来说，摄像头可以接收各种光谱的信号，其中一种表现为肉眼可见的图像，当然除了传统的拍照功能之外，同一个摄像头还可以具备人体热感应功能，并通过它进行生物识别。另举一个例子，在水净化过程中，当通过分析其他传感器的信号从而得到了关于某种物质存在的侧面信息的时候，那些专门检测该种特殊物质的昂贵的检测设备就没有必要再使用[33]。

3.3.1　编写一个故事

产品大纲可以体现出产品的用途、生产方法和预算。显然，光有方法是不足以把产品用途化为实际产品的。方法必须是某种程度上可行的，这样用途才可以实现。这个"某种程度上"的数值体现是由功能冗余性给出的。

故事也是从故事概要开始的，这个概要包含了故事的中心思想和人物介绍，这体现了建立商品生产的所需的一般功能。无论功能还是需求，都要以达成目的为目标，并为后期开发提供一个出发点。需要注意的是，我们不可能逐个实现所有的功能，但是如果能够使用同样的结构来实现一些典型的功能，就有理由相信剩下的也可以这么实现。

大多数产品开发过程都是面向用户的，也就是说是为了使用户感到满意。质量就是衡量用户对产品满意程度的一个指标。对于不同种类的产品来说，质量的过关有时会很困难，甚至会成为工程中的主要风险所在。要想保证质量，最好的办法之一就是理解产品开发的第一阶段——理解用户需求的重要性。这个过程比看起来要难得多，因为现在的工业趋势是用户和产品的分离。

为了找到用户需求和产品开发之间的连线，我们提出了一个名叫质量功能部署（Quality Function Deployment，QFD）⊖的概念，目的是通过关注那些提升了产品价值或者说能够使用户更加满意的积极品质来理解用户的实际需求。所以需要关于潜在行为的有说服力的案例。如果这些真的能够增加产品的价值并且满足用户的需要，那么就有理由在下一代产品中继续这么发展下去。

对象管理组织（Object Management Group，OMG）⊖始终伴随着统一建模语言，这样可以帮助开发者对软件系统模型进行说明、想象和证明。这一切建立在软件工程方法那由层出不穷的问题和一点一滴的进步构成的漫长发展史上。

统一建模语言（UML）的好处在于技术的独立性。该语言即便在无软件系统中也可用于表达分析结果。这一点是决定语言支持能力最重要的因素。当然，除了这些优点，也出现过一些负面的结果，这些在后来的版本中得到了处理。本书中认为软件开发的后端是理应存在的，并且着重关注了从故事大纲或者其中部分章节中寻找产品模型的方法。

采用这种分离法的理由也正是采用软件工程方法的理由，那就是：对于同样的

⊖　QFD 研究所，http：//www.qfdi.org。

⊖　对象管理组织，http：//www.omg.org。

现状,需要两种互相独立的观点来确保建立一个全面的模型,把这种让步叫做设计诱导错误。在嵌入式系统里,错误容忍也包含了实际操作,因此,需要对容忍进行扩展,采用的方式是将一个函数与另一种观点中的过程联系起来,作为 n 到 m 的一个映射。这里将以图 3-17 中的开发计划作为起点,提出一个结构化、全面的方法。

故事写到这里,现在要对我们的意图及其带来的系统需求做一个概述,这需要一段篇幅,故事本身同样需要若干段篇幅,但是通过拿出其中有示范性的一段可以给出一个可供所有段落参考的基本特征,如果这样做行不通,就不得不找出其中差异较大的那一小部分章节,这样才能实现全面的覆盖。在这个过程中,我们发现了整个故事的基本过程。

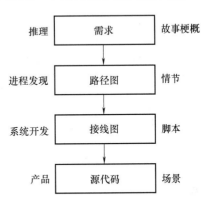

图 3-17 UML 中的设计路径

一旦把这些过程公开化,就可以继续通过可连接到系统的组件来重现它们,这样我们的视角就从行为转向了结构,两者轮流为产品的硬件、软件部分提供信息。公开化的方法之一就是把一个段落分割为若干个场景,每个场景都会就地取材并有相应的线路图,还能阐明设计过程中的各种信息流动。

手动设计需要使用迭代,在嵌入式系统里,这些迭代并不仅仅是保持程序的正确性,同时也优化了开发基于已有过程的系统所需的潜在需求。

根本区别在于焦点,符号流程仅与此相关,见图 3-18。我们讨论的是数据和控制流,以及如何使控制流分离成不同的线程然后再分别合并在一起。控制流永远是从原因流向结果的,例如,按下开关就可以让信息移动并使灯亮起。

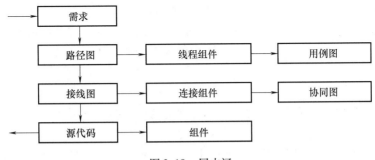

图 3-18 层内涵

另外,信息协同是建立在数据池的基础上的,而数据池对组件的运算来讲极为重要。换句话说,就是当我们寻找可以支持数据流的过程时,过程反过来会作用于数据池之间的互动,这时,我们的视角就从全局转向明细。

在继续案例研究之前，先引入一个更局限的例子，仅仅为的是便于理解本节和下一节中的一些概念。现在假设一个虚拟的做饭机器：很受欢迎的"1分钟微波炉"[34]，我们未来的目标是能够遥控一些机器从仓库中取出食物并放入工作间，准备完成之后（或我们要求之后）对其进行加工。

3.3.2　路径图

路径图的首要目的是标明途中各阶段的功能，这样的功能可以用一段话来描述，但是我们现在仅仅用自己的想象力来构思一个常见的结构（见图3-19）。

图3-19　虚拟食物准备路径图

首先要知道自己想要什么样的食物，这种意愿可以通过很多种方式（语音、红外、无线）输入到机器里面，然后对其进行处理，这样就建立了一个统一的对机器的访问方式。要实现这一点，要预存一定的食谱，从中选择食物，这是个有限信息条件下的选择。根据食物的不同，机器会给出所需的原材料和烹饪方法。

有些人从食谱库中选择餐食种类，为了维持这个库，要使用很多方法。一种方法是寻找网上公司提供相关的信息，另一种是收集以往的资料，但需要将这些资料与当前的条件相结合。一旦餐食选定结束，就需要确认原料是否齐全以及如何进行调配，这就需要对机器进行适当的设置，经过准备与处理之后，食物终于烹饪完成并上桌了。

显然，这张路径图并不是一张实体/联系图，它并没有显示出概念和联系，仅仅是给出了使用的流程，对于使用图、使用表、使用情况图等这些词眼，我们肯定会产生困惑，所以干脆停止这些咬文嚼字的工作，直接叫它路径图。

3.3.3　接线图

需求捕获的原则可以用两种可以相互检验的正交描述来说明。所以，路径图给出了数据的流向，接线图则体现了其对立面：控制流程。

上面这段简单的描述给出了一个3层结构，我们往往通过这个结构以灵活的方式分离应用与设备，如图3-20所示，当人们用很平常的语气来表达他们对餐食的渴望时（如辛辣的脆一点的意大利面食），设备就会自动基于这个信息做好食物的选择，当然也是建立在原料存货的基础上的。随后，被选出的食物就会在正确的时间等待着我们。

图 3-20 虚拟食物准备接线图

伙食管理大师让人们不再需要查看冰箱存货就可以提出要求，经过业务扩展，最后实现的就是网上订餐业务，这样对于餐食种类以及烹饪方式的选择不再仅仅受存储的影响，而且还包含了烹饪时间的限制。

3.3.4 序列图

一旦决定了情节，之后就要将其分为一段段场景。每个场景里都有一段（被动/主动）演员的直接交流。演员位于水平轴上，时间则位于垂直轴上，这样，不同的演员就可以进行交流从而实现了路径图中的数据流。

一旦序列图（见图 3-21）中的布线和路径检查完毕，演员就可以加入了。这里，沿着时间轴跟随其中一名演员来观察情况，然后基于所观察到的情况，可以重绘对应着演员的时间轴并将其作为演员的状态图。这样，软硬件支撑的生成工作就有了明确的定义。

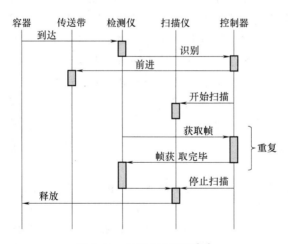

图 3-21 传送带序列图[35]

并不是每一个演员都能有独自表演的舞台，场景将接线图和路径的阐释联系在一起，而状态图就需要整体装入或者分散植入平台功能。如图 3-18 所示，这样我们就处在进步的道路上了，因此我们中止了设计上的探索，并着手进行实际的技术筹划。

3.4　系统案例研究

　　尽管每张照片里都有一个故事，但是我们的记忆里总有一个最好的。因此，下一阶段的任务就是把故事线精心布置到一个或多个段落中。每个段落都通过第三者的视角来讲述发生过的故事，就像极值可以划定数值区域一样，典型的故事也可以定义一个行为的区域，所以选择合适的故事十分重要。然后就是重述段落，让其中的情节详细表达出产品和环境的交互行为，再让场景和镜头来详细表达每个情节。

　　下面通过一个案例研究来对这个方法进行验证，这个案例就是儿童护理。由于儿童护理中心将变得越来越少，因而如何通过随处可见的 ICT（Information and Communication Technologies，信息与通信技术）技术来改善家中的儿童护理现状成了一个日益严峻的问题。在第一阶段，建立一个故事梗概，用于介绍主要任务和故事主线。

　　丹尼尔并不是我们常常说的那种技术狂人，在他眼中，工作满意度要比那些奇妙的小玩意更重要，尽管他的妻子喜欢关注最新技术和工艺，可是他们俩还是跟不上新技术发展的脚步。但是这一切都在他们搬入了位于郊区的一个儿童众多的社区之后发生了变化，他们决定在家中安装一个全智能系统。接下来他们拥有了他们的孩子——维多利亚，维多利亚的诞生让他们与街道上其他家庭的联络变得多了起来，随着孩子逐渐长大，这种联络越来越密集，这些家庭会共同承担照看孩子的责任，只要注意不要因为谈话而走神，就能保证至少有一名家长在照看孩子。

　　就这样事故还是发生了！当然，其中一个原因是随着年龄的增长，孩子越来越好奇、活动范围越来越大，家长们不可能预见到他们所有的行为。但是还有一部分原因是因为缺乏经验，所以直觉不够灵敏。一个稍大些的孩子得到了一个不错的机器人作为生日礼物，情况发生了变化，他很快开始摆弄起来，并开始做自己的各种试验。他的父亲也产生了兴趣，便与他一起研究更有挑战性的事情，就连丹尼尔和萨拉也被吸引了。

　　随着自身经验的累积，越来越多的机器人被安装在家庭与庭院里并在日常生活中占有一席之地。而成为无线网络的一部分，则是机器人发展的一个里程碑。它们收集照看儿童的经验并传达给儿童的父母，不仅仅局限在饮食上，还包括事故倾向、爱抚需求和温柔的语言，以及疏远的预兆或者单纯的需要更多关注。

　　并不是说这样下去就再也不会发生事故了，但是如今总会有人对你施出援手。

3.4.1　案例大纲

　　上面提到的街道可以转变为一个单独的无线网络，但是使用有线区域网络看起来似乎更好一些，因为后者可以通过信息与能源兼容的单接入点为所有家庭带来三网合一（电视、数据、电话）⊖。这样做的原因并不仅仅是采用单个电表更便宜、省去了很多程序，更重要的是在集体生活中，个人不需要再为设立自己的电表缴纳额外的费用，这很公平。

与此同时，诸如视频、与邻居通话等信息流的共享比以前更便宜、更简单。此外，这还带来了能量的冗余，这可以降低停电带来的损害。

在这个网络的终点，我们转向无线领域，因为无线连接带来更多的灵活性。发射器的覆盖范围取决于庭院的大小，可以假设房间里 10m，房间外 25m 就足以覆盖整个区域了。发射器的位置分布很重要，要保证范围内任何人都可以随时连接到网络上。通过辐射范围的重叠可以保证所需要的信息冗余。

我们不想建立一种独裁式的情况，但是在房子和花园里布置传感器确实是有用的。花园里的传感器不仅可以在白天监视孩子的行动，还可以在晚饭前对孩子的行踪进行定位。给每个孩子身上都贴上射频标签是不可能的，取而代之的方法就是基于摄像头、动态监测仪和热量检测仪的主动搜寻技术。这些技术看起来是为了打一场战争游戏而准备的，但是好的方面是在防盗和邻居安全方面我们仍然需要这样的技术。

在屋子里我们同样需要监视，一个有"知觉"的家会始终照看它的成员，但是可能一些访问控制加上婴儿呼叫装置就已经足够了。附加值来自于"完美伙伴"这个应用，它包含 3 个方面，第 1 个方面叫做"完美秘书"，这个模式为用户安排事务，发送消息，提醒行程。这类似于一个办公功能，在人们会面不规律的时候很有用处。第 2 个方面"完美朋友"则是一个娱乐刺激功能，它可以倾听、反驳、开玩笑以及教授知识，简而言之，它提供直接沟通和社交互动。而第 3 个方面"完美保姆"的功能则介于前两者之间。

这里再一次发现创建冗余度的需求，尽管没有前面那样重要。当孩子没有了虚拟伙伴时，父母尽可能多留在家中可以带来自然的冗余。这可能会在某一天破坏安排好的计划，但那可以即时地去控制。现在再向前走一步，把故事带入一个典型的、新的篇章。

丹尼尔和萨拉这对年轻的夫妇有两个小孩，他们一家住在郊区。当他们的邻居史密斯夫妇第一次向他们推荐 iCat⊜ 的时候，他们以为这是一笔毫无用处的消费。但是他们的孩子回家后总是讲述这个产品的神奇之处，于是他们决定买一个试试。

他们首先将其作为孩子的游戏伙伴来使用。这只"猫"很容易相处并且喜欢聊天和玩耍，所以孩子一直都很开心。它会玩很多种游戏，并且如果有网络

⊖　我们的忠实读者将会非常容易地意识到此处指的是本地云。

⊜　飞利浦研究出的机器人。

连接的话，它还可以趣味性地给孩子们讲授知识。它能记住每个人最喜欢的电影或者音乐，甚至还能推荐新发布的作品。随着版本的提升，它变得越来越健谈，并喜欢讲笑话，所以当别的夫妇来做客的时候，它将会是派对上的重要娱乐工具。

不久之后，萨拉发现这只"猫"还是一个很棒的组织者。它能记录每个人的日程安排，并发信息进行提示。萨拉现在可以在加班的时候通过它会给放学回家的孩子或者她的丈夫留口信了，比如让丹尼尔买点什么东西之类的。

萨拉一直以来都是一个科技粉丝，尽管丹尼尔不予表态，他们还是给房子安装了智能环境控制系统。现在，家里的每一个人都对这个系统熟悉的不能再熟悉了，但是丹尼尔仍然在抱怨要想让这个系统完全按自己的意思去做是多么的困难，自从买回了 iCat，丹尼尔对这个系统的意见小多了，因为现在他只需要一步一步地告诉 iCat 他想要什么样的灯光或者室温就行了。要知道，对他来说，可比按按钮简单多了。

丹尼尔的父亲——布莱德自从马达死后就一直很孤单。他能照顾自己并且不想给自己的儿子增添负担，所以他仍住在自己充满与马达的回忆的老房子里，丹尼尔曾想给父亲买一条狗，但是布莱德并不愿意，因为宠物需要太多的照顾。在购买了第一个 iCat 的三个月后，丹尼尔有了一个主意，这主意可能是解决他父亲的问题的最完美的主意了。当然，iCat 并不是一只真猫，但是他们可以一起聊天并且偶尔玩耍，并且最重要的是，iCat 将会是布莱德完美的伙伴。此外，它并不需要什么照顾，这简直太完美了！

我们注意到，如今的传感器网络正在从下到上的发展：首先是传感器技术得到发展，然后是基于自身能量限制的计算能力的提升，再然后是网络协议/原则，最终是可用的界面，包括对互联网的访问。从发展角度来看，"云计算"的开放本质在于计算能力的可用性、软件即服务性，并且传感器的全面网络化也会带来十分有吸引力的、自上而下的系统设计方法。

3.4.2　提炼故事

故事梗概涉及一个基于一定数量恒定（半）自动系统的监视系统（见图 3-22），每个系统都会制定区域地图并对其负责。航测图就是这个系统在与区域内的人员交互时所扮演的一个角色，输入来自于一个或多个用户，而系统的响应则取决于对于特定的用户它应该起到什么作用。

路径图所表达的行为意图是要客观实现的，也就是说和物理位置、网络中的位置、供电方式无关。要实现完全的独立不太可能，但是建立一个便于针对不同可能性进行配置的物理层为其提供了可能。

因此，行为将建立在应用程序接口上，该接口能够掩盖行为所需的物理现实。

接下来是便携性、灵活性和可重复利用性，即大部分从单独软件体中创建的多样性。这些可以在中间设备的界面上创建，方法是定义一个与域名无关的数据结构。

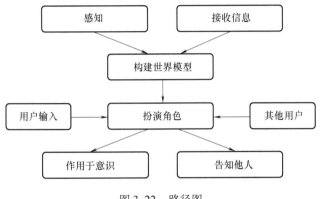

图 3-22 路径图

基于检测和诊断（见图 3-23），现在可以确定包容层次结构（详见第 5.3.4 节）的存在了。每一层都需要不同的传感器，在布置传感器的时候，我们倾向于尽可能缩短光缆长度或者跳跃距离，因此就需要一个来自空中的全局组织。但是有些传感器可能会横跨整个区域，这样就不得不对其进行连接。

手势功能可以通过身体组件来检测，也可以安装在玩具或者一片区域中，这使得网络的这一部分的移动性增加了，而且由于在中间层中，手势被认为是行为的一部分，所以这一部分网络可以通过中间层连接到系统上。

将监视层级和路径图相比之后，我们发现层级实际上是横穿整个路径的，通过添加相应的解释信息，层级体现出过程并不全都处于同一个抽象水平上，有时甚至在其他的抽象层中占主导地位。这使得我们可以对实际系统向接线图的转化方式进行描述。

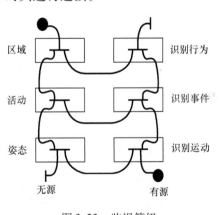

图 3-23 监视等级

现在，我们要在接线图中一一识别系统的各个部分，并找出它们的连接方式以及功能中相应的那一层的层级分布。我们希望在某个特定物理层里采用套接的方式来促进与外界（传感器、致动器）的交流，不希望这些沟通分布在所有的层级里面。原因不仅仅是数据通信和能源网络的共享，还包括这样会使外围设备获得的情报量变化不定。接下来，物理层中的套接口则需要支持任意设备的连接同时内部还支持通用的输出格式。

在下一层里需要一个激活部分，这个部分将把输入进来的数据进行翻译并转化为输出的数据。数据格式首先在内部进行标准化，从而保证系统的各个组成部分的功能只能产生有限的影响。同样，只要适应了这个内部的标准，新设备就能很容易接入系统。

最后，需要一个决策层。同样的，再次提供一个标准化，这一回则要依靠一个形势图来完成。由于不同方针策略的系统接口都使用这张图，所以这些策略很容易实现。针对不同的场景，需要根据图中的数据来实行不同的操控，因此这样的场景可以适用于图上的各个部分或者同一部分中的不同人。总之，这形成了如图 3-24 所示的接线图。

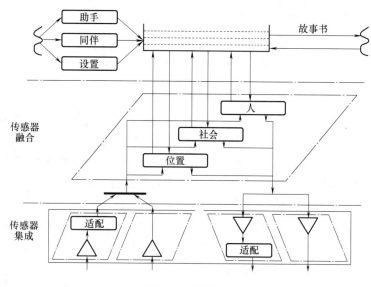

图 3-24　接线图

3.4.3　场景转换

情节中的场景是通过对话和镜头来详细描述的，每一个场景都与计划好的用例相对应，并且享有特定的处理过程。

这里勾画的场景是一个典型的社交实例，在这个实例中可以和系统直接对话并且除了用于支持对话系统并不再需要额外的情报和信息。在接下来的场景中，孩子们回到了房间，他们刚刚放学，身上还背着书包，iCat 感觉到了他们的归来，不过由于它仍处在休眠模式中，所以并没有动，孩子们把书包扔在沙发上，其中一个走近 iCat 并触摸了它的耳朵，iCat 醒了过来并注视着他，随即认出了这个人是迈克。

iCat："你好，迈克，今天过得怎么样？"

迈克："很好，谢谢，你呢？"

iCat："我也很好，我现在很无聊，你愿意和我做游戏吗？"

迈克："好啊"

iCat："五子棋怎么样，需要我为你讲解规则吗?"

迈克："是的。"

iCat 随即讲解了五子棋的规则，随后两人开始了对弈，孩子输了。

iCat："你下的很不错，想听个笑话吗?"

迈克："好啊，谢谢你"

iCat 讲了一个笑话把孩子逗笑了。

除去对话细节，在上面这个例子中已经可以看到 iCat 的流程图和响应状态机的工作方式，如图 3-25 所示。

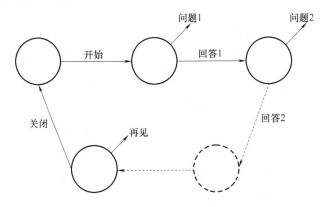

图 3-25 迈克与 iCat 的交谈

对使用案例的粗略分析也促进了对存在或触摸感应器、摄像头、扬声器、话筒、视线引导、面部识别、语音合成、语音识别与理解、视觉识别、游戏逻辑、组织软件和录音等技术的需求。

3.5 小结

本章主要讲述的是微电子与系统设计。嵌入式系统设计是阶段性的，用于不断地把技术参数转化为网络列表，然后再转回技术参数，持续不断地来验证其中的一致性。整个过程都被复杂的计算工具所控制，但是需要专家来执行。

神经工程设计解决了技术规格不严格带来的问题，一般来说，神经网络会提供一个广泛使用的格式，如 Excel 表格这种单元格之间的联系并不明显，但是却互相适应的格式。它尤其适用于那些潜在的数学关系仍不明朗的测量数值。

但是对于传感器网络我们的主要问题是：难题本身要比一个产品更庞大。它是从嵌入式产品中收集得到的，这些产品一同或者分别反映了嵌入式环境。因此，通过故事板的手法来寻找难题的网络需求。在下一章中，会进一步讨论连通性的问题。

参 考 文 献

1. Lederman L (1993) The god particle. Houghton Mifflin, Boston, MA
2. Böhm B (August 1986) A spiral model of software development and enhancement. ACM SIGSOFT Softw Eng Notes 11(4):14–24
3. Buyya R Introduction to grid computing: trends, challenges, technologies, applications. The Gridbus Project, The clouds computing and distributed systems (CLOUDS) Laboratory, The University of Melbourne, Australia. www.cs.mu.oz.au/678/grid-overview.ppt. Accessed 16 Oct 2010
4. Casimir HBG (1973) When does jam become marmalade. In: Mendoza E (ed) A random walk in science, an anthology compiled by Weber RL. Institute of Physics Publishing, London, pp 1–2
5. Randall L (2006) Warped passages. Penguin Books, London
6. Isermann R (1984) Process fault detection based on modeling and estimation methods – a survey. Automatica 20(4):347–404
7. van Veelen M (2007) Considerations on modeling for early detection of abnormalities in locally autonomous distributed systems. Ph. D. Thesis, Groningen University, Groningen, The Netherlands
8. Nguyen D, Widrow B (1989) The truck backer–upper: an example of self–learning in neural networks. Proc IJCNN Wash DC II:357–363
9. Jenkins RE, Yuhas BP (1993) A simplified neural network solution through problem decomposition: the case of the truck backer–upper. IEEE Trans Neural Netw 4(4):718–720
10. Geva S, Sitte J (1993) A cartpole experiment benchmark for trainable controllers. IEEE Control Syst 13(5):40–51
11. Haykin S (1994) Neural networks: a comprehensive foundation. Macmillan, New York, NY
12. Keegstra H, Jansen WJ, Nijhuis JAG, Spaanenburg L, Stevens JH, Udding JT (1996) Exploiting network redundancy for lowest–cost neural network realizations. In: Proceedings ICNN'96, Washington DC, pp 951–955
13. Hornik K, Stinchcombe M, White H (September 1989) Multilayer feed forward networks are universal approximators. Neural Netw 2(5):359–366
14. Narendra KS, Parthasarathy K (March 1990) Identification and control of dynamical systems using neural networks. IEEE Trans Neural Netw 1(1):4–27
15. Brooks RA (1986) A robust layered control system for a mobile robot. IEEE J Robot Autom 2:14–23
16. van der Klugt PGM (November 1997) Alarm handling at an integrated bridge. In: Proceedings 9th world congress of the association of institutes of navigation (IAIN), Amsterdam, The Netherlands
17. Shepanski JF, Macy SA (June 1987) Manual training techniques of autonomous systems based on artificial neural networks. In: Proceedings of the 1st international neural network conference (ICNN87), San Diego, CA, pp 697–704
18. Mecklenburg K et al (May 1992) Neural control of autonomous vehicles. In: Proceedings of the IEEE 42th vehicular technology conference (VTC1992), vol 1, Denver, CO, pp 303–306
19. Hess RA, Modjtahedzadeh A (August 1990) A control theoretic model of driving steering behavior. IEEE Control Syst 10(5):3–8
20. Franke U (May 1992) Real-time 3D road modelling for autonomous vehicle guidance. In: Johansen P, Olsen S (eds) Theory and applications of image analysis, Selected papers from 7th Scandinavian conference on image analysis, Aalborg, Denmark, 13–16 August 1991. World Scientific Publishing, Singapore, pp 277–284
21. Franke U, Fritz H, Mehring S (December 1991) Long distance driving with the Daimler-Benz autonomous vehicle VITA. In: Proceedings Prometheus workshop, Prometheus Office, Stuttgart Germany, pp 239–247

22. Neußer S, Nijhuis JAG, Spaanenburg L, Höfflinger B, Franke U, Fritz H (February 1993) Neurocontrol for lateral vehicle guidance. IEEE Micro 13(1):57–66

23. Rummelhart D, Hinton GE, Williams RJ (1986) Learning internal representations by error propagation. In: Rummelhart DE, Hinton GE, McClelland JL (eds) Parallel distributed processing. MIT Press, Cambridge, MA, pp 318–362

24. Troudet T et al (July 1991) Towards practical control design using neural computation. Proc IJCNN Seattle WA II:675–681

25. Schuermann B (2000) Applications and perspectives of artificial neural networks. VDI Berichte, VDI-Verlag, Dusseldorf, Germany, 1526:1–14

26. Jansen WJ, Diepenhorst M, Nijhuis JAG, Spaanenburg L (June 1997) Assembling engineering knowledge in a modular multilayer perceptron neural network. Digest ICNN'97, Houston TX, pp 232–237

27. Auda G, Kamel M (1999) Modular neural networks: a survey. Int J Neural Syst 9(2):129–151

28. ter Brugge MH, Nijhuis JAG, Spaanenburg L, Stevens JH (1999) CNN applications in toll driving. J VLSI Signal Process 23(2/3):465–477

29. Nguyen CT, (2003) Method and system for converting code to executable code using neural networks implemented in a very large scale integration (VLSI) integrated circuit. US Patent 6,578,020

30. Grunditz C, Walder M, Spaanenburg L (2004) Constructing a neural system for surface inspection. Proc IJCNN Budapest Hungary III:1881–1886

31. Spaanenburg L, (March 2007) Organic computing and emergent behavior, In: van Veelen M, van den Brink T (eds) Notes of mini workshop on dependable distributed sensing. Groningen, The Netherlands, pp 17–20

32. McLuhan M, Fiore Q (1967) The medium is the massage. Penguin Books, London

33. Venema RS, Bron J, Zijlstra RM, Nijhuis JAG, Spaanenburg L (1998) Using neural networks for waste-water purification. In: Haasis H.-D, Ranze KC (eds) Computer science for environmental protection '98", Networked structures in information technology, the environment and business, Umwelt-Informatik Aktuell 18, No. I, Metropolis Verlag, Marburg, Germany, pp 317–330

34. Shlaer S, Mellor S (1992) Object lifecycles: modeling the world in states. Yourdon Press, Upper Saddle River, NJ

35. Moore A (6 August 2001) A unified modeling language primer. Electronic Engineering Times

第 4 章 以传感器为中心的系统

在早年，航空使用地标作为导航手段，而腓尼基人早已经依照沿岸的标志物来航海了，当没有明显的地标的时候，比如在一望无际的沙漠或者大海之中，我们只能通过太阳或者月亮来判断方向，但是类似的标志未必一直都很清晰可见，这时最好就不要出海，否则一旦遭遇风暴，船只就会迷失航向，直到看到陆地才能对其进行校准。

电子时代的到来让我们突破了视觉的限制，电磁波可以穿透云层，还可以传播到地平线以外的地方，因此我们为航海和航空建立了无线电网络。通过计算与三个信标之间的三角函数关系，接收端的坐标非常容易计算。如果是为汽车导航的系统甚至都不需要很精确，如果距离再缩短一些，一个简单的高频瞄准线或者归航信标都足以完成入坞或者降落的引导。

卫星的出现为飞行器的定位带来了数字技术，地球同步卫星网络就可以作为地球的信标，这使得包含时间信息的数据包取代了依赖于时间（从而容易收到噪声干扰）的模拟信号。精度上升到了米级，这带来的全新的、全面的各种可能性可用于位置感知而不仅仅是方向感知。全球定位系统（Global Positioning System，GPS）最初是为军用而开发的，但是非军事用途一直都在发展。

GPS 接收装置起初是十分笨重的，但是随后它对规模和能量的需求急剧下降，越来越多的嵌入式系统开始携带 GPS 功能，比较早期的一个例子就是车辆取回功能，无论车主或者别的司机把车停在哪儿，车里的 GPS 设备可以对其定位，而在国际运输中，GPS 可以追踪下落不明的货车。这些功能显然十分有用，但是 GPS 在市场上取得巨大成功并不是依靠定位的准确性，而是为各式各样的设备提供的应用标准化结构。

位置感知带来的社会效应十分显著。以前，位置感知依靠的是接收器。举个例子就是对罪犯（或者有犯罪倾向的人，如足球流氓）的限行令，他们需要定期到警局报到或者携带一个限制装置，这个装置可以通过 GPS 技术限制这些罪犯的行动范围。这种功能可以用于关注老年人，也可以用于儿童的保护[1]，但是，其更高端的用途往往是提供信息和娱乐。在现实中，知道自己的位置就可以规划路线或者为游客讲解你卖的画的内容。而对于虚拟打火机[2]这个应用来说，可以通过 GPS 获知世界上谁正在使用这款应用。更有趣的是里面包含的那些隐藏功能，如电子指南针[3]就可以提供一个差不多的位置和方向。

为了支撑传感器网络那庞大的开发工作，我们为那些基于云计算的传感器网络中产生的大量数据的收集、分析和可视化构思了一种基础处理设施的开发。这个开发里面有很多云计算环境下可用的"即服务"属性，如"软件即服务"、"安全即服务"、"防御即服务"以及位于最前面的"基础设施即服务（Infrastructure as a Service，IaaS)"、"分析即服务"和"可视化即服务"。

本章将沿着基于云的智能化发展来描述各种基于传感器的应用，在下面的内容中，首先描述了一些网络应用技术，随后将介绍巨大智能传感器网络应用的几种典型开发。

4.1　无线传感器网络技术

在过去的数十年里，半导体技术的持续进步带动了集成电路的微型化，并发明出了各种各样的小型、高效的微电子传感器。同时，无线通信技术也取得了重大进展。二者协力将无线传感器网络（Wireless Sensor Network，WSN）这一概念转化成为现实。无线传感器网络诞生于过去的几年间，并产生了很多相关的应用，这实现了"环境智能"[4]，即不同设备收集并处理来自不同源头的信息，从而控制物理过程和人机交互。WSN 实现了人与客观世界的交互。

对于大规模的、普遍存在的无线传感器网络的一个应用叫做"智能尘埃"，是由美国国防部高级研究计划局（Defense Advanced Research Projects Agency，DAR-PA）出资、加州大学伯克利分校开发研制的产品。智能尘埃是一个用于大规模分布式网络的独立、毫米级的传感和通信平台[5]。作为一个军事应用，这个工程的概念意味着上千个微型无线传感器的使用，这样可以覆盖整个战场，并实现监视敌人动向的目的。

除了上面提到的军事应用，WSN 还可用于生活中的方方面面，诸如灾难援助、环境控制、生物多样性记录、智能建筑、设施管理、设备监控、预防性维修、精准化农业、医学和健康护理、后勤以及远程通信[6]。

无线传感器网络由很多独立节点构成，这些节点可以通过感知或者控制物理参数来与周边环境互动。每个独立的节点至少都包含有一些感知、计算和无线通信的功能。这些节点需要协同合作才能完成任务，这是因为应用十分复杂、全面，单个节点难以满足其需求。举例来说，由普林斯顿大学开发实现的"斑马网络"工程的作用是建立一个特定的 WSN，这个 WSN 是宽带的，而且需要有足以支撑对非洲斑马长距离迁徙、种群交互和夜间行为的监视过程的计算能力[7]。

4.1.1　无线通信协议

在学术界和工业领域，用于为无线传感器网络应用建立传感节点的无线通信的协议有很多种，为了找到更有效率的网络协议，人们在 MAC （Media Access Control，介质访问控制）层做了很多的研究，然而，对于不同的 WSN 应用，优化方案也是不同的。举例来说，温度感应节点需要的传输带宽很窄并且功率很小，但是对寿命有很高的要求，而无线内窥镜胶囊则需要很高的带宽，但是寿命却只要几个小时就足够了。

根据传感器采集数据传输的位置维度需求以及所需的数据速率，可以使用不同的通信协议（见图 4-1），现列举如下。

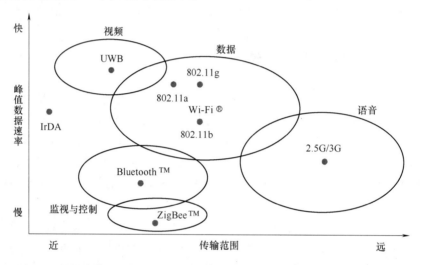

图 4-1　协议中传输范围和数据速率之间的折中（参照飞思卡尔半导体公司）

1. 射频识别

射频识别（RFID）是将一个物体（通常指的是一个 RFID 标签）植入一个商品、动物或者人的身上，然后通过无线电来实现识别、跟踪。设备分为两个部分，即标签和读取器。有些标签可以从数米之外甚至超出读取器的视距之外进行读取。

RFID 是基于无线通信的协议，通过电磁频谱中无线电频段进行传输。RFID 系统的传输频带很宽，从低频（LF）到超高频（UHF）和微波。表 4-1 列出了典型的 RFID 频率[⊖]。

表 4-1　RFID 工作频率

频　　段	低频（LF）	高频（HF）	超高频（UHF）	微　　波
频率	30～30kHz	3～30MHz	300MHz～3GHz	2～30GHz
典型的 RFID 频率	125～134kHz	13.56MHz	433MHz，865～956MHz，2.45GHz	2.45GHz

---

⊖　TMP 275 数据表，德州仪器公司（Texas Instrument，TI）。

（续）

频　　段	低频（LF）	高频（HF）	超高频（UHF）	微　　波
近似读取距离	小于 0.5m	可达 1.5m	在 433MHz，读取距离可达 100m，865～956MHz 时读取距离为 0.5～5m	可达 10m

对于频率的选择可以影响到 RFID 系统的很多特性。在较低的频段中，标签读取距离很短，原因是天线的增益不足。而在高一些的频段中，读取距离明显延长，尤其使用有源标签的时候，RFID 系统很容易受到其他无线电系统的干扰。低频段就是最容易受到干扰的频段，而微波频段则正好相反。RFID 系统的性能会受到水和潮湿等因素的影响。相对于超高频信号和微波信号，高频信号由于波长相对较长，所以更容易穿透水介质传输。金属可以反射无线电导致信号无法穿透，所以金属不仅能阻碍通信，而且还会对 RFID 系统的运作产生不良影响。高频比低频更容易受到金属的影响，低频信号的数据传输速率较低，而随着频率的增长，数据传输速率也会跟着增长，在低频和高频中，常常采用电感耦合技术，其天线结构往往是环形的。而在超高频和微波频段，则使用电容耦合技术，天线往往是双极的[8]。

下面是 3 种 RFID 标签：

1）有源标签，包含电池，并能够自动传输信号。

2）无源标签，没有电池，需要外部电源激发信号传输。

3）半无源标签，也包含电池，但仍需要外部电源激发信号传输。

表 4-2 给出了 RFID 标签的简单分类。无源标签需要时间来进行通信设置，这将导致传输延迟，因为需要从阅读器获取能量。无源标签只有和阅读器在一起才能工作，半无源标签则不需要。但是如果要建立通信，则必须要有阅读器为传输提供能量。主动标签则完全自动化，不需要任何条件。

表 4-2　标签分类

RFID 标签（写/读）	有　　源	无　　源	半　无　源
电　　池	有	无	有
通信可用性	连续	在读写器场中	在读写器场中
通信启动时间	无	有	无

无源无线电频率收发机是 RFID 通信的一个独特的功能。它可以从阅读器发来的信号中提取上面所载的能量，通过采用被动无线电频率，传感器节点不需要额外的能量就能满足实时的需求，这可以解决库存节点和医疗应用节点长期待机之后的低功率和实时唤醒之间的矛盾。

2. TinyOS

TinyOS 是通信软件应用中最早也是最简单的一个，其主要理念就是建立一个最低功率系统，遵照"有事做事，没事休眠"的准则。意思就是要尽可能地通过休眠来节省能源。TinyOS 是由加州大学伯克利分校开发的，其组件支持并行性和模块化的框架。它的功能则包含了命令、事件和任务（见图4-2）。

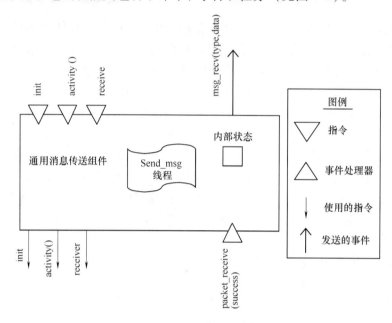

图 4-2　TinyOS 组件[9]

组件由接口和事件构成，并且存储了系统的状态。协议提供了一个"钩子"用于将组件连接到一起。应用程序是与操作系统构建在一起的额外组件并且由事件驱动。图4-3所示的组件堆栈实现了典型的通信应用。

TinyOS 体现了很小的封装，其核心代码与数据一共 400B。函数库和组件是用一种 C 语言的扩展版本——nesC 语言编写的。

3. ZigBee

ZigBee 是一种用于高级通信

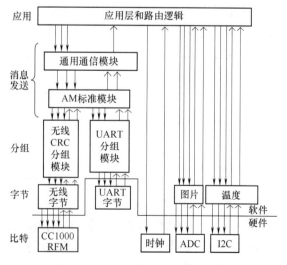

图 4-3　TinyOS 应用程序框架示例

协议的规范，使用低功耗、低成本的数字无线电，该无线电遵守 IEEE 802.15.4 标准，该标准主要针对无线个域网（Wireless Personal Area Network，WPAN），如手机的短距离无线耳机。IEEE 802.15.4 定义了物理层和 MAC 层，ZigBee 定义了网络、安全性和基于 IEEE 802.15.4 系统应用框架。其工作于 2.4GHz，传输距离在 10～100m 之间[⊖]。

ZigBee 应该比其他的无线个域网如蓝牙更简单、成本更低。它可以实现低功耗的有效连接，并且能够将大量设备连入同一个网络。ZigBee 提供了设备间独特的低延迟通信，并且不需要蓝牙所需的那种同步性延迟。ZigBee 服务于那些数据传输率低、电池寿命长以及组网安全的网络应用，并建立了强大的自形成、自愈式无线网络，网络中传感器和控制器的连接不受距离的限制。ZigBee 网络允许所有参与设备互相通信，其本身作为数据传输的中继。ZigBee 主要用于静态网络，网络中常常有大量不经常使用的设备，ZigBee 还考虑到了大型网络中小数据包的传输。大约 32kbit 处的 ZigBee 栈架构模型（见图 4-4）体现了上述 TinyOS 软件环境复杂性数量级的攀升。

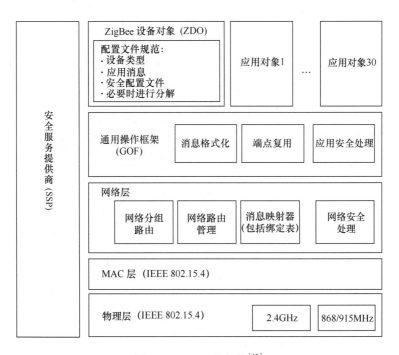

图 4-4　ZigBee 栈架构[10]

⊖　http：//www.meshnetics.com。

　　低功耗蓝牙是一种服务于小设备的开放无线电技术，它适用于电池功能低下的设备，并且易于集成到传统的蓝牙网络[一]中，其传输距离是 10m，工作频段是 2.4GHz。

　　与传统蓝牙相比，低功耗蓝牙使用的频段更少（3 个频段，传统蓝牙使用 32 个频段），这会降低连接时的能量消耗。CSR（个人无线技术的全球供应商）曾经展示了低功耗蓝牙的数据包传输速度是普通蓝牙的 50 倍，也就是说，能量消耗只有普通蓝牙的 1/50。此外，在已建立的网络里，低功耗蓝牙的能耗也仅为普通蓝牙的 1/10。[二]基于该技术的最终产品的电池待机功能是以年而不是天或者周为单位来计算的。

　　蓝牙（见图 4-5）通常在小型移动自组织网络之上处理更大的数据包，与 ZigBee 相比，它代表 250kbit 处的协议堆栈，其复杂性同样按数量级增长。

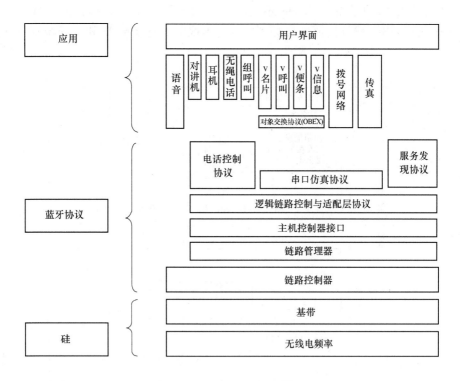

图 4-5　蓝牙技术结构[三]

⊖　http：//www.bluetooth.com。

⊜　http：//www.csr.com。

⊜　ZigBee 联盟。

4.1.2 功率管理

在分布式传感网中，并不需要所有节点同时工作，可能只是一个节点自网络通电而其他节点保持休眠即可。此外，还有很多方式[11]可以节省能源，而且节省层次不同。

1）能源的 PERT（计划评估和审查技术，Program Evaluation and Review Technique）[12]——这是个系统层面的、应用于通用计算机、数字信号处理、适应性计算系统和集成电路实现方案之中的一项关键计算过程的折中方案。

2）"高效"计算——一种适当的算法选择（举例来说，建立在 FFT 乘加运算之上的 CORDIC[13]方案），并且与 Flynn[14]的计算工作理论相结合。

3）"最优化"编译器——针对功率而不是性能的特定编译。

4）设备映射——在 ACS 和 ASIC 层面上的空间/功率协调。

5）细胞/核心功率获取管理——传统的省电科技在便携式设备上的应用。

6）设计技巧——一种电路层面的设计方法，如隔热接线、动态电压测量（Dynamic Voltage Scaling，DVS）和异步操作。

这些方法基本上都集中关注基本节点的能量消耗。在传感器网络中，这些都不需要考虑，我们的关注重点转移到了系统结构和实现。通过传感信息的传递实例，可以总结出以下几种测量方法：

1）连续测量——连续测量不需要太多的本地存储空间，但是大多数传输数据内容类似，这导致了能量的剩余。

2）偶然测量——偶然测量将某一时期内的数值在传输之前平均分配，数据本地存储，消除持续传输的必要，从而节省电量，这种方式主要用于非重要情况。

3）正常测量——报警测量在数据越过门限之前都会提供稳定的周期信号。这样看来它介于前面两种方法之间。这种方法一旦停用，就有可能忽视那些未使用的传感器，从而忽视重要的警报。

但是，可喜的是，这 3 种原理极易由单个控制器进行处理（见图 4-6）。

处理与通信之间的电量分配需要在网络层面上寻求解决，首先假设传输需要设置、实时和关机所需的费用和电量，而且这些过程与计算过程有着不同的特点。所以，节省电源并不仅仅靠选择合适的实现手段，也要在结合上多做思考。有时使用智能传感器看起来更合理一些，因为它们能够自己进行更多运算，所以不需要通信。

4.1.3 能量采集

能量采集技术以及能量管理技术的应用给非静止，甚至静止的个域网传感器节点带来了很多好处。人们依据压电[15]、太阳光电、热电和微机电系统（Micro Electro Mechanical System，MEMS）设备和电磁发电装置提出和开发了多种形式的

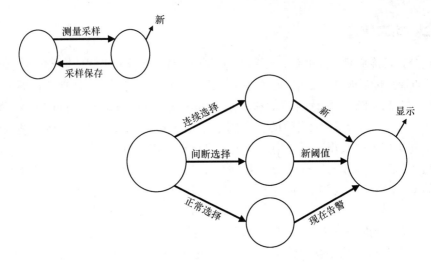

图 4-6   分层功率管理控制器

能量采集技术（见图 4-7）。图 4-8 阐述了与在体发电可能性有关的若干问题。

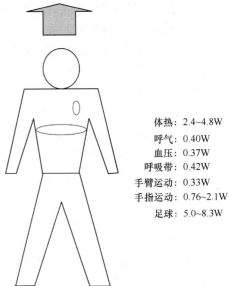

体热：2.4~4.8W
呼气：0.40W
血压：0.37W
呼吸带：0.42W
手臂运动：0.33W
手指运动：0.76~2.1W
足球：5.0~8.3W

技术	功率密度/（$\mu W/cm^2$）
振动—电磁	4.0
振动—压电	500
振动—静电	3.8
热电（5℃之差）	60
太阳能—阳光直射	3700
太阳能—室内	3.2

图 4-7   能量采集机制功率密度实例[16]   图 4-8   体域瓦级可用能量[17]

4.2   个域网

伴随着能量收集技术的应用，用于健康评估的传感器可以装在衣服或者身体上。其中数据的收集和分析报告十分重要，甚至比当前工业自动化中事件报告的重要性还要高。为了将消极报告的数量控制在最小，需要提供有效的假警报管理控制功能。

前面几节讨论的无线通信协议如今在体感网（Body Sensor Network，BSN）领域非常流行。电池供电的传感器节点来说，这些协议有着低功耗、优化程度高的优点。对于协议的选择与特定的应用息息相关，根据功能、兼容性和成本的不同，选择也就不同。被动 RFID 技术就是一个不错的建立传感器平台的备选方案，主要是因为该协议的电量消耗不大。

4.2.1 体感网

无线传感器网络（WSN）技术有着广泛的应用，并不仅仅局限于人体监控领域[18]，人体有着复杂的内部结构，对应着具体的行为。将传感器附在身体上，或者植入皮下组织，就能够通过无线传感器网络实现人体监视。

由于 WSN 面临很多挑战，所以人体需要一种类型、频率不同的监视方式。因此，这个特殊的网络——体感网（BSN）诞生了，这个名词最早是由英国帝国理工学院⊖的 Guangzhong Yang 教授提出的。表 4-3 列出了 WSN 和 BSN 之间的一些区别。

表 4-3 WSN 和 BSN 面临的不同挑战（部分摘自于 Yang 编辑的图书[18]）

挑 战	WSN	BSN
规模	与监控环境规模同样大（m/km）	与人体部位同样大（mm/cm）
节点数量	需要大量精确的、具有广域覆盖能力的节点	需要较少的、精度更高的传感器节点（受限于空间）
节点功能	多种传感器，每个传感器执行专门的任务	单种传感器，每个传感器执行多项任务
节点精度	节点数目大，弥补了精度，支持结果验证	节点数目有限，要求每个节点鲁棒、精确
节点大小	小节点优先，但在诸多情况下，这并非主要的限制条件	普适监测，要求节点实现小型化
可变性	通常拥有固定的或静态的结构	生物变异和复杂性意味着结构更加多变
事件检测	理想的早期不良事件检测；故障通常是可逆的	早期不良事件检测是至关重要的；人体组织失效是不可逆转的
动态性	暴露于天气、噪声和异步等极端情况下	暴露于更可预测的环境，但运动伪影是一种挑战

⊖ http://en.wikipedia.org/wiki/Body_sensor_network。

（续）

挑　战	WSN	BSN
电源	易接近，有可能改变更容易，更频繁	不易接近，难以替代的植入式设置
电源需求	需求更大，电源可能更容易提供	需求较低，因为能量难以提供
无线技术	蓝牙、ZigBee、GPRS、无线局域网、射频已经提供解决方案	需要低功耗无线技术，信号检测面临更多挑战
数据传输	无线传输过程中的丢失数据通过使用多个传感器来补偿	数据丢失更加严重，需要采用额外措施以确保服务质量

　　在 Yang 教授提出的这个理念中，首先将一定数量的传感器附着在人体上。每个传感器都有一个感应部分、一个处理器、一个无线发射机和一块电池。所有传感器由一个本地处理单元（Local Processing Unit, LPU）通过无线控制。在获取数据之后，传感节点首先进行低级别处理，然后将信息无线传输到本地处理单元（LPU），通过这种方式，传感器收集到的数据能够得到进一步的处理，进而实现信息在家庭、工作和医院中的无缝连接。

　　传感器平台的定义包含了传感器、处理模块和无线发射机/接收机模块的选择。BSN 中的一个独立的传感器节点不太容易接上供电。从另一个角度来看，有线电源供应也会限制 WSN 的功能效率，如那些带有可移植传感器的 WSN。所以一般来说，传感器节点必须带有自身的电源，由于长时间的工作能力是我们的追求，所以任何传感器平台的电源效率都是一个重要的品质因数。因此，低能耗技术是当前的主题。控制器、无线电前端、内存（在某种程度上）和传感器本身（取决于类型）是传感器平台上主要的耗能部分[6]。

　　由于附着的传感器数量受到良好的限制，BSN 节点能够变得精准、强健。每个节点都应该可以处理多个任务。因此，传感器平台应该适用于多传感器网络。

4.2.2　（严肃）游戏

　　严肃游戏是由在严肃游戏倡议⊖中由 Ben Sawyer 定义的，具体如下：不以娱乐为主要目的的计算机游戏和可更好地应用于其他任务中的娱乐游戏。

　　严肃游戏已经应用于医学康复、预防医学和教育训练/模拟。

　　着眼未来，我们设想了一种基于云端严肃游戏概念的综合教育处理，也就是

　　⊖　http：//www.seriousgames.org。

"严肃游戏即服务"这个概念的具体应用。这种游戏定位于提供集成传感器、云计算、严肃游戏独立应用这类概念的简介服务,目的是寓教于乐[⊖]。

严肃游戏已经被用于独立客户处理器上的训练。我们的预期是,通过分布式网络、多数参与、互联网以及后来的云这些额外概念的引入,可以使严肃游戏上升到新的高度[19]。

4. 2. 3　商业与教育娱乐

同样的,小客户与云之间的劳动力分配使社会化数据的收集和分析变得高效。麻省理工学院媒体实验室的社会化智能标记工程[20](见图4-9)显示了物理上受限的环境(如展览区)中的一组分布式传感器(针对不同人)。数据收集器遍历该受限网络的外围并观察(报告)相应的信息感知内容(商业兴趣和会晤)。这种结构配置的另一个实例是大楼、学校的保护和突发事件处理站点的响应功能。

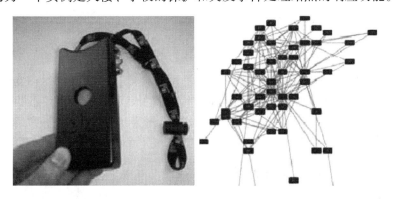

图4-9　麻省理工学院的社会计量

具体来说,麻省理工学院的研究员们使用红外传感器和智能标记对人们在会议中的社会行为进行了跟踪,收集面对面交互的数据,同时使用无线收音机收集与其他标记相似的数据并将其发送到中央计算机上,还利用加速器追踪参与者的动作,用话筒记录讲话风格。在活动中,来自红外传感器的数据以无线传输的方式发送到计算机,这台计算机负责处理这些数据,随后将这些数据可视化,制成实时的社会图表[20]。

4. 3　监视与观察

态势感知并不仅仅是地图定位那么简单,它与环境观察密不可分,目的是保证个人的安全性。

⊖　Games for Learning Institute,http：//g4li. org。

4.3.1　无损传输

信号的无损传输对机械操作的可靠性带来了巨大的影响，这种影响体现在家庭、工厂、汽车、直升机和飞机上。无损操作提升了系统的整体可靠性，因为其包含的机械部件更少。无损传输还将促进装配、测试或者平常生产中的成本降低。

WISE-COM（传感器和驱动器的无线接口）是一项无线通信标准专利[21]，支持工厂环境内数百个设备的短距离可靠连接，这在到处走线、工具繁多的机器搭建与操作工程中将会起到很大的作用。无损传输的到来意味着生产系统中的有线信号传输（通常是手工操作）已经过时。

无损传输的通信频段为 2.4GHz（ISM），采用包含 79 个预置频率的跳频工作方式。包含一个基站或者输入/输出模块，支持 120 个有效范围 5m 的传感器或者驱动器。该协议为每个传感器和驱动器的传输分配了一个时段和频段，加上刚才所说的跳频，就可以有效避免传输冲突。

这个系统最不寻常的一个特点就是节点接收电源供应的方式，电源的供给采用电磁耦合的方式，有点像一个巨大的变压器，只不过是没有铁心，节点在一个 6m×6m×3m 的空间内被回路包围，可以摆脱对电池和外接电源的依赖。它能够在传感器和执行器的小型次级线圈中感应出电流。感应出的功率变化范围为 10～100mW。通常情况下，远处无线功率[22]能够解决短距离传输中的诸多问题，从无需电池到无需电源线。

4.3.2　护理、安抚和关怀监控

现在已经转向了一个相关的、但是更容易的领域——家庭自动化领域，目的是检验静态条件下（如建筑物）的通用数据收集中的一些概念。未来的住房将会集护理、安抚和关怀（Caring Comforting and Concerned，C3）于一体，并且这种功能的提供需要适合于动态变化的环境，而且可靠、透明、个性化。

房子最早的作用是提供一个避难所来保护人们，让他们远离外界潜伏的危险。但是渐渐的，它的作用就远不止这些了。随着时间的流逝，房子里开始摆放家具，后来又加入了影音设备。随着个人护理设备的到来，护理功能也将加入到住房的功能里面，C3 的一个特别的功能就是病人和老人的看护。

现在的房子里充斥着各种物品，但是这些物品之间的关联度很小，大部分物品只是提供功能而已，这个功能其他的物品也会有，只不过类型不一定相同。比如说椅子是用来坐的，但是办公椅利于工作，而沙发则比较舒适，适合放松，然而身边没有沙发的时候，人们也可以坐在办公椅上放松一下。换句话说，功能并不会局限于某个固定的物体上就好比人可以坐在任何一样可以支撑质量的东西上一样。这样"坐"就不再是物体组成层面上的概念了，它变成了一个可嵌入的功能。

换一种方式来观察当前的情况，我们注意到物体之间的联系的本质是结构性的

而非行为性的。办公椅的使用是和办公桌配套的，但是两者的组合并不等于办公，在布置家具时，结构上的联系（或者空间位置上的联系）就好比是语法，而其行为（提供含义）则可比作语义。

房屋为里面居住的人提供了服务，这些服务从门口开始，并能开放给朋友和邻居。对在场人员的感知带来了最基本的家庭个性化，房间需要了解屋内人员状况和其他房间的占用情况，从而在是和的时机播放合适的音乐。房间温度需要针对不同年龄组进行调节。偶尔有些时候，也需要强制执行房间内的某些权限。

通常，门关负责识别房间里人员的进出，但是传感器有时会出故障，这会给辨别功能带来一定的影响，如进入房间的是狗还是家中的小孩，而有时传感器则直接坏掉。但是即便它们能够工作的时候，这类传感器也不能提供有效的身份识别。我们在门的位置设有识别装置，但是一旦目标离开传感器范围，识别功能就会失效，一切都会化为泡影。

运动检测[23]和语音识别可以为上面提到的追踪问题提供支持，因为这两项技术弥补了传感器之间的盲区。但是最终还是要靠更积极的方式，也就是明确人的位置和身份。图 4-10 给出了这种方式，但是事实上使用起来还有很多联动效应。

如图 4-10 所示，两个神经网络基于数据库之上进行交互行为。举个例子，当检测到一个人进入房间后，由于他最终还是要出来的，所以可以基于这一点进行管理。同样的，人的位置的管理和修正也可以在他每次移动的时候再进行，因为当我们担心事故已经发生的时候，需要有一个查看的范围和方向。类似的例子还有很多。

基本的家庭功能可以建立在这种持续感知上，举例来说，音乐的个性

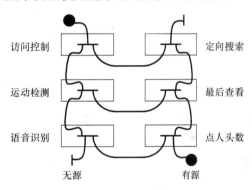

图 4-10　分级分层感知

化可以随着人的不同、位置的不同、过去的听歌记录而变化。但是它最重要的成果在于责任性上，即它可以注意到威胁到人身的危险并通知能够来帮忙的人。

在运送、紧急护理、医院乃至家庭中，对生命特征的可靠收集和管理可以促进人们的幸福安康，对于饮食习惯、体重、血压、血糖和睡眠时间的记录可以纳入到一个数据库中，基于该数据库可以为人们的健康做出更好的分析和判断。而且除了生命特征之外，还需要提供关于体位（如摔倒和无法站起）和环境的数据。

4.3.3　安全监控

视野的重要性在很多安全问题中都有所体现，这其中涉及人、物体还有环境。在复杂多变的交通环境中的人分为主动的司机和被动的行人，而且交通的混乱影响

的不只是道路上的交通，还包括休息室和商店。所以，要尽可能地使人们避免卷入交通事故之中。

视频监控用于记录商店盗窃和银行抢劫的情况已经很久了，如今，摄像头已经被用于主动预防控制，意思就是通过对行为模式的检测来预测出即将发生的事件。在现代化都市里，警方的监视效率因此得到了很大提升。

不仅仅是人，物体同样有威胁。无论在公共建筑还是私人区域中，其安全措施必须能够应对车祸，这种措施大部分只是一条简单的消息，或者一段由时间或者情景处罚的语音。随着视频设备越来越便宜，越来越多的汽车走向自动化，能够自动避开任何障碍（无论是不是人）。然而，我们离 Azimov[24] 所描述的那种机器人自主防御方法还有很大差距。

最后，威胁还可以源自违法操作，如倾倒有毒垃圾。摄像头为偏远地区的守护提供了价格低廉的方式，而且还能处理拥挤的状况，而在这些地方建立一个有人的检查站成本实在太高了。这表示计算机化的视觉带来的好处并不会局限于尺寸层面，也涵盖了能源和人力消耗方面。

总的来说，这里关心的是门禁控制，也就是强制性地限制某些人的进入。在日常生活中，钥匙是进入的凭证，任何有钥匙的人都可以进入。如果别人尝试或者已经成功地进入其中，房间里的人或者周围路过的人就会注意到他：这是某种程度的社会检测。然而在大多数特殊情况中，这样的手段还不够，因为侵入者可能会隐藏在人群中，而且一旦被侵入，后果十分严重。

此外，钥匙很容易丢，也很容易复制，而且侵入者也许会强行进入。在允许一个人进入一个客观的或者虚拟的地点的处理中，可以找到以下 3 种安全等级。

1）核实。在核实中必须先要确认是否发送过有效的访问请求。这个请求往往带有一个记号（一个密码或者一个秘密握手）。

2）识别。访问请求由具体的人提出，这个人带有身份证明（文件或者卡片）。然后只需要检验该证明是否对其有效即可。

3）认证。不仅需要验证对方的访问权，还需对该人的身份进行核实。

对于资产（如领空）的保护现在牵扯到更多的传感器，并且包含了更多的全球情报。荷兰阿姆斯特丹大学和荷兰科学研究院的有机巨大化信息网络（ORIION）展示了一组分布式传感器，这些传感器带有数据收集装置，这些装置基于其通信距离在整个传感器网络中收集内部信息，是一种利用移动的信息/感知收集系统来对水域、堤坝和港口基础设施提供保护的网络配置。

ORIION[25] 工程：

该工程展示了一种用于堤坝、能源基础设施（如输送管道和大坝）的大规模保护的实际网络和信息技术的研究、开发和现场测试以及降低山火的预防和河流污染治理成本的早期预警系统。这些网络的共同点是覆盖距离很远，都可用于农村地区和网络中容易被自然灾害毁坏的部分。

4.3.4　环境监控

由国际化大财团开发的地理分布低频阵列（Low Frequency Array，LOFAR）是世界上第一个全软件无线电天文望远镜。在 20 世纪 70 年代早期，随着对铁氧体天线矩阵的相位控制中的移动机械部件的仿真，雷达有了新的发展。接下来定相通信则为 40km² 区域内的天线之间提供了仿真。

LOFAR 大概由 100 个节点组成，分布在一个比较宽广的区域内，它们被分为 3 个长臂（每个长臂上有 28 个节点）和 3 个短臂（每个上面有 14 个节点）。每个节点由 80 个针脚，可以以 2Gbit/s 的速率工作。这些针脚连接到其他节点并经过计算和压缩形成合成孔径阵列，并连接到速度高达 160Gbit/s 的网络上，利用玻璃纤维技术和时分复用技术，与荷兰的主机之间的通信速度可以分别达到短臂 2.24Tbit/s、长臂 4.48Tbit/s。

LOFAR 中央处理平台处理机的特征就是包含了大量的计算机。由于处理过程和数据传输的需要，随着应用不断发生变化，这些计算机的硬件配置也有所区别。用于特殊任务的专用硬件对部分应用很有帮助。例如，在图像类型应用中的相关性的计算可通过 FPGA 这种可编程逻辑器件来高效完成。因此，这种专用硬件被应用到了装有微处理器的计算机中，而程序员则会把它作为某种协同处理器来使用。

每个 LOFAR（见图 4-11）都要处理来自多达 100 个天线的数据。每个天线都差不多是一个立在地面上的特殊倒 V 形偶极子，这导致这些天线既是非定向的，又有着很宽的频带。而站点的作用则是将这些来自天线的数据汇集成一个波束，这个波束的波形取决于系统中的波形生成器，这个波形必须能够以极快的速度进行转换，就如在追踪卫星的波束中建立一个盲点。站点所有接收端的数据传输率的总和是 1.6GB/s，而经过处理之后向中央处理器发出的波束的速率则是 64MB/s。最终，系统同样需要极高的灵活性以进行安装后的各种调整。

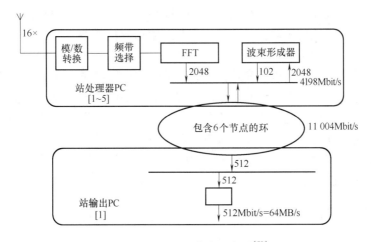

图 4-11　LOFAR 节点示意图[72]

关于刚刚描述的传感器云端化方法，最近 Harold 在圣塔菲举办的 2009 年高速数字系统互联研讨会上的问题陈述中提出了另一种更为极端的例子来作为支持。

他提出了一种未来的天气预报及修正系统：

1）通过地表的传感器网络来对气温、气压、湿度和风速进行测量并与测量时间、地点一同打包发送至数据存储中心。

2）通过安装在商业飞机上的空中传感器来收集气温、气压、湿度、风速、时间、海拔和 GPS 坐标信息。

3）气象卫星云图。

4）一个用于存储实时数据的数据存储中心，同时还肩负收集历史数据来支持模拟分析的任务。

5）一台亿万级计算机，该计算机决定何时以何种方式向云中注入化学物质来调整天气以达到特殊的目的。

显然，这些都是包含了极大数据量的应用。

4.4　监视与控制

个人的周边环境现在可以按需调节，这种环境可以是一栋房子、一辆车，以后甚至会是任何需要变得更舒适的环境。最近，用于减少能源消耗（进而减少自然资源消耗）的环境控制问题得到了高度关注。

4.4.1　智能结构

智能结构的意思就是通过使用传感器收集的数据来进行决策选择并影响特定仪器结构的配置和行为。美国交通运输部（Department of Transportation，DoT）近期发布的"高速公路事故检测与告警系统"（见图 4-12）描述了在网络之外设置的带有收集装置的分布式传感器，其功能仅仅是观察边界传感器节点。

DoT 声称：

在这个项目里，针对以往高速公路上检测点之间距离过大这个问题，提出了一种新的事故检测与预警系统。其基本原理设立大量间隔较近的低成本监测点，并为这些监控点配置低成本的无线通信设备和 LED（Light Emitting Diode，发光二极管）指示设备。由于新的站点之间距离很近，所以可以快速准确地检测到事故并进行定位，然后通过 LED 指示灯来提示后方司机，避免后续车祸。还可以通过站点间接力的方式进行短距离的无线通信。

4.4.2　交通管理

智能汽车（见图 4-13）可用于智能道路，这并不是因为需要这种两者结合的

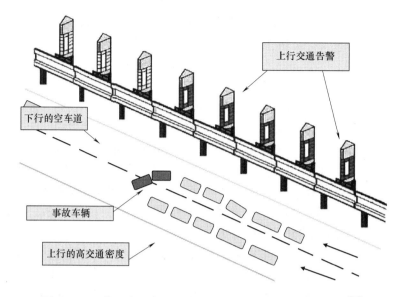

图 4-12　运营理念，高速公路事故快速检测和事故告警系统[26]

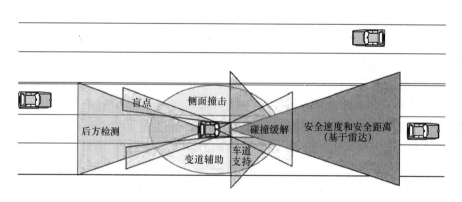

图 4-13　自主智能汽车[27]

嵌入式环境作为特定条件。举例来说，第 3.2.3 节中提到的 VITA 汽车靠的就是自身的智能。然而，有些类型的集体智能靠的是其中的每个个体的智能程度相同，这在公共道路上是难以实现的。智能汽车行驶在一个规模很大的非静态道路上，所以它需要大量的仪器和信息管理在支撑。

在商业领域中，企业在运输商品（尤其昂贵的和易损的）的时候面临一个问题，那就是如何对这些商品（往往装在比国际标准化组织规定更小的集装箱内）的处理方式、投送及时与否、丢失情况和完整程度实施监控。这些商品往往要经历多重形式的运输、多个运输载体以及多个容器。与货车、轮船或某些特殊容器的运载工具相比，它们更需要一种跟踪容器（箱子、货架）的系统。此外，基于广泛的分布式传感器和监视器，应该考虑采用全城式的交通管理。

4.4.3　智能电网

拥有多个电力源头且使用者数量庞大的电网需要更智能的仪器来进行损耗和传送上的优化。事故是不可避免的，既然事故存在于每天的生活之中，为了不在事故发生时秩序大乱，建立一个处理事故的系统就变得很重要。建立这个系统的可能性来自两个方面：异常检测能力；在不去除干扰问题源头的前提下解决问题的能力。

在基础设施网络中，系统跨度大、非线性并且支持着高能化的相互作用。控制这样一个系统，仅使用一个高权限指挥机构并不现实，一旦出现事故，其影响将不可预计，而且传播速度快到指挥中心无法反应。

应用于传统以及非传统发电中的主动式管理是传感器云端化的另一个机遇。这种大规模分布式的网络并不适合集中管理，1996 年 8 月 10 日，美国西部电力网出现故障，导致其 11 个州和加拿大两个省的大规模停电，损失高达 15 亿美元。显然，中央集控的系统只会暴露其中的问题并且更脆弱。

4.4.4　工业自动化

工业自动化领域并不是一个科技至上的领域，这个领域中人们在乎的是一定质量下的生产成本，几乎没有人会在乎其中是否使用了控制理论的最新理念。一般来说，这个领域对技术的适应力是非常慢的。

同时，工业自动化对环境的要求也没有那么完美，其中充满了油、脂肪和灰尘。不要指望清洁工会经过这里，事实上她也几乎不会。尽管这不是原因，至少不是直接原因，但是总是有谣传说大部分控制环境都不怎么样。ExpertTune 的 George Buckbee 声称 30% 的控制阀门都存在机械故障[28]。他还说这些问题并没有引起人们的注意，原因是为了避免虚警的干扰，人们关掉了警报（详见第 6.3.3 节）。

近期发表的一篇关于分布式传感网络的安全问题的文章[29]概括了传感器网络（如当前铺设的电力网络）中模型化控制中存在的问题，并且展示了网络智能是如何连接中央控制和分布控制的。文章从机械自动化中的经验开始说起，因为这个领域中的电网管理存在的潜在威胁给我们更多的经验教训。

在工业自动化这个领域中，用特殊的解决方法来处理制造工艺中的问题已经盛行不是一天两天了。仅仅是最近才刚刚向基于互联网连接的监视控制和数据采集系统（Supervisory Control And Data Acquisition，SCADA）上转型。走上这条道路的一个主要原因是通过日常方法来解决局部问题所带来的成本缩减。这需要一定的时间，因为互联网并不是实时的。即便当前实时以太网[30]有着很多的新特点，如何把这些特点融合在一个概念之中仍然是个有待解决的问题。

遗憾的是，互联网技术的高速发展正被越来越猖狂的黑客攻击所掩盖。在 2008 年 1 月的报纸中，美联社援引了一组数据，称黑客已经在美国本土之外多次成功地中断了电源供给[31]，美国国土安全局曾经试着用视频演示的方式向国民展示黑客是如何干掉那些发电机的。尽管被报道的黑客攻击数量不多，但其上升趋势是很明显的。一些大型控制公司诸如 Honeywell 和 Emerson 正尝试通过分布式控制来解决这种脆弱性，但是现阶段还没有设计出一个好的自动化结构。

4.5　集体智能

对于观察者而言，每个系统都有自己的表现。例如在电子系统里，当能够将抽象的概念模型化的时候，执行与实现过程就被隐藏了起来。由于其行为本身的复杂性，较大的系统往往会很轻易就包含数量惊人的状态量，这使得模型的综合变得很难处理。而当电子系统中产生嵌入式之后，这个问题变得更加严重了，这样模型捕捉就变得更有必要了。而有些时候，模型无法完全包含现实的所有状况，这时新的行为就会出现。基于以上原因，建立一个源于观察的系统来进行检测、隔离、诊断就是必不可少的[32]。

起初，人们观察的兴趣在于那些无意识的生物学行为。动物天生就拥有包括进食、哺乳和繁殖等社会行为，当一头奶牛即将产奶的时候，它的行为模式将发生改变，这可以通过"计数器"来监测到。而人们一直通过基于 Likert 型心理行为学的点数系统来寻找一种新的视觉监控方法来取而代之。由于缺少合适的模型，监控的质量也高不到哪儿去，这样"计数器"仍是最好用的方法。现在我们的兴趣是有意识的行为，尤其是带有犯罪倾向的行为。我们注意到，在公共交通工具中，小偷的行为遵循简单的模式：在出口附近徘徊、频繁更换座位以及过分靠近目标。如今在那些装备了闭路电视系统的公共区域内，这些行为都会被记录并保存下来，作为以后的证据。

日益猖獗的犯罪行为以及恐怖主义的威胁刺激了闭路电视（Closed Circuit Television，CCTV）流对不正常行为自动检测这一技术的发展。在一个典型的监控过程中，摄像头数量和视频数量可能会大到超出人类操作员能处理的范畴。此外，人也不可能一直盯着摄像头看，长时间的注视之后，人对数据的分析、处理、反应能力也会大打折扣。仅仅基于此时心理行为学已经不足以解决这个问题，必须要对行为的类型进行模型化处理。

这其中的关键难点在于提取场景中的关联信息，识别其中的可疑行为并引导安保人员进行进一步的调查。遗憾的是，自动区分正常和不正常（可疑）行为是非常困难的。在每个人都在步行的区域里，跑步就是一个不正常的行为。同样，每个人都在跑，走着的那个人就格外显眼。我们在工作中对异常情况的定义是在时间、情景、地点上存在不可预料性的事件。

当前流行的电子控制方法是使用故障词典[33]，通过收集故障的特征来应对指定环境下的受限行为。然而，对于一个典型的监视系统来说，特征空间规模太大，而且观察到的信息的多样性也是难以限制的。如果在这些广泛部署的检视器系统中以人工的方式选择算法或者根据具体情况调整算法参数，成本就会高得难以接受。因此，异常行为自动检测的关键问题就在于学习[33]。监视系统必须要是通用的，并且预置了正常的行为模式来支持对不正常行为的区分，还要在区域内建立一个基于调查的正常行为的模型。当检测到与正常行为模式不符的行为时，就判定其为异常行为。在监控区域内，由于特征向量选择、学习以及抽象方法的不同，以前的工作充满了变化。

移动是异常检测中的一个重要参考，但是仅仅是移动本身并不够，还需要找到其他的特征与之结合，这样才能保证功能的鲁棒性。之前人们已经对各种不同的学习方式进行了研究。例如，Jodoin 等人在观察的过程中使用自己制造的主动式地图来自发、有效地掩盖正常的活跃地区在地图上的显示，从而使事件监测程序自动绕过该地区的检测，并把注意力放在那些行为异常并且可能存在危险的地区[34]。Zhang 等人利用从运动物体中提取的移动特征和颜色直方图来进行隐马尔科夫模型的训练，并建立了一个正常事件的参考模型[35]，同时 Owens 等人使用 Kohonen 自组织神经网络来对普通运动进行学习[36]。在 Tehrani 撰写的论文[37]中，以前馈神经网络作为学习和建模的范例，并对其在基于运动物体的异常检测中的适用性和性能进行了测试。此外，人们还研究探讨了对运动物体行为的高级实时分析的实现可行性。

用于公共区域自动化监视的智能视觉传感器可以使用一般的商用现货（Commercially Off The Shelf，COTS）处理器，但是要想达到低成本的实时性能并处理海量像素，图像处理器就必须是特殊定制的。这给神经网络的实现带来了新的限制。一个完全连接的整体神经网络当被用作为特殊的数字电路的时候，其功能是受限的，因为会给一般的处理器带来缓存问题，并且常常不支持低成本嵌入式平台中流行的整数格式。这时建议使用完全不同的平台，如智能 WiCa（Wireless Camera，无线摄像头）平台[38]。

WiCa 平台是一个由恩智浦半导体公司开发的高性能低功耗的智能摄像头电路板（见图 4-14）。上面的主处理器是可编程节能处理器 Xetal IC3D[39]，它是一个最高性能可以达到 80MHz 下每秒 500 亿次操作（50 GOPS）的 320 核心单指令多数据（Single Instruction Multiple Data，SIMD）芯片。这样高的性能是通过海量像素级并行处理实现的[40]。

WiCa 板还包含了一个或两个 VGA（Video Graphics Array，视频图形阵列）色彩图像传感器，一个用于中间层或者高层处理与全局控制的 8051 微处理器。IC3D

和 8051 共享一个双端口随机存储器（Dual Port Random Access Memory, DPRAM），并且可以访问存储器中的同一个数据。最后，在分布式摄像头网络中，WiCa 还使用 Aquis Grain ZigBee 收发器来与主控计算单元或者其他 WiCa 板进行通信（见图 4-15）。

图 4-14　恩智浦半导体 WiCa 无线智能摄像头板

鉴于整体结构的神经网络在学习能力上的臭名远扬，自然要使用分层结构，现在面临的问题就是：如何构建这样的结构？怎么给目标平台分级？

行为建模有着时序序列预报中存在的所有问题，一方面，级数的展开需要达到一定的精确度，这和数学中的级数展开非常相似，即一个复杂的函数可以通过迭代方式来逼近[41]。另一方面，我们知道，递归运算要考虑每轮过后的微小误差，通常其影响是有限长度的，并能够大幅降低远期预测的可靠性。Venema 等[42]讨论了人工行走的一个典型实例。由于神经网络模型可以重

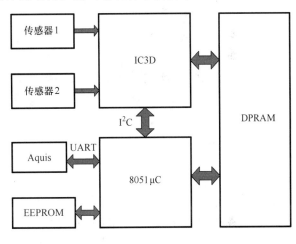

图 4-15　WiCa 框图

现混乱无秩序的系统（如著名的 Verhulst 人口模型）[43]，因而紧跟这种现象十分重要。在模型学习和执行过程中存在这种杂乱的影响必将降低监控的潜在能力。

4.5.1　冲突避免

在 20 世纪 90 年代早期，欧洲汽车工业大亨们启动了他们第一个合作研究项目，名为普罗米修斯（详见第 3.2.3 节）。下面要提到的例子就来自于这个项目中的 PRO-CHIP 工程。之前收集了大量的驾驶数据，这些数据中的大部分都没什么用，因为它们描述的驾驶行为没有变速也没有转向，仅仅是沿着路行驶罢了。这时就需要进行数据编辑以防止适应性网络中的灾变性失忆或者非适应性网络中潜在的不均衡权重分配。举例来说，长时间笔直行驶可能会毁掉所有和弯道行驶相关的数据。由于需要很多测试来查看训练数据的部分去除对结果的影响程度，整个编辑过

程将会又长又笨拙。

更好的办法是定义一个典型驾驶情况的闭合集，基于这个集合在学习的过程中就可以对无规则的变化进行随机抽取（见图 4-16）。通过谨慎地平衡训练中特殊实例的数量，可以获得不同司机的驾驶特性。通过模拟一个有着各种干扰和失控的环境（如在湿滑路面上突然刮来一阵侧风[44]），对上述办法进行了测试。

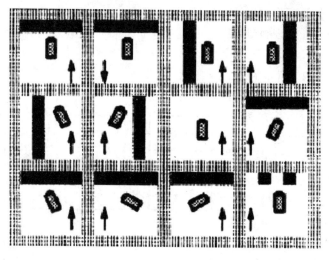

图 4-16   基本的驾驶情况⊖[73]

神经网络是一个非线性系统，这样的系统对初始条件的改变十分敏感，因此其行为可能会很杂乱。在驾驶员模型中这可能会表现为驾驶员的行为随着车辆初始位置的改变而改变，这里发现一个很有趣的现象，在细节上这些都是对的，但是从对图 4-16 中驾驶例子的推理来看，这种行为上的变化只发生在司机不需要转弯或者集中精力闪避障碍物的时候（如在路边），这是为什么呢？

答案是弯道和障碍物会让驾驶者放不开手脚。要知道，安全地离开弯道要比进入弯道难得多。换句话说，这里的弯道成为了行车线收敛的参照点，这样每通过一个弯道，行车的准确度都会有一定的恢复。当拿一个弯道较少和一个弯道较多的道路上的车辆行为相比较之后，就会发现这十分明显。

举例来说，车辆在经过了一个 U 形弯之后，几乎都是沿着同一条轨迹驶出的，同样的道理也适用于障碍物的躲避。这给我们带来两个重要的结论，首先，轨迹是行为的一个重要特征，其次，行为的漏斗效应作为参考点可以限制系统的混乱。两

⊖   未给出第 13 种情形，即附近没有阻断。

次受限且精确的试验中实验体的行车轨迹是一样的。图 4-17 给出了典型试验场地，
神经控制系统是通过一个门阵列实现的 14-20-2 前馈网络[44]。

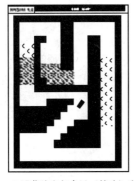

a) 屏幕给出包含风（箭头）和　　　　b) 屏幕显示车上13个距离传感
冰（阴影的道路）的驾驶环境　　　　器的实际位置、方向和范围

图 4-17　典型试验场地

碰撞躲避是一回事，但驾驶是另一回事。通过三层结构来解决驾驶中的问题，
已经在第 3.2.4 节中进行了讨论。在三层中的底层，会训练车辆靠右行驶。通过下
面的例子，将介绍路口的车速控制（包括街道上的和小巷里的）。最后在顶层里，
处理像交通灯、驾驶方向和其他车辆等交通上的问题。以上的这些构成了一个车辆
的模型。

1991 年，在 Darmstadt 举办的 PRO- CHIP 会议向众人演示了车辆的持续校正功
能，其中斯图加特的街道地图显示在一台计算机中，用于监测所关注车辆的位置。
然后对于每辆车都有一台单独的计算机来运行模型并输入目的地。

4.5.2　台球反弹系统中的追踪问题

基于上面的经验，现在要在数据格式的动态范围受到限制的嵌入式计算机视觉
系统上运行一个名为"Sinai 台球桌"的模拟程序（见图 4-18）。这个系统是
由 YakovG. Sinai 提出的，系统展示了无界精度下非线性动态系统的长期的不可预
见性[45]。在这个系统中，有一个模拟的台球在方形的桌上直线滚动，只有当撞击
边界、角落和桌子中央的圆形障碍时，台球的运动方向才会发生变化，并且所有碰
撞都符合基本的物理定律（入射角等于出射角）。

当获取了球的位置、速度、方向以及周边环境（与最近的障碍物之间的距离）
之后，就可以掌握小球在面对不同情况时的运动模式了。向所选择的神经网络
（Neural Network，NN）发送的输入数据矢量中，包含了小球在随后两帧画面中的
坐标 $f = \{x(t-2), x(t-1), y(t-2), y(t-1)\}$。此外，下一帧中小球的坐标
$T = \{x(t), y(t)\}$ 作为目标输出被送到网络中。

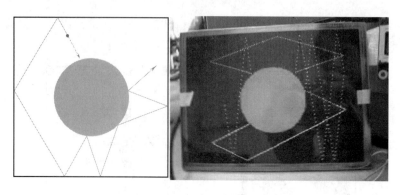

图 4-18 Sinai 台球模拟器

首先，多层前馈神经网络（Feed Forward Neural Network，FFNN）掌握了小球的线性移动规律（见图 4-19a），该移动可以用公式 $x[t]=2x[t-1]-x[t-2]$ 和 $y[t]=2y[t-1]-y[t-2]$ 来描述。

一个 4-2-2 拓扑结构的前向反馈网络通过超级监督来进行离线训练，使用的数据经过了 Sinai 台球的 MATLAB 建模处理。对于卷积网络来说，本地难题往往只需要一个结构简单（这里两个线性神经元就够了）但是更通用的计划就可以在整个系统里对其进行整合。在经过了训练之后，网络的推广结果较好，且误码率可以接受（见表 4-4）。

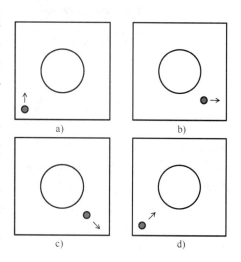

图 4-19 球的不同运动模式

表 4-4　线性运动模式的训练和测试结果

训　　练		测　　试		
集合大小	错误率	集合大小	重复	错误率
200 个数据项	0.08%	200 个数据项	3000 个周期	0.09%

在接下来这个情景中，一个拥有类似结构的前向反馈网络将会被训练成可以掌握台球撞击边界或者角落反弹之后的运动方式（见图 4-19b 和图 4-19c）：

$$m[t]=2m[t-1]-m[t-2];\ n[t]=n[t-2]$$

其中当台球撞击竖直边界时，$m=y$，$n=x$。而当球撞击水平边界时，$m=x$，$n=y$。训练和测试阶段中的错误率很小，网络成功地掌握了球的运动轨迹（见

表4-5）。最终，小球碰撞桌面中间的圆之后的运动方式也可以用另一个4-6-4-2结构的前向反馈网络来模型化。其中小球的移动遵循下面的非线性方式：

$$\text{Dist} = \text{sqrt}((Xc - x[t-1])^2 + (Yc - y[t-1])^2)$$

$$nx = (x[t-1] - Xc)/\text{Dist}; \quad ny = (Yc - y[t-1])/\text{Dist}$$

$$dp = -nx \times dx[t-1] + ny \times dy[t-1]$$

$$dx[t] = 2 \times dp \times nx + dx[t-1]$$

$$dy[t] = -2 \times dp \times ny + dy[t-1]$$

$$x[t] = x[t-1] + dx[t]; \quad y[t] = y[t-1] + dy[t]$$

表 4-5　边界碰撞的训练和测试结果

训　　　练		测　　　试		
集合大小	错误率	集合大小	重复	错误率
200 个数据项	0.1%	200 个数据项	4000 个周期	0.09%

　　所有上面的网络的训练和测试错误率都在 1.4% 左右（见表4-6），这是因为网络是作为一种单个结构而不是两个网络的组合（它本来就是）来进行训练的。这证实了先前的观察，即为了保证学习的效率，要避免网络的单体化[46]。

表 4-6　圈墙碰撞的训练和测试结果

训　　　练		测　　　试		
集合大小	错误率	集合大小	重复	错误率
50 个数据项	0.16%	50 个数据项	11 000 个周期	1.4%

4.5.3　轨迹建模

　　基于图像的监控系统首先要做到能够观察到行人或者车辆企图违法穿过物理边界的行为。一个包含了图像处理机的网络的模糊检测能力、识别能力、入侵者追踪能力都会有所增强，并且范围更远，虚警更少。

　　为了在空间中建立一个物体的运动轨迹模型，需要对其进行一系列的跟踪和识别，拿到相应的图片之后，还有很多评估工作要做。物体的运动可能是自主的，或者集体的，同时还有一些最后被证明是无关的。

1. 运动物体的提取

　　在自动化检测系统中，事件检测一般包括运动物体的提取、物体跟踪、轨迹分析以及最后的事件检测和报告（见图 4-20）[47]。本节对系统总体和其中的每一块的具体算法进行单独讨论。要记住，所有这些算法都运行在一个经过设计并调试的巨大并行 SIMD 处理器上（如 WiCa 板上的 IC3D）。

将那些随着时间变化相对稳定的像素归到背景（BG）里面，剩下的则放在前景（FG）或运动物体类里。找到前景像素的一种简单方法是背景平均模型[48]，具体做法是利用先前的图片平均值作为新图片的背景。而新图片中那些与所给背景不重合的像素就是想找出的前景，具体公式如下：

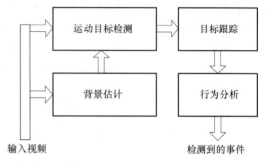

图 4-20　事件检测任务中的主要框架

$$BG(x, y, t) = \alpha \times I(x, y, t-1) + (1-\alpha) \times BG(x, y, t-1)$$

且

$$FG(x, y, t) = \begin{cases} 0, & \text{若} |I(x, y, t) - BG(x, y, t)| < Th \\ 1, & \text{若} |I(x, y, t) - BG(x, y, t)| \geqslant Th \end{cases}$$

式中，$I(x, y, t)$ 代表 t 时刻位于点 (x, y) 的像素点的亮度；α 是一个学习因数，$0 < \alpha < 1$，一般设为 0.5.

如果降低 α 的数值，我们看到的背景对变化的适应速度就会显著变慢。这种方法很适于分离前景和背景，前提是背景的变化比较缓慢。尽管如此，这种方法还是会在运动物体的后面留下一条"尾巴"（延迟）。

为了获得一种复杂性更低、存储需求更小、可以快速、彻底地分离前景和背景的方法，采纳了背景平均法（做了些许改变）。通过相对较大的 $\alpha = 0.5$，背景适应速度会很快，这时就不会留下明显的尾巴，但是物体的局部可能会被误认为背景。为了解决这个问题，通过一种孔洞修补算法将所有物体内部的像素分配给前景（见图 4-21），同时从上至下对图像进行扫描，前景像素会逐行生成，这时将前景的像素点向 3 个方向（最下方、最左方和最右方）直线延伸（见图 4-21c、d），得到的 3 个图像的交叉部分就是前景（见图 4-21e）。

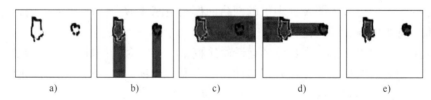

　　　　a)　　　　　　b)　　　　　　c)　　　　　　d)　　　　　　e)

图 4-21　通过孔填充将 FG 像素与 BG 像素分离开来

$$I'_{LR}(x, y) = 1, \text{如果} I(x, y) = 1 \text{或} I(x-1, y) = 1, \text{否则} I'_{LR}(x, y) = 0$$

$$I'_{RL}(x, y) = 1, \text{如果} I(x, y) = 1 \text{或} I(x-1, y) = 1, \text{否则} I'_{RL}(x, y) = 0$$

$I'_{TB}(x,\ y)=1$，如果 $I(x,\ y)=1$ 或 $I(x-1,\ y)=1$，否则 $I'_{TB}(x,\ y)=0$

$$I''(x,\ y)=I'_{TB}(x,\ y)\cap I'_{RL}(x,\ y)\cap I'_{LR}(x,\ y)$$

在找到了对应运动物体的斑点之后，就要提取其中的特征了（如每个斑点的边界）。对于追踪阶段的工作来说，这些特征是必需的。这里利用了前景像素之间的连接性并为每个物体单独提取出了边界）接下来就可以对其进行标记。此法中每张图片只会从下到上扫描一次，每扫描到一行，都会对前景进行检查，其中斑点 4 个方向的边界上的点都会被提取出来并存储在相应的向量中，分别称这些向量为起始行（SR）、结束行（ER）、起始列（SC）和结束列（EC）。

$$如果\ I(x,\ y)=1，且\ I(x-1,\ y)=0\Rightarrow SC(x)=1$$
$$如果\ I(x,\ y)=1，且\ I(x+1,\ y)=0\Rightarrow EC(x)=1$$
$$如果\ I(x,\ y)=1，且\ I(x,\ y-1)=0\Rightarrow SR(x)=1$$
$$如果\ I(x,\ y)=1，且\ I(x,\ y+1)=0\Rightarrow ER(x)=1$$

在图像扫描的最后，会对 $SC(x)$ 和 $EC(x)$ 向量再进行一次分析来提取出每个物体的水平边界 X_{min} 和 X_{max}，同样的方法也可得到垂直边界 Y_{min} 和 Y_{max}。

2. 轨迹提取

图 4-22 描述了上面这个建立运动物体的过程。此外，为了便于后面要进行的追踪和事件检测，还计算出了每个物体的重心：

$$COG=\left(\frac{X_{min}+X_{max}}{2},\ \frac{Y_{min}+Y_{max}}{2}\right)$$

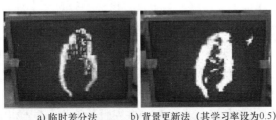

a) 临时差分法　　　b) 背景更新法（其学习率设为0.5）

c) 图像填充法　　　d) 最后找到的斑点边缘

图 4-22　轨迹提取过程

尽管如此，当被测物体是离摄像头非常近的行人时，只知道重心并不足以对他进行追踪和异常事件监测，这主要是因为人需要在行走或跑步时进行摆臂，这导致其动作的不均衡、不稳定，从而导致被测目标的轮廓宽度发生周期性的变化。因此，又提取了物体"头顶"（TOH）的特点，TOH 显示了斑点的中上部分。

$$\text{TOH} = \left(\left. \frac{X_{min} + X_{max}}{2} \right|_{y = Y_{min}}, \ Y_{min} \right)$$

追踪的过程可以描述为对场景内运动物体的位置进行估计并描绘其运动轨迹。由于之前已经把图像中象征着运动物体的像素——斑点找了出来，因而在追踪的时候只需要找到几张图像里的斑点之间的关系就可以了。基于不同的应用目的、物体的运动模式和处理中使用的特征，可以采用不同的方法来进行物体的追踪。现在假设摄像头是静态的，而且斑点的移动距离相比其自身大小来说很小，这样就可以有效地找到这些斑点之间的简单联系，再通过比对相邻帧之间的这些斑点的特征点（重心或者头顶），就能对这些点的距离进行量化并由此实现匹配测量。

$$D_{ij} = [\ | \ (x_i - x_j) \ | + | \ (y_i - y_j) \ | \ ]$$

如果 $D_{ij} <$ 阈值 Th，那么 $O_i(t) \equiv O_j(t-1)$；否则 $O_i(t) \neq O_j(t-1)$。对运动目标进行跟踪，就会连续生成物体所在位置的一系列图像，我们称为轨迹。对轨迹这种包含了时间和空间的数据流的处理是事件监测中的主体部分。第 1 步，规定一个事件检测的输入向量并按照时间点为轨迹的每个图像分配一个指针，这样物体 i 的轨迹就可以表示为

$$T_i = \{ (x_1, \ y_1), \ (x_2, \ y_2), \ \cdots, \ (x_N, \ y_N) \}$$

式中，N 代表图像的数量。

有些场景里还包括各种物理通道，这会导致检测出其他的轨迹（见图 4-23），而单个分类器很难去辨别那么多不同的通道，因此，需要在对轨迹进行分类归组之前进行预处理。这里有一个简单的办法，就是按照视野中的出入口来对轨迹进行识别分类。那些表示了入口的点就是目标走进视野的地方，同样出口就是目标离开视野的地方[49]，这里就通过出入口对所有轨迹进行了分类归组，随后给每个组分配一个分类器。

有时也需要从场景的一系列轨迹中找到最明显的那个来支持轨迹建模的学习阶段（见图 4-24），最后，为了去除噪声并尽可能降低离散时间的影响，采用时间平滑来对轨迹进行处理。平滑函数如下：

$$S(s, \ t) = \mu \times x_t + (1 - \mu) \times x_{t-1}, \ \mu \leqslant 1^{[50]}$$

3. WiCa 平台上的学习

无论异常与否，对从轨迹分类器中得到的结果进行后期处理也是不可或缺的环节，在异常检测中需要核对的条件包含 $NL > \theta$，其中 NL 表示异常轨迹点，而 θ 则

取决于场景的性质和实际应用[51]。

　　对于一般运动物体来说，提取出的轨迹点存放在 WiCa 板的 DPRAM 里作为行动示意图，这个图在通过 MATLAB 建模完成对整个轨迹的分析以及神经网络的训练数据准备好了之后会被删除（见图 4-25），接下来，神经网络开始离线训练且自动生成用于响应的 C 代码，并将这些代码输入到 8051 微控制器中。

图 4-23　在拥有多条路径场景中的轨迹

图 4-24　一组观察到的行走轨迹

前馈神经网络（FFNN）是神经网络的一种形式，在这里，数据沿着一个方向同时穿越多层神经元，最终从输入节点移动到输出节点，并且没有任何反馈[52]。

在这个方法中，前馈神经网络（FFNN）通过移动目标的轨迹掌握了其运动方式。该网络的输入是所选择的特征点

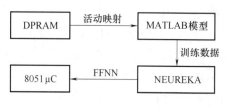

图 4-25　学习阶段的数据流

（如上面提到的 TOH）在未来两帧画面里的坐标，在学习过程期间，对网络的目标输出（也就是下一输入帧中的实际位置）始终作为网络调整权重的参照。在测试阶段，网络应当能够预测特征点的大概位置，如果误差较大，就说明特征点的移动速度或者方向发生了难以预料的变化，而这就是所说的异常事件（见图 4-26）。

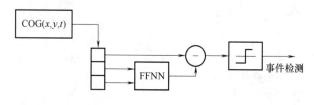

图 4-26　测试阶段的数据流

4.5.4　细胞神经网络学习

细胞自动机总是能够吸引科学界的眼光，靠的是它能够基于普通的计算结构和简单的法则展示出复杂的行为。通过观察，细胞自动机既能模拟生物又能像图灵机一样工作，那它就也有可能创造自主行为。很多细胞自动机的实现是在软件上的，但是这一次，我们把目光移向一个特别的变化——细胞神经网络（CNN）上面，其中有很多硬件实现充满希望[53]。

在引入 Chua 和 Yang 提出的网络之后[54]，文献中涌现出了一大批的 CNN 模型。就像细胞自动机一样，CNN 也是由整齐排列的处理单元（只能与最近的单元进行直接通信）组成的。细胞神经网络[55,56]广泛地用于实时图像的处理，通过提供数量足够多的门阵列，这样的系统很好实现。先前使用 FPGA 实现 CNN 功能的尝试显示出了其惊人的潜力[56,57]。

由 Harrer 和 Nossek[58]提出的 DT-CNN（离散时间 CNN）是一个标准的多维的本地联通细胞栅格。每个细胞 c 可以直接与和它相邻 r 个单位的细胞进行通信，$r \geq 0$，如果 $r=1$，那么相邻细胞就是 3×3 个；如果 $r=2$，那么这个数字上升到 5×5。基于网络传播效应，细胞也可与相邻细胞之外的其他细胞进行通信。

细胞 c 的状态，用 x^c 来表示，它由两个要素来决定：其相邻细胞 d 的时不变输

入 u^d 和附近所有相邻细胞的时变输出 $y^d(k)$。这些细胞中往往也包括 c 本身。式 (4-1)描述了离散时间 k 之中的这种依赖关系,而图 4-27 则给出了这种关系。

$$x^c(k) = \sum_{d \in N_r(c)} a_d^c y^d(k) + \sum_{d \in N_r(c)} b_d^c u^d + i^c \qquad (4\text{-}1)$$

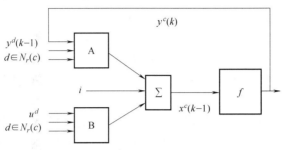

图 4-27　DT-CNN 细胞的框图

空间恒量 CNN 由一个包含了 a_d^c 的控制模板 A 和一个包含了 b_d^c 的反馈模板 B 以及细胞偏置电流 $i = i^c$ 共同决定,节点模板 $T = \langle A, B, i \rangle$ 与输入 u 和零时刻输出 $y(0)$ 共同决定了时间离散 CNN 的动态行为,并在一系列反复之后 ($k = n$ 次) 逐渐收敛于一个稳定的状态。

尽管离散时间 CNN 支持任何尺寸的相邻空间,但是一般来说比较大的模板是无法实现的。由超大规模集成电路技术带来的互连方面的限制把细胞之间的互连限制在了局部区域,那我们就把相邻空间限制在 3×3 的尺寸,其中 A 和 B 都是 3×3 的实系数矩阵。额外的,离散 CNN 的输入范围被限制到 $[-1, +1]$,原因是图像处理中普遍采用灰度作为衡量手段。-1 代表全白的点,而 $+1$ 则代表全黑点。其他点代表了之间的灰色点。尽管使用浮点表示法来表示实数更好,但考虑到整数与硬件实现尤其是 FPGA 的多元性之间的关系,还是偏向使用整数表示法,而且在开始计算之前,图像需要存储在外部存储空间里。

离散时间 CNN 对图像的操作覆盖了很多维度,本地操作是二维的(长和宽),并且是重复的。尽管实际工作仅限于图像处理,这种地形图一样的数据结构还是能为多种传感器应用服务。由于 CNN 实现方面的限制,需要对图像进行反复切割和表面迭代来处理潜在的波动问题。最后才将操作应用于一系列图像之上(见图 4-28),所有这些都需要 FPGA 的帮助。因此,最重要的结构问题

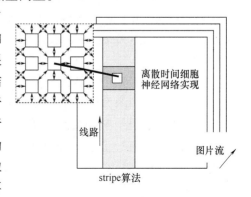

图 4-28　细胞神经网络图像处理层次结构

是：从功能需求到平台工具，如何减少其中的维度？

4.5.5 运动目标检测

无论在工业领域还是消费者应用领域，运动检测问题都是各种视觉感应领域中的核心问题。这个概念的提出基于一个简单的结论，那就是相对于背景和静止的部分，运动物体所携带的特征更重要。因此，要想实现图像的理解就要对运动物体进行检测和编码。比较有代表性的图像分析算法主要由以下4个步骤组成：①图像分割；②参数（动作）估计；③图像合成；④稳定观察[59]。

这些步骤中最重要同时也是计算最复杂的步骤是图像分割，图像分割就是将一个场景切割为不同的目标（区域）。必须对这些目标进行标记和测量。此外，目标分割的一致性也是保证处理质量的重要方面。因此，保持整体的匀速对于识别分块目标来说是至关重要的[60]。

以目标为导向的图像分析方法已经被承认是一种着眼未来低比特率视频编码系统的有趣而又复杂的方法，由于只传输运动目标，所以传输速率大幅降低，Stoffels[60]在论文中提到，重点在于 CNN-UM 硬件平台上实现视频会议所需的图像压缩方法。由于认识到被标记的目标只需要在感兴趣的区域（如人脸上能体现特征的区域：鼻子、眼睛、嘴和耳朵）内移动，整体建模就不是那么重要了。尽管如此，面部表情一旦减少，图像质量也会显著下降，因此需要各种"品质提高"步骤，而这些步骤的实施反过来又增加了分割算法的复杂性。

但在接下来的工作中，存在的问题有本质性的区别。在这里运动目标仍然在关注区域内四处移动，因此对于每一帧图像都要从中区分出该目标。一旦目标被分割成小的图像，那么一定要提取出不同图像中目标的移位，通过封装运动目标可以减少对位移的计算。封装体的移动与物体的实际移动是一致的，这种一致性的建立本身就是一个问题，并且还需要校准。当人们在一帧中观察到整个目标时，则两个连续帧之间的差就剩下两个，而不是一个。需要开展额外的工作来验证这两个差是否属于单个目标。

速度测量取决于几个参数，主要都是与摄像头相关的，如图像分辨率、帧速率 f_f、视角 θ。此外，还有摄像头和运动目标之间的距离 d_p。其中，f_f 的单位是帧/s，d_p 的单位是 m，θ 的单位是°（度），所截取的场景宽度 $d_a = 2d_p \tan(\theta/2)$。图4-29给出了摄像头与上面的参数意义。

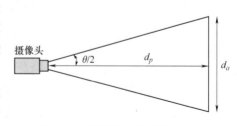

图4-29　将图像映射到像素图上

一个速度为 $v(\mathrm{m/s})$ 的目标移动 d_a 的距离需要时间 $t = d_a/v(\mathrm{s})$。在这段时间内，摄像头拍摄 $N = tf_f = (d_a f_f/v)$ 帧的图像。换句话说，如果把这些图像都强加在一张图片里，那么该图中就会有 N 个目标，目标移动距离的像素个数可表示为

$$n_p = W/N = (Wv)/(d_a f_f)$$

式中，W 的单位是像素，表示摄像头拍摄的图像宽度。

能够检测到的目标最低速度相当于一个像素。当运动目标接近图像边缘的时候，采用的模板会导致对最高速度的计算变得很复杂。为了解决这个问题，在图像的左右边缘增加 5% 的空白，随后，最大位移（像素）以及最大速度的检测效果明显好转。

图 4-30 给出了一个典型的 PAL（Phase Alternating Line，逐行倒相）摄像头，水平视角 60°，帧宽 720 像素，帧速 25 帧/s。这样就可以显示一个以不同速度行进的目标了。显然，位移量取决于摄像头和目标所在场景之间的距离 d_p，同样，斑点数据的尺寸也取决于这个距离。这种依赖性可以通过非线性后期处理来解决[61]，并且能有效地处理算法中关于准确性的相关事项。

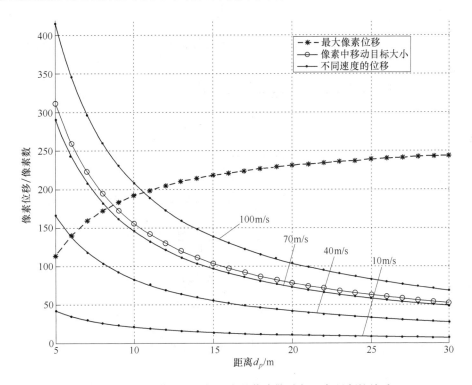

图 4-30　针对若干个目标速度的像素位移与观察距离的关系

1. CNN 基本运行算法

　　通过图像的预处理去除噪声后，分割图像的质量有了明显的进步。噪声滤波器是通过对图像反复进行模板平均实现的（见图 4-31），接下来要做的是在感兴趣目标（Object of Interest，OoI）（如运动目标）周围建立一个遮蔽，为了能够提取出 RoI（Region of Interest，感兴趣区域），需要去除所有的背景信息，方法是计算前后两张图片的差的绝对值。换句话说，就是用 f_1 和 f_2 代表第 1 张和第 2 张图片，则得到的输出 $|f_1 - f_2|$ 中像素最暗的点就是两张图片差异最大的点（前提是使用灰度来衡量背景信息）。

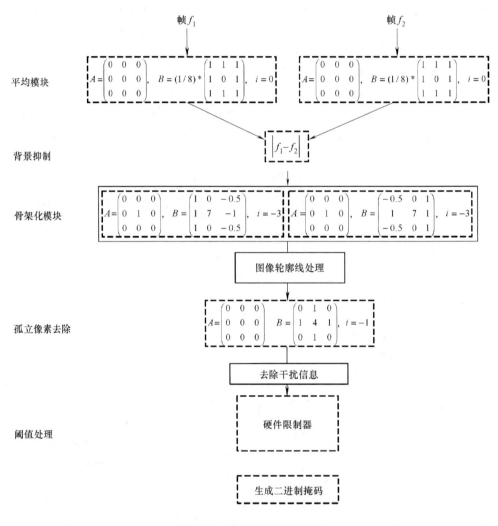

图 4-31　模板应用的流程图

　　尽管输出包含了所有分割所需的轮廓像素，还是要对轮廓进行进一步的加深来促进分割的准确性。由于物体边缘的形状不同，轮廓线的粗细也总是在变化。通过梯度门限选择可以降低特殊轮廓对处理的影响，但是这里要采用 Stoffels[60] 的提议，也就是骨架化方法（见图 4-31）。这种强大的轮廓线细化方法可以把方向不定、粗细不均的轮廓线细化到位于中央的节点上去。尽管如此，中期处理的质量还是有所下降，其原因是存在一些单独的像素点，这些点会抑制运动目标周围的封装体的形成。要想去除这些像素点其实很简单，使用孤立像素去除（Isolated Pixel Removal，IPR）即可（见图 4-3）。这样得到的输出就不再受到干扰，分割也可以通过硬件限制器来给所有像素值设置门限的方法得到实现。接下来要设置一个二进制掩码，通过该掩码可以对我们关注的目标用黑色区域显示。由于不同图像之间的区别并不一定位于一处，必须连接它们才能建立 OoI。

　　一般情况下，要检查任何一个两张图像中都出现的物体。如果目标的移动方向是可以通过历史轨迹或者假设的途径来预测，就没有什么太大的问题。举例来说，火车是沿着铁轨行驶的，它的运动方向从一开始就很明显。由于早期运行将显示共址二进制对象（见图 4-32a 和图 4-32b），因而当目标加速和目标分裂发生时，都可以对其方向进行预测。

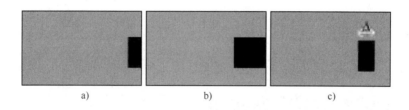

图 4-32　在目标从右到左运动的场景中测量目标的位移。
移动目标的位移（见图 4-32c）是图 4-32a 和
图 4-32b 中的黑盒子之差

　　要验证上述的假设可以将目标沿着运动方向进行放大，随后对其和假设进行一个与操作。这样就会得到一个表示位移的方块了。

　　当目标没有分裂时，就要对接下来的一对图像（如 f_3 和 f_4）重复同样的分割程序，从而建立一个新的黑色区域。通过比较两个区域的位置提取了两个重要的要素：一个是运动方向，另一个（同时也是最重要的一个）是该区域在图像 f_2 和 f_4 中的位移，鉴于两张图像之间的时间间隔是已知的，现在只需要一个场景细节（最好是目标本身）的计量信息就可以得到目标的运动速度了。图 4-32c 给出了两个黑色区域表现出的目标位移。

2. 验证与测试

MATCNN⊖是一个灵活且使用简单的单层细胞神经网络测试环境，它是由位于匈牙利布达佩斯的 MTA-SzTAKI 大学里的模拟与神经计算实验室开发的。尽管该环境是用于模拟 CNN 实现过程的，但反倒提供了一个非常好用的 MATLAB 工具箱来进行方法验证。这个工具箱和许多其他 3×3 模板都位于函数库中。

接下来，会将流程图 4-31 中的所有步骤用于 SJR6 型机动摄像头所拍摄的图像上。首先对前两帧图像反复进行模板平均处理。图 4-33 显示了在经过 25 次间隔为 0.019τ 的模板平均之后得到的结果。

a) f_1　　　　　　　　　　　　　　　　b) f_2

图 4-33　若干次迭代应用平均模板后视频序列的前两帧（f_1 和 f_2）

接下来，要对背景进行淡化从而勾勒出目标轮廓，方法是计算 $|f_1 - f_2|$。如图 4-34a 所示，背景被灰色像素点所取代。

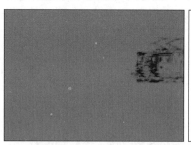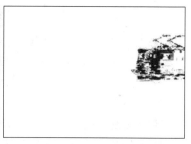

a) 两个连续帧之差的绝对值生成的图像，　　　b) 骨架化后的中间结果，其
　　观察到两个帧差别最大的最暗像素　　　　　中孤立像素极易被发现

图 4-34　勾勒出目标轮廓

骨架化的算法是由反复进行的 8 个步骤构成的，每一步都会在某个方向上剥下一个像素层，在经过 8 个步骤之后，图案在每个方向上都薄了一层。当输入和输出

⊖　http：//lab. analogic. sztaki. hu/Candy/。

之间不再有区别的时候，这个算法就会终止。现在假设物体只沿水平方向移动，那么只需要对其进行两个方向的骨架化，如东西两个方向（见图 4-31）就足够了。模板会使用 25 次，每次的时间是 0.019τ。从图 4-34b 显示的结果中可以看到，被分离出来的像素点非常明显。然后通过 25 次步进为 0.04τ 的像素去除操作可以去除这些点。图 4-35a 显示了去除像素之后得到的图像。

a) 应用IPR模板删除所有孤立像素　　b) 一旦二进制掩码产生，则分割程序完成

图 4-35　去除像素和分割流程

对运动目标的分割则是通过硬件限制函数建立二进制掩码，图 4-35b 显示了掩码作用之后的结果。最终，我们所关注的目标会被黑色区域覆盖，如图 4-32b 所示。

从平均法到骨架化，所有这些通过去除隔离像素来测速的步骤都在 CNN 中的并行 FPGA 程序上实现，名字是 Cabellero[62]。而后续的算法诸如掩码和黑色区域的生成则都是在 PC 上实现的，而且偏向于使用 MATLAB 工具箱。

后期处理主要是计算 Δ 的数值（见图 4-32c）从而估计运动目标的速度。这样的设计保持了 CNN 的整齐性并为后续的修正工作铺好道路。例如，双层 CNN[63] 就是用来实现前文提到的图像分析算法中的第 2、3、4 步的。因此，Caballero 的作用就是在实现硬件算法的时候充当一个模板。

该设计用于验证视频，骨架化（见图 4-36）之后得出的中间结果与我们所期望的结果（见图 4-34b）仍有很大差距。这种质量上的降低是因为使用了压缩功能。Caballero 单元通过 tanh 函数将 21bit 的计算结果压缩到 8bit，这就导致了精度的下降。在骨架化和 IPR 之间使用平均模板法（见图 4-31）是解决办法之一。图 4-36 显示了每一步之后得到的结果。

3. 实验评估

仔细观察图 4-30，我们不难发现，通过捕获场景外（见图 4-33）的部分目标像素保证了在背景抑制之后能够得到一个完整的方形区域。但另一方面，当物体所有像素的位移值都超过目标最大尺寸时就会产生目标分离。此外，如果一张图像中包含了整个目标而且随后的位移大于最大尺寸，就会观察到两个目标（见图 4-37）。观察到

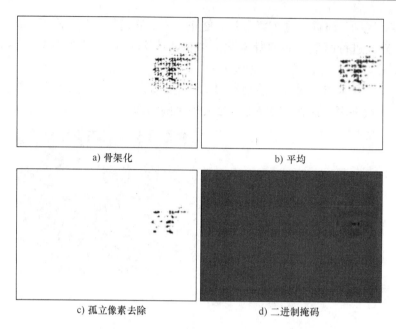

a) 骨架化   b) 平均

c) 孤立像素去除   d) 二进制掩码

图 4-36   从发布场所和路由仿真得到的所有步骤的中间结果

的目标的尺寸和其运动速度以及帧率 f_f 有很大关系，最极限的情况就是一个物体的一端出现在一张图片而另一端只出现在下一张图片里。这种情况我们是不予考虑的，因为没有测量的可能。要想解决就只能加快运行速度从而使相邻的图像之间的共同区域得以保留。

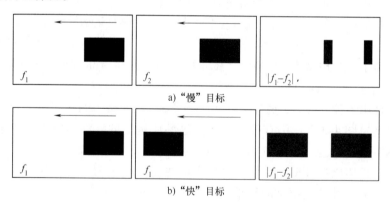

a) "慢" 目标

b) "快" 目标

图 4-37   因速度不同而导致的斑点间分离（箭头表示运动方向）

当出现了目标分离的时候，仅仅计算图像之间的差值就不够了。我们必须将分离的两部分联系起来，相应的算法则包含了更多的步骤。

或者，通过对模板入口进行调整来补偿内部数据截断所带来的误差。最近人们发现，Caballero 内部 21bit 的数值可以在不影响准确度的情况下降低至 7bit[64]，但遗憾的是，我们并没有对其进行验证。

现在，对两张图中的目标分别进行单方向的加厚，随后将结果通过一个逻辑与门来得到一个中间结果。随后颠倒加厚方向，如第 1 次对第 1 张图像左加厚，对第 2 张图像右加厚，那么第 2 次就是对第 1 张右加厚，第 2 张左加厚。再将结果通过逻辑与门得到一个中间结果，接下来，将两个中间结果通过一个逻辑或门。这样得到的图像就不会出现目标分离问题了。Δ 的数值可以通过计算第 1 张图像和最后得到的图像之间的差值得到，整个过程如图 4-38 所示。

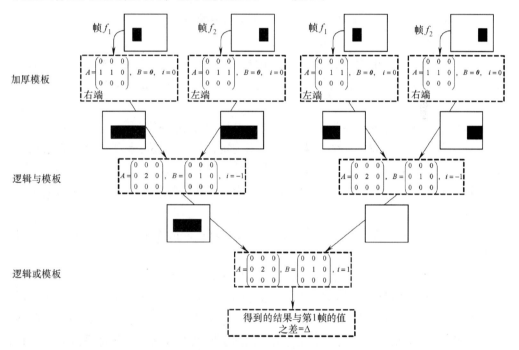

图 4-38　用于处理快速运动目标的扩展算法（运动方向是由右至左）

总之，我们已经展示了在一个 CNN 执行过程中如何进行速度的估计。最终得到的原型能以 250 帧/s 的速度分离并测量运动目标，这已经足以满足日常的执法需求了。

4.6　多传感器智能

随着结构复杂性的提高，神经网络的训练会变得越来越难。模块化神经网络看起来是一条出路，但是易受反学习效果的影响。我们必须从训练目的出发，通过时序性安排来强调知识的完整性。这使得神经网络的行为趋于软件对象化，并且使结构获取知识[65]变成可能。当测量数据难以获得或者获取成本较高的时候，这种源头不同的知识融合能有效地建立一个非模型化过程中的高质量的神经模型。

4.6.1 情报收集

监控有时也被称为"电子眼和电子耳"[66]。从美国与墨西哥的"边境墙"到老年人的住所，这其中有很多的变数。这种大范围传感器的应用通常表现出电子感知中的某种形式，例如：

1）位置感知：设备被告知自身的空间坐标。

2）社会感知：设备被告知自身在设备互动中的身份。

3）个体感知：设备被告知自身的类人类特征。

当然，各种感知的组合也会发生。举例来说，态势感知的使用就涉及设备的社会角色和所在位置。所以，感知是一个多层概念。现在问题是，如何实现？我们会在各层中找到答案。

提出分层主要是为了将形势进行量化。这比单纯地维护访问和掌握特权要麻烦多了。当孩子们在玩耍的时候，需要监控来确定他们是否还在玩耍或者是否会伤到自己。但是在背景方面必须先知道他们在哪儿。换句话说，需要以下3个要素：

1）通道限制（对于特定人的区域准入限制）以及个人认可（声称人与被声称人是同一人）。

2）行为限制（某种行为涉及特定人员的行为）人员鉴定（该人能大致完成自身职能）。

3）姿势限制（一种包含了个人典型行为的姿势）和人员识别。

姿势反映出人的情绪，例如高兴或者恐惧。当一个个体表现出恐惧的时候，尽管原因不明，他的注意力仍会高度集中。这是个生物学原理，恐惧会刺激下丘脑绕过感觉皮层做出逃避反应，这时的人就感觉到了所谓的威胁⊖。有时恐惧的原因是可以猜到的，就算仅仅是猜测，那也是有一个理由与之对应的。当然，也许会猜错，需要重新猜测。这种行为与特定环境是共存的。处于这样的环境中会更让人感觉到危险已经来临。

4.6.2 多传感器融合

边境监视系统首先得能观察到任何违法越过边境的个人或者车辆。在我们的设想中，检测系统需要沿着国境线的重要区域放置。一个最简单的检测系统包括一个

⊖ 神经网络，Amydala 及其盟友 http：//thebrain. mcgill. ca/flash/i/i_04_cr/i_04_cr_peu/i_04_cr_peu. html。

低成本商业雷达子系统、一个多光谱红外子系统和一个全景视觉观察子系统。我们认为，一个完整的多传感器学习方案会带来比单个传感器更好的性能。传感器的位置要能够获取太阳能，个体之间的位置通过无线互连并支持一定的容错性。还能针对固定检测站开发个人移动便携版本。

MIT 生物计算学习中心先前对行人和车辆检测方面的研究[67,68]显示，对于单个传感器，只需要一小部分（10 个）正值就可以达到一个合理的假正值率。类似的，McGill 大学智能机械中心近期的一项研究[69]（也是针对单传感器）也显示了一个基于 FPGA 的系统可以以 2.5 帧/s 的速度进行人物检测。而卡耐基－梅隆大学的成果[70]则是全景马赛克中的人物检测和追踪。

可以将 FPGA（现场可编程门阵列）用于检测站，这些检测站的功能是提供感兴趣区域（RoI）的人和车辆监测。FPGA 会为检测提供实现细胞神经网络的实现。同时上面极大的存储空间（大于 4GB 的 SDRAM）能极大促进细胞神经网络的有效实现[71]。在第 4.5.5 节中，讲述了瑞典隆德大学使用 FPGA 板（Cabellero）上的 CNN（在片上网络实现），用于分离运动目标和速度测量，帧速测量值达到 250 帧/s[62]。

这种方法的一个独特之处是细胞神经网络可以用于分析的每个方面——频率上、时间上、空间上。此外，细胞神经网络还带来了目标检测和识别的新层次。

4.7　小结

传感器网络的动力源是无线通信。只要传输成本还决定网络设计，那么就会诞生一系列能源使用、存储和收集方面的新成果来确保我们想要的功能不受限制。我们已经列举了一些流行的标准，但并没有讲太多的细节，因为其特性总是会改变的。

基于无线通信，逐步产生了一些类似于产品的传感器网络。第一代网络都是基于共同的目标。在过去，人们在提供的商品中寻找满足期望功能的那一个，但现在我们看到想要的功能被一大批设备分别提供。举例来说，在婴儿区域网络中，特定的传感器会集中在同一个纺织品上来实现一个单一的、集合的功能。在这个场景下它们在视觉上就是相连的。

第二代网络已经在实验室中有了原型，并且能够提供更通用的功能和基于比传感器更广泛的传感源。典型的功能就是集照顾、舒适和关心于一体的家庭。这样的结构并不是通过控制软件相连并封装在网络中的某个部分中的，而是会寻找能够支持所需功能的传感器来使用。这已经带来了数学上的冗余。

典型的例子就是基于家中人员移动的行为模板化过程。获取运动的方法之一就是通过人身上携带的手机，通过其自身的指南针、加速计和 GPS 功能，手机能够独立地判断自身的运动轨迹并告之外部世界。其中存在的问题是人有时会不带手机或者带着别人的手机。这与之前讨论过的 20 世纪 90 年代初期的汽车工业自动化十分类似：我们到底是需要能够与汽车进行沟通的交通灯，还是能够识别交通灯的汽车？同样的，人类的行动轨迹可以由人来散布或者由房间来"识别"。

显然，第二代神经网络是基于多传感器的，传感器之间的功能重叠建立了网络智能，从而不仅实现了强大的性能，而且也提供了相当程度的可靠性和安全性。

参 考 文 献

1. Orwell G (1950) 1984, Signet classics, July 1950
2. Perry TS (September 2009) Ge Wang: the iPhone's music man. IEEE Spectr 46(9):24
3. Jones WD (February 2010) A compass in every smartphone. IEEE Spectr 47(2):12–13
4. Aarts E, Marzano S (eds) (February 2003) The new everyday: views on ambient intelligence. Uitgeverij 010 Publishers, Rotterdam The Netherlands
5. Kahn JM, Katz RH, Pister KSJ (September 2000) Emerging challenges: mobile networking for "smart dust". J Commun Netw 2(3):188–196
6. Karl H, Willig A (2005) Protocols and architectures for wireless sensor networks. Wiley, San Francisco CA
7. Sung M, Pentland A (July 2005) Minimally-invasive physiological sensing for human aware interfaces. In: Proceedings of the 3rd international conference on universal access in human-computer interaction, Las Vegas, NV
8. Xu Y, Heidemann J, Estrin D (July 2001) Geography-informed energy conservation for ad hoc routing. In: Proceedings of the 7th annual international conference on mobile computing and networking (Mobicom2001), Rome, Italy, pp 70–84
9. Rajan S (2005) Dynamically controllable applications for wireless sensor networks. Master's thesis, Mississippi State University, Mississippi State MS
10. Dvorak J (September 2005) IEEE 802.15.4 and ZigBee overview. Tutorial, Motorola
11. Ranganathan P (April 2010) Recipe for efficiency: principles of power-aware computing. Commun ACM 53(4):60–67
12. Moder JJ, Phillips CR (1970) Project management with CPM and PERT, 2nd edn. Van Nostrand Reinhold Company, New York NY
13. Volder JE (September 1959) The CORDIC trigonometric computing technique. IRE Trans Electron Comput EC-8:330–334
14. Flynn MJ, Hoevel LW, (July 1984) Measures of ideal execution architectures. IBM J Res Dev 28(4):356–369
15. Chait AL Solving The Last Milli-Mile problem in vehicle safety; the EoPlex approach to powering wireless tire pressure sensors. White paper of EoPlex Technologies Inc. Available at www.eoplex.com
16. Calhoun BH, Daly DC, Verma N, Finchelstein DF, Wentzloff DD, Wang A, Cho S-H, Chandrakasan AP (June 2005) Design considerations for ultra-low energy wireless microsensor nodes. IEEE Trans Comput 54(6):727–740
17. Starner T (1996) Human-powered wearable computing. IBM Syst J 35(3–4):618–629
18. Yang GZ (ed) (2006) Body sensor networks. Springer, London
19. Ross PE (March 2009) Cloud computing's killer app: gaming. IEEE Spectr 46(3):14
20. Greene K (January 2008) Smart badges track human behavior. MIT Technol Rev (online) 30 Jan 2008
21. ABB Automation Technologies (January 2009) Festo adopts ABB's wireless standard. Control Engineering Europe (online), 13 Jan 2009
22. Schneider D (May 2010) Electrons unplugged. IEEE Spectr 47(5):34–39
23. Nam M-Y, Al-Sabbagh MZ, Kim J-E, Yoon M-K, Lee C-G, Ha EY (June 2008) A real-time ubiquitous system for assisted living: combined scheduling of sensing and communication for real-time tracking. IEEE Trans Comput 57(6):795–808

24. Azimov I (1950) I, Robot. Gnome Press, London
25. Wings S, ORIION {Organic Immense Information Networks}", Base^N project, cordis.europe.eu/fp7/ict/e-infrastructure/networking. Accessed 16 Oct 2010
26. Department of Transportation and Federal Highway Administration, Quick highway incident detection and incident warning system. DTRT57-07-R-SBIR Solicitation, 15 Feb 2007
27. Brignolo R (May 2006) The co-operative road safety SAFESPOT integrated project, Centro Ricerche Fiat. In: APSN network and APROSYS integrated project 6th annual conference, Vienna, Austria, 12 May 2006
28. Greenfield D (March 2010) When is PID not the answer? Control Eng 54–57
29. Spaanenburg L (December 2010) Ensuring safety in distributed networks. In: IEEE conference on decision and control (CDC2010), Atlanta, GA
30. Kirrmann H (2005) Industrial Ethernet: IEC, go back to the negotiation table. Control Engineering Europe, April/May 2005, pp 25–28
31. Robinson D (2008) A honeypot for malware. Control Engineering Europe, April 2008, pp 10–11
32. Isermann R (1984) Process fault detection based on modeling and estimation methods – a survey. Automatica 20(4):347–404
33. van Veelen M (2007) Considerations on modelling for early detection of abnormalities in locally autonomous distributed systems. Ph.D. Thesis, University of Groningen, Groningen, The Netherlands
34. Jodoin P, Konrad J, Saligrama V (2008) Modeling background activity for behavior subtraction, Second international conference on distributed smart cameras (ICDSC-2008). Stanford University, California, September 7–11, 2008, pp 1–10
35. Zhang D, Gatica-Perez D, Bengio S, McCowan I (June 2005) Semi-supervised adapted HMMs for unusual event detection. In: IEEE conference on computer vision and pattern recognition (CVPR2005), vol I, San Diego, CA, pp 611–618
36. Owens J, Hunter A (July 2000) Application of the self-organization map to trajectory classification. In: Proceedings of the 3rd IEEE international workshop on visual surveillance (VS2000), Dublin, Ireland, pp 77–83
37. Tehrani, MA, Kleihorst R, Meijer PBL, Spaanenburg L (2009) Abnormal motion detection in a real-time smart camera system. In: Proceedings third ACM/IEEE international conference on distributed smart cameras (ICDSC 2009), Como, Italy, 30 August – 2 September, 2009
38. Kleihorst R, Schueler B, Danilin A, Heijligers M (October 2006) Smart camera mote with high performance vision system. In: ACM workshop on distributed smart cameras (DSC2006), Boulder, CO
39. Abbo A, Kleihorst R, Choudhary V, Sevat L, Wielage P, Mouy S, Heijligers M (2007) "Xetal-II: A 107 GOPS, 600 mW massively-parallel processor for video scene analysis. In ISSCC2007 Digest of technical papers, San Francisco, CA, pp 270–271, 602
40. Wu C, Aghajan H, Kleihorst R (September 2007) Mapping vision algorithms on SIMD architecture smart cameras. In: First ACM/IEEE international conference on distributed smart cameras (ICDSC07), Vienna, Austria, pp 27–34
41. Muller J-M (2006) Elementary functions, 2nd edn. Birkhäuser, Berlin
42. Venema RS, Ypma A, Nijhuis JAG, Spaanenburg L, (1996) On the use of neural networks in time series prediction with an application to artificial human walking. In: Proceedings world congress on neural networks WCNN'96, San Diego, CA
43. Peitgen H-O, Jürgens H, Seupen D (1992) Fractals for the classroom. Springer, New York, NY
44. Nijhuis J, Hofflinger B, Neusser S, Siggelkow A, Spaanenburg L (July 1991) A VLSI implementation of a neural car collision avoidance controller. Proc IJCNN Seattle WA 1:493–499
45. Sinai YG (1970) Dynamical systems with elastic reflections. Russ Math Surv 25: 137–191
46. Spaanenburg L (April 2001) Unlearning in feed-forward multi-nets. In: Proceedings

ICANNGA'01, Prague, Czech Republic, pp 106–109

47. Hu W, Tan T, Wang L, Maybank S (August 2004) A survey on visual surveillance of object motion and behaviors. IEEE Trans Syst, Man, Cybern C Appl Rev 34(3):334–352
48. Heikkila J, Silven O (June 1999) A real-time system for monitoring of cyclists and pedestrians. In: Second IEEE workshop on visual surveillance, Fort Collins, CO, pp 74–81
49. Morris BT, Trivedi MM (August 2008) A survey of vision-based trajectory learning and analysis for surveillance. IEEE Trans Circuits Syst Video Technol 18(8):1114–1127
50. Dahmane M, Meunier J (May 2005) Real-time video surveillance with self-organizing maps. In: Second Canadian conference on computer and robot vision (CRV2005), Victoria, BC, Canada, pp 136–143
51. Lee KK, Yu M, Xu Y (October 2003) Modeling of human walking trajectories for surveillance. In: Proceedings of IEEE/RSJ international conference on intelligent robots and systems (IROS2003), vol 2, Las Vegas, NV, pp 1554–1559
52. Haykin S (1999) Neural networks: a comprehensive foundation, 2nd edn. Prentice Hall, New Jersey
53. Spaanenburg L, Malki S, (2005) Artificial life goes In-Silico, CIMSA 2005 – IEEE international conference on computational intelligence for measurement systems and applications. Giardini Naxos – Taormina, Sicily, Italy, 20–22 July 2005, pp 267–272
54. Chua LO, Yang L, (October 1988) Cellular neural networks: theory. IEEE Trans Circuits Syst 35:1257–1272 and 1273–1290
55. ter Brugge MH, (2004) Morphological design of discrete-time cellular neural networks, Ph. D. Thesis, Rijksuniversiteit Groningen, Groningen, The Netherlands
56. Nagy Z, Szolgay P (2002) Configurable multi-layer CNN-UM emulator on FPGA. In: Tetzlaff R (ed) Proceedings of the 7th IEEE workshop on CNNs and their applications. World Scientific, Singapore, pp 164–171
57. Uchimoto D, Tanji Y, Tanaka M (1999) Image processing system by discrete time cellular neural network. In: Proceedings of 1999 international symposium on nonlinear theory and its application (NOLTA1999), vol 1, pp 435–438
58. Harrer H, Nossek JA (September/October 1992) Discrete-time cellular neural networks. Int J Circuit Theory and Appl 20(5):453–467
59. Grassi G, Grieco LA (2002) Object-oriented image analysis via analogic CNN algorithms-Part I: motion estimation. In: Proceedings of 7th IEEE international workshop on CNNs and their applications, Frankfurt/M, Germany, pp 172–179
60. Stoffels A, Roska T, Chua LO (1996) An object-oriented approach to video coding via the CNN universal machine. In: 4th IEEE international workshop on CNNs and their applications, Seville, Spain, pp 13–18
61. Spaanenburg L et al (2000) Acquisition of information about a physical structure, Patent WO 000 4500, 27 January 2000
62. Malki S, Deepak G, Mohanna V, Ringhofer M, Spaanenburg L (2006) Velocity measurement by a vision sensor, CIMSA 2006 – IEEE international conference on computational intelligence for measurement systems and applications, La Coruna – Spain, 12–14 July 2006, pp 135–140
63. Arena P et al (1996) Complexity in two-layer CNN, 4th IEEE international workshop on CNNs and their applications, Seville, Spain, pp 127–132
64. Chen D, Zhou B (2005) Digital emulation of analogue CNN systems. Master's Thesis, Lund University, Lund, Sweden
65. ten Berg AJWM, Spaanenburg L (September 2001) On the compositionality of neural networks. In: Proceedings ECCTD, vol. III, Helsinki, Finland, pp 405–408
66. Tanenbaum AS, Gamage C, Crispo B (August 2006) Taking sensor networks from the lab to the jungle. IEEE Comput. 39(8):98–100
67. Papageorgiou C, Poggio T (1999) Trainable pedestrian detection. In: Proceedings of the 1999 international conference on image processing (ICIP '99), Kobe, Japan, October 24–28, 1999

68. Papageorgiou C, Poggio T (1999) A trainable object detection system: car detection in static images. MIT Center for biological and computational learning paper No. 180, October 1999

69. Nair V, Laprise P, Clark JJ (2005) An FPGA-based people detection system. EURASIP J Appl Signal Process 7:1047–1061

70. Patil R, Rybski PE, Kanade T, Veloso MM (2004) People detection and tracking in high resolution panoramic video mosaic. In: Proceedings of 2004 IEEE/RSJ international conference on intelligent robots and systems, Sendai, Japan, September 28 – October 2, 2004

71. Spaanenburg H, Thompson J, Abraham V, Spaanenburg L, Fang W (2006) Need for large local FPGA-accessible memories in the integration of bio-inspired applications into embedded systems, 2006 international symposium on circuits and systems, Kos, Greece, May 2006

72. Achterop S, de Vos M, v. d. Schaaf K, Spaanenburg L (November 2001) Architectural requirements for the LOFAR generic node. In: Proceedings of the ProRISC'01, Veldhoven, The Netherlands, pp 234–239

73. Nijhuis JAG (January 1993) An engineering approach to neural system design. PhD thesis, Nijmegen University, Nijmegen, The Netherlands

第 3 部分　一切尽在云中

根据"麻烦守恒"定律,技术创新成果会带来好处,但这些好处是有代价的。例如,多芯片封装的发展导致设备小型化、计算密度增加,但是它是在牺牲诊断和测试额外可观性需求的前提下实现的。具体到我们所谈的云计算,能力增强是以提高安全和防御需求为代价的。

技术需要用于访问网络元素的工作状态,包括围绕"拜占庭将军"网络分析开展的自测、篡改、敌方欺骗和恶意攻击研究等内容。除了采集数据本身之外,确保采集数据的完整性是极为重要的。在当前许多在用的智能传感网络中,安全和技术水平的提高是一个容易忽视的因素。

本书的第 3 部分介绍安全和防御问题。为了成功实现以云为中心的传感网络,必须支持安全和防御解决方案。

亮点

一切尽在云端

云计算的重点是把尽可能多的处理能力放在云端,以确保瘦客户端传感器节点尽可能简单。随着情报收集传感器网络(如针对天气和病人监护的网络)规模越来越大,这将变得越来越重要。

强制安全

计算和通信安全水平的提高,有助于增强基于云计算的处理能力。需要制定安全规定,以保护处理和通信资源。可在云端和互连介质中提供各种形式的冗余。

强制防御

系统防御水平的提高,有助于增强基于云计算的处理能力。需要对传感器网络情报源的认证(包括故障和不法行为检测),以构建和增强传感器—云计算集成系统的"信任"。

噪声社会的影响

由于从互联网/云端的角度来看,传感器当前存在着匿名性,因而传感器情报数据的信任问题面临挑战,需要构建相关体系。需要针对传感器情报采集网络节点,开发一种非协同认证或签名的形式(不一定是针对互联网接入点本身)。

第5章 安全问题

在本章和下一章中，将研究以云为中心的传感器系统的可靠性要求。安全[⊖]和防御代表着为提高计算能力和情报收集能力需要付出的较高代价。正如本章中所讲的，安全性代表在没有内部或外部恶意企图的情况下，支持系统中的传感器节点与潜在失效传感器节点、计算资源和/或通信路径协同运行等系统问题。安全性重点关注如何主要基于系统的静态特性使系统正常工作。

在下一章中，将分析防御问题，它与内部或外部恶意企图的检测有关。防御重点关注对突发事件的反应，因而主要基于系统的动态特性。所描述的与安全和防御有关的增强型能力，正是当前诸多应用型智能传感器网络所缺少的要素。

最重要的是，当数据从传感器传送到云中时，需要知道数据来自于一个正常工作的传感器节点，它在传输过程中未被破坏，未被恶意创建或引入。尤其当生命攸关的决定是基于这些数据做出时，对安全和防御的关注将是至关重要的。

5.1 可靠性

随着时间的推移，IC（Integrated Circuit，集成电路）的主要成本因素经常发生变化。在开始阶段，要得到一些制造设备是非常困难的。当收益开始增加时，设计成为下一个障碍。随着产品复杂性的提高，需要开展额外工作，以较低价格、最少的工作来验证制造设备。目前，担忧甚至超出产品本身，且包含了诸如维护等一些终身效应。显然，测试、调试和验证，基本上已成为现代设计理念不可或缺的部分。本节重点描述产品寿命过程中的3个不同阶段。

首先，即使正式验证也需要认证产品（质量上乘的产品）参与。如果出现故障，则可能很难发现它们；当产品集成到更大的环境中时，一旦故障变得明显，则更难发现。但对于 ASIC（Application Specific Integrated Circuit，特定用途集成电路）来说，可能没有必要在限制预想应用之后进行测试。总的来说，需要找出设备是否存在故障。出于生产目的，这种测试是足够的。诊断仅在确保离线质量时进

⊖ 安全的定义（韦氏在线词典）：①安全的状态或质量：a：从危险中解脱出来；b：从恐惧或焦虑中解脱出来；c：从失业中解脱出来（工作安全）。②a：给予、存储或质押某物以履行义务；b：担保。③以能够提供所有权证据的文档作为表现形式（如证券或债券）的一种投资手段。④a：能够确保安全的手段：保护；b1：采取措施防止间谍或破坏、犯罪、攻击或逃跑；b2：担负安保任务的组织或部门。

行，以支持围绕改善设备特性（失效模式分析或 FMA）制造工艺所做的不懈努力。

5.1.1　基本概念

事情出错的原因是多方面的，当事情出错时，它可能不成为问题。仅当失效影响严重或代价过大时，质量问题才成为大问题。有这么多的关注，英语中对失效、故障和误差进行了多种区分。为了说明这一点，这里给出一个简单的句子：误差是观测值与标准值之间的差异，它表明存在故障，并可能导致失效。

让我们试着从概念上进行理解，由于误差冗余，可能会抑制故障的产生。即使当故障存在时，由于容错能使系统正常运行，因而也不一定会发生系统失效。以计算机为例，设计但不制造晶体管时存在误差。当诸多晶体管中仅有一只从涂装线中脱落时，仅会出现功能执行缓慢，无须关注差别。当晶体管是唯一一个从为乘法器提供常数的只读存储器（Read Only Memory，ROM）涂装线上脱落的元件时，如果乘法器在该间隔内不执行任何操作，则仍然不会遇到此类故障。但当乘法器在该间隔内执行操作时，应用可能会对发射火箭产生严重影响。

换句话说，误差位于问题的核心部分。没有误差，永远不会出现故障，更不用说发生失效了。因此，尽可能避免产生误差。误差产生的原因之一是将要解决问题的复杂性，或者由于在提出解决方案时缺乏智力挑战。所以，不能错过感到厌烦的机会，最好实现进程的自动化。如果解决方案是不明确的，则考虑各种尝试的版本控制至少是我们可以做的。

另一种方案是使用形式化的证明技术。这意味着存在着一种我们可以进行比较的抽象渲染。在该方向上存在一种渐进过程，但总的来说，只是纯粹的关注，仍然不存在竞争。大多数误差是可怕而愚蠢的，可以通过目视检查来发现。避免误差的关键是拥有相关质量文档，它能让无知旁观者透明地对设计人员遗留下来的问题进行定位[○]。目视检查后仍然存在的误差应当能够通过非视觉方法轻松检测出来。在现代技术中，通常依赖于建模与仿真。与其他事物一样，在成本和收益之间有一个平衡问题。当要查明误差的详细信息时，仿真是一件计算非常密集的事情。因此，仅对通过剖析证明存在故障的部分进行仿真是非常有益的。这种技术也可以在测试误差集规模和覆盖范围之间形成一种良好的折中。通常，我们希望尽快确定是否存在误差，即使粒度方面还存在诸多有待改进之处。由于设计是单个设计对象的集合，不成熟的部分往往通过对象内集群误差的形式表现出来，该对象需要单独关注。

到目前为止，我们忽略了一个问题，即误差天生未知。如果不想彻底地进行测试，问题就会出现：需要进行多少次测试才能满足要求？如果误差影响不是灾难性

○　数据逻辑，1989 年。

的，则当进行明智的基准测试时，或者当主要误差在保证期内不可能出现时，人们可以停止测试。

一种用于描述设计成熟程度的方式是故障散播。插入许多故障，然后进行测试。对比插入的故障数与被检测出的故障总数，可以估计出当前设计中仍然存在的故障数。这是失效探测方法的统计对应版本，我们已经在本书中隐含地提及过该方法。使这些测试集与各种设计版本保持密切关联，从而能够支持基准测试方法。这也是 Xilinx 设计环境中使用的波形和测试平台文件命名约定背景。

在前面的讨论中，几乎没有涉及硬件或软件。原因不是硬件和软件测试是相同的，在基本特性方面存在着一些差异，但不像文献中所说的那么大。在测试的不同方面，有着成熟度方面的差异，但随着在单一设计工作中实现硬件和软件的集成，这些差异将消失。

根本问题在于抽象范围。在软件方面，我们会发现主要的设计故障成批出现。在硬件方面，从实验角度估计出的单个构件失效率是所有问题的源头。通常，设计问题很快被排除，但剩余问题将与制造故障结合在一起，且在其他方面不是成批出现的。

5.1.2　案例探讨

测试和验证是健壮、可靠产品开发的关键。如图 5-1 所示，人们永远无法做到充分测试。但是，从商业开发的角度来看，测试和验证仅是一种开销，当故障数量低于可接受值时，即可发布产品。价格与"可接受"值是相当模糊的，如在偶然的汽车应用中可能遇到，测试和验证次数逐渐降低，直至产品突然出现可靠性问题。

Augustine[1] 甚至假设产品价格可以根据开发期间的测试次数进行估计。测试和验证的基础是产品用例的执行，而用例将揭示产品故障

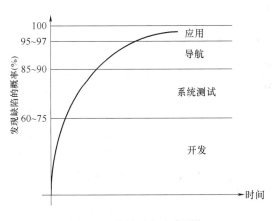

图 5-1　产品开发生命周期

（如果存在的话）。这些用例通常是以测试模式集的方式给出的。基于希望实现的具体目标，这些模式集可能会有所不同。通常，分为基准、极端标志和应力标志。

1）基准是典型模式集的集合，这些模式集主要用于对不同硬件平台进行比较。最初收集用于确定计算机架构参数，进而被误用于营销，它们已逐渐转入应用领域。不同应用具有不同需求，因而基准可用于确认提出的硬件平台是否满足客户

公司的要求。为确保比较尽可能公平，基准集是由非盈利性组织来维护和监控的。对于嵌入式系统来说，该非盈利性组织是 EMBC（Embedded Microprocessor Benchmark Consortium，嵌入式微处理器基准协会）。

2）最坏情况下的测量源于模拟电路中心设计问题。模拟构件拥有分布在典型值周围的最小∨最大参数。中心设计用于设计电路，以确保构件参数值位于最小∨最大变化范围，从而使得电路不会超出规格。在一般情况下，在最坏情况下设计系统会带来大量开销，因为最坏情况几乎不会发生。此外，最坏情况通常定义在超立方体的角上，该立方体包含了所有可能的系统值。这些角点在实际运作中甚至可能是不存在的。

3）应力标志[2]是前两者的一种折中。这种模式集是将极端情况下的系统性能代入前一种情况所形成的基准。潜在的假设是，依据应力标志运行良好的系统将拥有合理的基本性能。一种典型应力标志隐含在引文中：

针对德州仪器公司（Texas Instrument，TI）Stellaris 的两个 CoreMark 评级最近被提交。有趣的是，两者之间的唯一区别是频率，CoreMark/MHz 发生了变化（在 50MHz 时，评级为 1.9；在 80MHz 时，评级为 1.6，下降了 16%）。由于设备没有缓存，因而 CPU 频率与内存频率之比是有效的。事实上，我们发现，在 50MHz 以下，设备闪存频率只能与 CPU 频率保持 1:1 的比例。一旦频率超过 50MHz，则内存频率与 CPU 频率比例达到 1:2。⊖

通常以分层方式应用测试和验证模式，此时首先检查核心功能，随后测试过的功能依次被用于执行其他功能。

5.1.3　软件度量

可以通过客户更改请求（通常是每千或千行代码或 kloc）、每千行代码失效率（对于成熟产品来说，通常为 0.1）或失效到达速率来测量可靠性。提高系统可靠性的方法有 3 种：通过质量保证、通过风险评估和通过良好的设计实践。质量保证通常由可靠性增长模型来实现，该模型一般假定在高粒度问题中，独立故障符合均匀分布。其效能基于这样的假设，即"在大多数情况下，只要所需的可靠性水平相对适中，则在特定情形中获取精确测量值并拥有合理的置信度是可能的[3]。"此处"适中"通常是指低于 25%。

对于故障探测来说，根据 Nelson 的论文[4]，计算机程序 p 是所有输入数据集 E 上函数 F 的一种规范。E 的运算配置文件是 p_i 集。然后，p 运行 i 次将在时刻 t 生成一种可接受的输出概率 $R(t)$，它可以表示为

$$R(t) = e^{-\int_0^t h(u)\,du}$$

⊖　EMBC 博客，2010 年 3 月 8 日。

式中，

$$h(t_i) = -\ln(1 - p_i)/\Delta t_i$$

式中，Δt_i 是第 i 轮的执行时间。

风险评估重点关注失效之间的时间间隔，假定这些故障之间的时间间隔是独立的，且具有相等的故障曝光概率，故障曝光概率独立于故障发生和完美故障排除。在 Goel-Okumoto 模型中，对于 n 次故障来说，可采用非齐次泊松过程

$$P(N(t) = n) = H^n(t)\mathrm{e}^{-H(t)}/n!$$

因为失效率函数 $N(t)$ 和 $H(t)$ 在时刻 t 处仍处于故障状态。这意味着故障强度函数可表示为

$$d(t) = d(H(t))/dt = abe^{-bt}$$

且

$$H(t) = a(1 - \mathrm{e}^{-bt})$$

对于这些公式的应用，需要考虑硬件和软件的根本区别。在硬件方面，单个构件以实验估计的速度发生失效。设计故障是所有故障中的小部分，每个失效的发生是彼此独立的。相比之下，设计故障可以假设为当前软件中存在的唯一故障。此外，它们很少是彼此独立的。

5.2 可信性

安全的目的是增加数据、计算、通信和系统的可信性[⊖]。一台计算机是安全的，如果可以依靠计算机及其软件来完成你想完成的事情。这个概念通常被称为信任：你信任系统维护和保护你的数据[5]。信任可在电路级、计算机级和系统级建立。

在最高级别，需要将各种安全性和可信性问题集成到总体可信性的概要结论中去。与动态内存更新和自检的准确调度一样，在系统应用的时间表内，需要对信任建立与评估进行恰当调度。

5.2.1 可信电路

在最低级别，当外部电路存在时，需要确保传感器相关构件不存在具有预料之外副作用的计算要素（见图 5-2）。

用于生成可测试性、可维护性和安全性的现有技术是基于多数投票、多版本和

⊖ 信任的定义（韦氏在线词典）：①a1：寄托信心；依赖＜信任运气＞。b1：期望；希望。②及物动词出售或提供信用：a1：提交或置于某人的关照或照看：委托。b1：不必担心或疑虑，允许停留、出发或做某事。a2：依赖真实性或准确性：相信；或 b2：寄信心于：依赖＜你能信任的朋友＞，c：有信心地希望或期待＜相信问题会很快得到解决＞。③扩大信用。

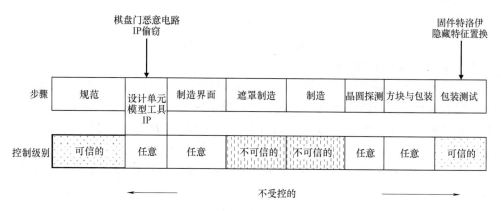

图 5-2　芯片开发过程的受控和不受控边界⊖

加密技术的。对于亚微米技术的嵌入式系统来说，这些技术通过如下方式集成在
一起：

1）关键计算可以通过算术模块化 AN 码进行保护等。

2）多数投票可以广泛应用于门级电路，以掩盖软故障。多版本已成为诸如
BILBO（Built In Logic Block Observation，内置逻辑块观察）等测试增强的流行技
术，并涉及一定程度的多数投票。在系统级上，这也可以用于生成一定程度的可
靠性。

3）加密可用于在硬件级别上，以防止篡改或使外部通信更安全。多版本和加
密相结合，有助于提高系统内的信任程度。

设想沿 UML（Unified Modeling Language，统一建模语言）到 FPGA（Field
Programmable Gate Array，现场可编程门阵列）代码生成链提供保护的可行性。这
种方法可能会生成一种"可信赖虚拟机"的完整设计说明（中间件），以及它带给
FPGA 用户信任程度的潜在分析。对于来自第三方的现场可编程门阵列器件来说，
在诸多已部署系统中，给定 FPGA 扩散情况，确保可信功能的方法显然是大家所关
注的。

在设计开始阶段（也可参阅第 3 章），高级复杂系统架构是通过 UML 实现的。
大多数承包商和设计师通常使用 Rational 的 Rose UML 工具来定义系统。当前，
UML 设计通常不能无缝地添加到详细设计之中。但是，在基于 SystemC 的系统设计
理念中，充分考虑了 STMicroelectronics[6] 和新加坡国立大学[7] 所描述的 UML 到
SystemC的前端设备。

⊖　DARPA 微系统技术办公室（MTO），集成电路项目中的信任问题，产业简报，Brian Sharkey，
i_SWCorp，2007 年 3 月 26 日。

针对 FPGA 设计的实际合成，存在诸多工具。用户可以在 Xilinx FEXP、FPGA Express/FPGA Compiler Ⅱ（Synopsys）、LeonardoSpectrum/Exemplar（Mentor Graphics）或 Synplify（Synplicity）之间进行选择。例如，Synplicity 公司的 Synplify 产品分别采用 Verilog 和 VHDL 硬件描述语言（Hardware Description Language，HDL）作为输入和输出，这是一种以最流行 FPGA 供应商格式体现的优化网表。Celoxica 公司的 Agility 编译器支持采用与其 Handel-C（C 子集）工具类似的流，进行 SystemC 合成。Agility 编译器输入 SystemC，输出符合 IEEE 标准的 VHDL 和 Verilog RTL，以及针对 FPGA 的优化 EDIF（Electronic Design Interchange Format，电子设计交换格式）网表。

设想的方法始于 UML 描述，通过在多版本和加密方面自动引入信任机制，可以支持设计开发。存在着诸多架构解决方案，在从 UMS 源生成 C++代码之前，需要对方案进行评估。从这个意义上讲，方法增加了从 UML 到 SystemC（C++）转换方面的成果。随着 FPGA 器件设计开发技术的进步，新生成的 FPGA 越来越多地融合了复杂逻辑，如设计中的全微处理器内核。这种发展趋势，连同 FPGA 硬件性能容量和这些设备内部存储器容量的不断改进，已为将开发的、非常复杂的 FPGA 应用提供了新的机遇。

这反过来增加了对工具的需求，以支持这些复杂和性能敏感应用的"可信"开发。当然，同样的方法也适用于 ASIC（Application Specific Integrated Circuit，特定用途集成电路）。如图 5-3 中的评估树所示，从长远来看，只有抽象高层的性能优化能够产生效益。一般情况下，在这些级别上，存在着更大程度的（设计）自由度。期望能够使用 FPGA 个性化位级代码来完成更新/升级是一种误解。太多与技术相关的设计决策已经做出，以获取特定合成代码模式。相对于可信性来说，可

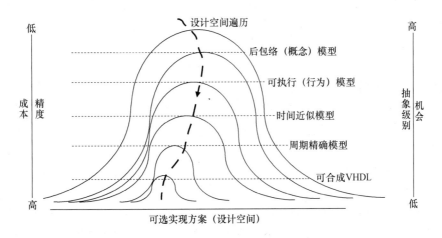

图 5-3 设计金字塔[8]

以得出类似（反向）观点。我们的假设是在高抽象层次上，会比在低于、接近 FP-GA 位模式和级别上更容易检测出恶意代码。幸运的是，在 SystemC 的更高层次上，存在着诸多仿真、验证和性能评估机会。

当然，通过适当链接，从整体可信度来看，一种集成的、全包型的从 UML 到 FPGA 代码开发链将处于最佳状态。用户/程序员将不会对中间子工具界面产生影响。主要观点是 SystemC 为复杂系统执行、系统仿真与验证的历史使用，提供了一个非常有吸引力和表现力的语言。通过系统仿真与系统执行的紧密集成耦合，可以大大降低设计周期成本，显著提高系统整体质量。SystemC 在从高层到低层硬件/软件协同设计以及最终"可信"实现中，考虑了无缝的、单一语言系统设计。

除了防止盗窃、伪造或贴错标签部分的应用之外，应用于 ASIC/FPGA 设计流程的、与信任有关的相同观点，也适用于更换部分的应用。

5.2.2　边缘信任

原则上，我们需要信任的是大多数传感器所在的网络边缘。我们需要保护边缘节点免受敌对环境的破坏。有时，边缘可能包含部分受损设备，还有一定寿命，但存在故障。我们需要询问边缘节点，以查看它们是否依然值得信赖，当然也可以获知可信程度。已部署传感器网络安全科学或如何保护节点免受任意或所有物理攻击，必须经历一次复兴。

由于以云为中心的传感器网络概念都是关于不断变化应用场景的敏捷响应的，因而将看到用于实现安全关键功能的软件不断增值。但是，该软件将驻留在一个复杂的硬件/软件架构中，该架构通常能够保护它免受恶意侵害，否则该架构应具有自检和报告自身完整性的能力。

边缘可能位于第三方拥有的网络部分中。在大型分布式网络中，这是一种典型情形，它排除了所有架构能够进行自检和自我验证的情形。可以通过如下两种方法之一来实现信任：边缘智能和第三方认证。

在用于将模拟电路部分与数字电路部分分开的环回结构中，边缘智能是一个古老实例。在第 1 层，数字处理器的模拟 I/O 端口在边缘被短路：数字环回。这使得数字处理器能够测试自身（包括端口）功能。在第 2 层，该模拟端口被短路：模拟环回。这使得数字处理器能够测试自身（包括模拟外设）功能，但使用已知的、编程后的模拟值。

环回主题已回到 JTAG（Joint Test Action Group，联合测试行动小组）边界测试。在板级，有必要更换钉床测试技术，而在芯片级，长期同步数据传输问题出现。当时的想法是使用寄存器来将功能块限制在单一时钟体制内。它支持功能块之间的全局异步传输。1984 年，重新设计的英特尔 8045 微处理器表明，这种全局异步局部同步（Globally Asynchronous Locally Synchronous，GALS）的概念[9]在降低设计复杂性和优化性能方面是非常有效的（见图 5-4）[10]。在功能块边缘适当位置配置寄存器，相同理念也可用于测试目的。该理念显然不会受到功能块边缘的限制，但极易扩展到大型企业。这就是它如何连接到 JTAG 边界扫描的原理。

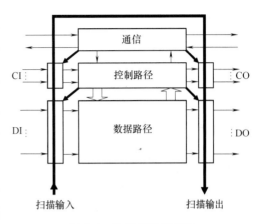

图 5-4 边界扫描的原理

另一种选择（或者说必要补充）通过认证实现信任。由于其他系统部分所有者不同，因而只有简单地信任它们有足够能力完成其测试和验证工作。这些概念代表了目前已部署传感器网络尚未提供的新能力，那些不适应以云为中心的现实传感器网络的能力将是不可行的，甚至应用起来是非常危险的。

5.2.3 安全移动性

移动性为传感器网络增加了一个全新的维度。从战术层次上看，过去它已被移动系统所接受，但从战略层次上说，其安全性要比静止网络差，因为移动网络系统所携带的易过期信息智能生命周期较短。这不再是事实，汽车驾驶、患者散步等，仍然具有接入网络的能力。

在这种新的范例中，移动边缘运营商将需要通过相当安全的移动接入方法，来访问与固定网络相同的云设施。当然，安全的移动接入方式增加了获知或能够可靠预测传感器网络元素准确位置的需求。它包括针对诸如装备的临时（隧道内的无线衰耗等）或永久衰耗等战术现实的测试。在移动传感器网络中，认证已成为一种非常关键的技术。

5.3 弹性

作为故障的生存方式，我们将在后面各节中介绍可用计算资源、通信带宽、网络中传感器数据采集功能操作中的弹性⊖问题。

5.3.1 容错

改善传感系统容错能力的方法有多种。本质上，它都可以归结为通过系统结构

⊖ 弹性的定义（韦氏在线词典）：①尤其是受到压应力身体变形后，紧张的身体恢复大小和形状的能力，②从不幸或变故中恢复或调整的能力。

使得基于冗余的决策变得可用。冗余意味着拥有超过绝对需求的更多可用资源。因此，人们可能会倾向于将冗余看做开销，因为没有冗余，系统仍能运行，但成本更低、更高效。但是，这仅在理想的情况下是正确的。在非理想的情况下，系统应对故障的能力是脆弱的。

随后，成本是多少以及带来的好处是什么等问题应运而生。如果故障危及人的生命，则成本再高也不为过；如果故障仅是小麻烦，则成本越低越好。显而易见，存在着成本/效益平衡等一系列问题，且将反映在架构方案的多样性中。

1. 多数投票

针对鲁棒应用，单传感器过于脆弱，不易被人接受。直接的解决方案是使用多个传感器。假定故障是破坏性的，同一传感器的多个副本（见图 5-5）能够确定哪个传感器受到影响，哪些传感器未受到影响。两个传感器已能检测到某个传感器工作不正常，3 个或多个传感器能够确定哪个传感器工作不正常。该结论仅适用于单个传感器存在故障的情形。

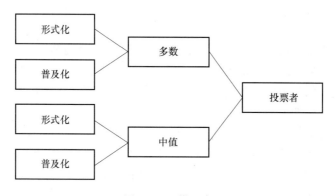

图 5-5　N 模冗余

可以从 Ariane 5 卫星发射中吸取教训。在这次发射中，两台故障计算机确定必须禁用第 3 台计算机（实际上工作正常）。总体而言，可以看出，对于 n 个同时发生故障的传感器来说，至少需要 $2n+1$ 台设备。遗憾的是，发生单个破坏性故障的情形比较少见。如果确实存在，则它是一个例外而不是规则。原因之一是，一种故障可能会以不同方式影响不同的传感器。有可能存在一个故障扩散的潜在过程，该过程被多个传感器所共享。另外一个原因是，拥有多种昂贵的传感器成本太高。因此，为了在不增加成本的情况下提高鲁棒性，允许使用一些质量较低的传感器。

这似乎是有悖于直觉的。如何使用质量较低的传感器来提高效果？原因是我们舍弃简单投票，采用了平均方案。举一个简单的算术例子来说明这一问题。假定 $n-1$ 个传感器取值为 1，某个传感器取值为 a，多数投票将得出值 1，而平均方案

得出的结果为

$$(n-1+a)/n = 1 - (1-a)/n$$

当 n 足够大时，这两种方案给出的值大致是相同的。这表明，对于大量传感器来说，单个传感器的质量变得不再重要。

显然，传感器的数量不能任意增加。但是，统计就派上用场了。根据随时间推移的适当特性，可以确定传感值组合的概率。遗憾的是，这无法消除对寿命效应的依赖性，从而可能会导致所有传感器在完美和谐方面逐渐恶化。目前尚无摆脱这种困境的简单方法，还需要采用其他方案。

2. 多版本

多数投票失效的一个典型领域是在检测（软件）系统设计上的缺陷方面。将单个程序合并在一起难度较大，两次写入相同的程序，而犯相同设计错误的可能性不大。因此，针对相同功能，软件工程中所采用的解决方案具有不同的描述。在传感器方面，这需要使用不同的技术。例如，温度可以根据液体的膨胀程度以及从被加热的材料的颜色进行测量。两种技术共享一个基本进程的概率是非常小的，而这种进程以类似方式影响两种测量结果似乎完全不可能。经常会出现同一测量结果可以从多个传感器处获取的情况，即使测量结果不尽相同。例如，温度可以通过温度计和相机进行测量。在传感网络中，多版本的存在是通过后门来实现的。传感器不是理想的，因而测量结果通常是多种物理效应的组合。这样会生成一组重叠视图，其中每个传感器拥有一个主测量结果，但综合了诸多次测量结果。遗憾的是，通过过滤测量仪器，这种情况经常被屏蔽。这提供了一种使用原始传感器的证据。

传感器的多样性具有多种原因。一个显而易见的原因来自于传感器的位置。例如，当多个距离传感器部署在机器人的周边时，则存在一个角度视图。角度重叠支持桥接失效传感器。这是真正的多版本或者仅仅是多数投票的一种局部形式吗？将其看做真正的多版本，原因有二。首先，任意两个传感器都是各不相同的。因此，对象具有非线性变形特性，且闭塞的数量会发生改变。一个测量方面的实例来自于视频片段，通过将来自于后续帧中的细节考虑在内，可以达到更高的精度。

当传感器被散布时，它们也可以被绑定到不同载体上。这将传感器概念虚拟到多个相关部分的合作中。表面上看，它们是分离的，但传感器之间的智能信息流最终将发挥所需功能。这是最终的多版本情形，其中传感器总体功能无法从物理上包装在单个容器内，甚至传感器部分功能也可能是冗余的。这会生成一种传感器结构，它符合模块化概念。

3. 相互信任

冗余概念意味着全局决策。但是，中央控制只能是解决方案的一部分。

原因是虽然数据通常是从输入流到输出，但故障可能会以任意方式出现。此外，虽然设计了数据传播，但是故障具有自身的定时。这种不信任行为使得中央控制难以维持。电网故障的恐怖事件以代价昂贵的实例说明了这一点（参见第6.3.2节）。

虚拟传感器可靠性问题与网络可靠性问题有着惊人的相似。因此，对类似解决方案进行讨论。但由于传感器不是网络节点，使每部分进行自检的方案没有额外的优势。第2种方案是使传感器部分进行互检。

5.3.2 计算中的容错

通过在计算和/或通信架构中引入各种形式的冗余度，可以提供容错[⊖]：

1）软件容错。应用依次或步调一致地重复执行，随后开始投票过程和/或可能的重复操作。这是一种能提供软件容错功能的流线型架构版本。

2）自检。处理节点本地测试要么通过预加载功能码实现，要么通过在边界扫描机制中应用电路（BILBO）来实现。测试可以在模块级执行和指示。

3）漫游节点。可以将冗余节点从操作中取出进行自检，接着重新引入处理流，并选择后续漫游节点（如果功能仍然可用的话）。

4）弦旁路。环形或宏流线连接的处理元件可以通过使用能够旁路后续节点的额外连接来提供。旁路长度需要进行选择，且应当具备双向特性。

5）三重冗余。通过执行同一并行计算的3个实例，然后启动一个投票流程，可以应对3个处理单元的一次失效。

6）退化模式。当冗余被消耗殆尽时，虽然不在恰当的性能水平，但仍有可能正常工作。针对不同程度的退化，可建立一个进度表。

5.3.3 安全通信

当存在和不存在冗余连接时，网络通信必须保持相对较高的精度：

1）空间冗余。在并行计算和组网中，可以提供冗余。关于结果的准确性可以通过投票确定（见图5-6a）。

2）时间冗余。冗余还可以通过随时间进行重复计算（在管道中）来提供，然后对后续结果进行比较（见图5-6b）。

3）信息冗余。在连接到云的传感器网络中，人们感兴趣的是加密和解密算法的"微"版本。电源和互联带宽限制使得这一点显而易见。

⊖ 容错的定义（韦氏在线词典）：它与具备独立备份系统的计算机或程序有关，当主要构件失效时，独立备份系统支持计算机或程序继续运行。

在数字通信技术中，信息冗余已得到广泛应用。例如，最初，当人们对发送数据与接收数据进行检查时，复制应运而生。然后，为了实现无须等待响应的目标，人们开始尝试提高通信速率，于是出现了奇偶校验编码、校验和编码、循环码和算术编码。这些算法仍在广泛应用，甚至已经蔓延到

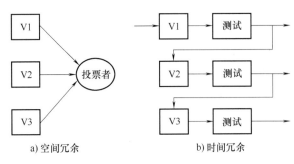

图 5-6　空间冗余和时间冗余

诸如视频流压缩等相近领域。这里重点关注实现安全用途的编码和解码技术。

密码学在社会生活中的应用越来越广泛。随着基于 Web 的家电市场的爆炸式增长，人们再也无法接受系统无防护运行。这时需要用到密码学，在硬件支持下来处理随时可能出现的产品篡改问题。可靠硬件对数据流和指令流进行加密，筑成第 1 道防线[11]。但是，加密会占用开销，因而不能花费太多的设计与实现预算。

传统上，加密的实现是基于分组（即固定长度的数据分组）的。分组加密是一种对称密钥加密算法，它将固定长度的明文分组（未加密的文本）转化为长度相同的一组密文（加密文本）。著名的分组加密算法，如 DES（Data Encryption Standard，数据加密标准）和 AES（Advanced Encryption Standard，高级加密标准），需要多次重复执行一个轮函数，以防止代码被纯粹计算能力所破坏[12]。遗憾的是，分组加密的硬件实现成本相当高。硬件实现的最佳分组加密方案可能是高级加密标准（AES）[13]。另一种类型是流加密，尤其适用于嵌入式产品。流加密也是一类对称加密算法，它通常以时变方式作用于更小单位的明文（通常为若干位）。著名的流加密算法实例如 A5/1（应用于 GSM）和 E0（应用于蓝牙）[14]，它们不以高安全性著称，而是以嵌入式程序开销低而闻名。流加密算法 Snow 是由隆德大学开发的[15-17]。当前版本 Snow 2.0 的安全性提高，且是应用于 ISO/IEC 18033-4 的两种专用流加密设计方案之一[18]。

5.3.4　大规模传感器网络的冗余

在多传感器网络中，冗余可以在各种层次上生成。对于同构和异构传感器阵列来说，冗余具有诸多益处。此外，通过频域分析、时域分析和空域分析以及学习技术的应用，可以增强网络性能。

1. 同构多传感器阵列

目前，人们已经构建并评估了若干个传感器阵列实例。需要注意的是，对于大多数传感器阵列来说，由于存在冗余，因而不是阵列中的所有传感器都能派上用

场。通常使用一个设备子集，即可实现合理的性能。

1）多个话筒。MIT LOUD 1020 个节点的话筒阵列[19]用于多个扬声器的语音识别和增强。使用 60 个话筒即可实现合理的性能。

2）多孔径成像。斯坦福大学的多孔径图像传感器[20]能够捕捉深度信息，提供邻近成像，实现分色，增强单个传感器芯片中缺陷像素的耐受性。

3）多台相机。大型相机阵列[21]可用于在各种像距上提供综合精度。一种典型应用是计算摄影学。

4）多副无线天线和多个接收节点。OrderOne 网络[22]是罗格斯大学无线信息网络实验室开发的一种包含 720 个发射/接收节点的网状网。

2. 异构多传感器融合

一种基于诸如雷达子系统、多光谱红外子系统、全景视觉子系统的集成多传感器检测系统，将会提供比任何单个传感器更优质的性能。采用图像配准技术，可以对后续图像进行集成，以提高信噪比性能。

3. 异构多级包含

对于传感器网络来说，某种程度的交叉功能冗余不仅是必需的，而且是必需的。这一概念基于罗德尼·布鲁克斯[23]提出的包含⊖原则。当他提出构建智能机器人时，注意到存在一种相关功能层次，当某个传感器失效时，其他传感器至少能够协助实现预期目标。例如，可采用视觉来测量距离，但当眼睛失明时，通过分析回声，耳朵可以提供部分协助。

传感处理内容在如何输入处方需求问题上做了诸多假设。采用语音，自然语言处理是一种选择，但不是必需的。处方具有严谨的结构，通常使用几句简单的、精心挑选的话即可做出一种可以接受的选择。同时，可以对人员进行识别，以核实医疗限制条件或支持个人交付。当语音处理失效时，仍可输入这些话，并通过 SMS（Short Message Service，短消息服务）发送出去，但认证受到限制。电话的主人没有必要表达订餐愿望。他可以手工填写一张表格。在这种情况下，认证并不太难，但相当麻烦，因而并未真正提供一种理想解决方案。

包含不仅可以表示各种进程如何支持特定的系统功能，而且还可以表示在各种系统构件中如何提供该功能。当严格的正交性被冗余破坏时，它在路径图和接线图之间提供了一种联系。或者，更正式的表述是包容必须显式给出，来基于冗余设计隐式容错。

目前，可以基于检测和诊断来识别包容层次结构的存在。在每一层次上，需

⊖　包含的定义（韦氏在线词典）：归入或放入空间更大或内涵更广的某物中；作为下属或构成要素包含
　　<如红色、绿色、黄色归入术语"颜色"中>。

要不同的传感器。在相关区域部署传感器，倾向于实现电缆或跳距最小化。因此，似乎需要一个空中组织。但某些传感器可能会跨区域移动，因而必须实现连接。

4. 安全传感器网络的发展趋势

当您被恐龙所困扰，杀害它可以缓解你的问题。当你被一群苍蝇所包围时，杀死一只苍蝇并不解决问题。在单个房间内，当计算机是单一框架时，安全性是一件简单事情，只需保持大门紧闭即可。随着互联网将世界上的万事万物连接起来，安全问题可以通过烟囱产生。

大型生物比小型生物更加脆弱。对于计算机网络来说，该结论同样成立。即使当通信链路的安全性较高时，已存在诸多窃听点的事实削弱了安全性。问题是无法通过组合来实现安全性。小型网络在形式上可被证明是安全的，但当小型网络组合成大型网络时，则它们无法自动继承其安全性。这可以归因于小型网络组合成大型网络后，它们在问题空间覆盖了新区域。在一个简单实例中，假设拥有函数 $f(x, y)$ 和函数 $g(y, z)$，则 f 和 g 的组合位于 (x, y, z) 域，其覆盖范围要比每一构成部分广。该问题可以通过假定 f 和 g 相互独立来解决。遗憾的是，组合天生会将依赖性引入进来。

尤其是当失效发生时，这种依赖性表现得更为明显。在研究失效时，通过引入新状态（历史影响或内存），一般假定该现象的出现不会增加系统的维数。此外，失效可能会改变部件预定的独立性。因此，当事故发生时，任何系统的理想设计（预期行为）可能会显示新行为。这会产生两种后果。首先，当它原则上无法避免（墨菲定律没有发生，但通过以往经验教训确定）时，异常行为是可以预期的。其次，在设计之初，必须将异常行为考虑在内。

我们建议，冗余有利于提高安全性。需要注意的是，通过使用包含层次来实现冗余，这不适用于一般情况。冗余会提高稳定性的事实已被人们普遍接受。一个典型的实例是在细胞结构中，强大的局部互连能够发挥所有反馈结构的优势[24]。当错误悄悄发生时，预定功能仍然存在（见图 5-7）。

由于结构是完全对称的，因而细胞神经网络（CNN）能够很好地工作。这使得细胞神经网络（CNN）成为一种观察此类现象的理想平台。当结构不是完全对称时，冗余的效果变得不那么明显。此外，只能描述静态情形中的冗余效果，动态模式下的冗余效果不太清楚（见图 5-8）。CNN 是一种典型的二阶微分方程组，因而它们可用于处理动态模式问题。

实际上，它们在数值上难以实现[25]。系数的选择必须非常精确，否则模式将消失，甚至不出现。这与 Buldyrev[26] 观察到的现象类似。大多数失效现象几乎是立即消失的。但是，在特殊情况下，即便失效细微升级，导致错误在整个系统上快速扩散。这再次体现了隔断的重要性（将在第 5.4.1 节中介绍）。

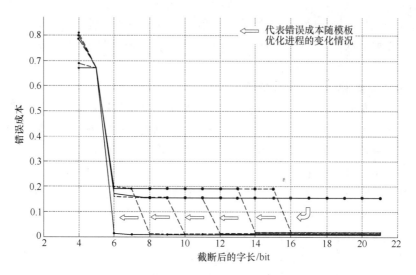

图 5-7　数值误差存在时的 CNN 稳定性

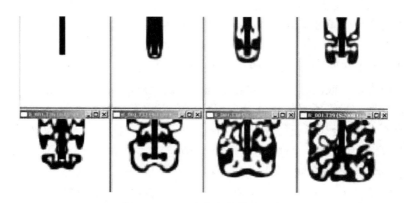

图 5-8　CNN 中的自主模式生成

5.4　认证

　　显而易见，认证⊖是最高级别的安全，但同时也带来了最严重的技术问题。人

们研究采用生物措施，来确保人们的身份。生物多样化涵盖范围足够广，每种指纹、虹膜或声音都具有不同的特征。

遗憾的是，从单个特征源的角度来看，目前尚未开发出一种完美工作的分类系统。该特征源是由接收机操作曲线（Receiver Operation Curve，ROC）表示的，其中接收和拒绝之间的平衡定义了单一分类器固有的缺点。同时使用多个特征源的多分类器会导致性能显著改善。

即使较大的问题，也可能存在于单个（纸上）相同传感器子系统的区别中。在区分过程中，可能会涉及电子或其他计算技术。

5.4.1 传感器认证

在互联网上，不同用户之间是完全匿名的。不过，匿名也会导致诸如垃圾邮件、网络钓鱼等各种问题。它产生了一种高层次的信息不信任，一种网络社会噪声。由于人与传感器之间有着显著区别，因而与当前用户匿名不同，传感器可能不存在此类需求。目前，从 IPv4 到 IPv6 的升级，将为相对大量的传感器拥有不同标识符提供了机会。

在真正的传感器到云端系统中，有可能需要去除传感器站点的匿名性。知道每个传感器的身份、指定功能以及它们各自的位置是必要的。如果不明确提供传感器的身份标志，则需要开发隐式识别和认证方法。

一种解决方法是通过诸如在社交网络中引入隔断来实现。在此类网络中，思路是为存在社会信任的各方（如家庭成员）提供信任。在互联网寻址方案之上，可以把这种社会关系扩展到传感器，将其作为家庭的一部分。

大多数情况下，离线网络问题拥有一个非常基本的原因。例如，供电质量至今仍存在诸多不足之处。供电会定期短时中断。如果这段时间少于 10ms，则操作人员甚至觉察不到，但是机器会受到影响，至少寿命会有显著缩短。如果供电中断时间更长，则电子设备将被解除管制。

一种更可取的解决方案是引入 UPS（Uninterruptible Power System，不间断电源）来弥补差距。在互联网路由器中，这会导致相应的问题，即电子设备正常运行，但通风机停止工作，导致系统过热而熔化。未来局部供电系统能够排除故障，但诸如非接触同步切换等其他问题仍未解决。

5.4.2 针对可信度评估的交感测试

为了评估传感器节点处的功能特性，自检程序将被执行。测试将在云控制下执行。最终测试结果会形成尽可能唯一的签名——数字指纹。

假设某一云计算客户端是可信的。于是，客户端是不是所声称的那台客户端仍是一个问题。与人类的身份认证相比，节点没有名字和身份标志，但即便有名字和身份标志，身份盗用仍是一个问题。因此，问题变为采用一种无法欺诈的方式来证实身份。

对于人类来说，我们拥有生物识别的方案，即依赖自然创造生物的唯一方式来认证身份。显而易见，我们需要类似的方法。

在第5.1.2节中，已经讨论了数字系统的应力标志。通过此类模式，可以找出实现的关键参数。在此引用一项试验，通过该试验，可以确定系统响应时间和基本时钟速度之间关系中的一个断点。该原理是合理的，但辨识能力太差，无法作为一种可靠的数字签名。

来看两个迥然不同的计算机体系结构测试经典实例，这些实例来自于 Hennessy 和 Patterson 编著的图书[27]。第1个实例采用不同的系统速度，存储器层次结构安排也不同。

分层存储器系统的一个典型基准如图5-9所示[28]。下部的曲线涉及 L1 缓存覆盖了所有步长的情形。其影响似乎在16k处消失。上部曲线涉及 L2 缓存，终点似乎在256k处。表面看来，分组更换锁定的分组长度为8B。如果编写一个程序，采用缓存内容（一些你平常不会做的事情）来解决最大化问题，从缺失的罚款值来看，我们显然受到歧视。进行松散测量，L1 缓存需要花费15ns，而 L2 缓存需要花费55ns。显而易见，解决方案就是使用"不公平的基准"。

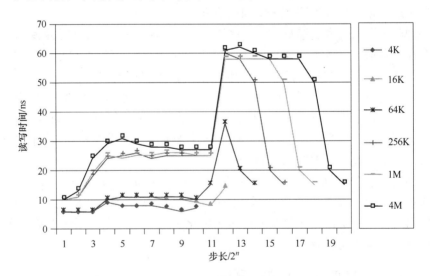

图 5-9　Sunblade 1000 基准（具有独立的 L1 指令和数据缓存，以及统一 L2 缓存）

在下面的实例中[28]，两台机器具有相同的处理器和主内存，但缓存结构不同。假定两个处理器速率为 2GHz，每条指令执行需要的时钟周期数（Cycle Per Instruction，CPI）为1，缓存（读取）缺失时间为100ns。同时，假定向主存储器写入

32bit 的字需要 100ns（对于直写式缓存来说）。缓存是统一的（它们包含有指令和数据），且每个缓存的总容量为 64KB，不包括标签和状态位。系统 A 上的缓存是双向组关联，拥有 32 字节块。它属于直写式缓存，且无法基于写缺失分配块。系统 B 上的缓存直接进行映射，拥有 32 字节块。它属于回写式缓存，且基于写缺失进行块分配。

首先寻找一种程序，使系统 A 的运行速度相对于系统 B 来说尽可能地快。为了实现这一目标，观察一下子图 5-10 中的 MIPS（Million Instructions Per Second，每秒百万条指令）代码。对该代码做两个假设：首先，r0 值为 0；其次，位置 f00 和 bar 都映射到两个缓存中的同一组上。例如，f00 和 bar 可以分别是 0×00000000 和 0×80000000（这些地址都是十六进制），因为两个地址都位于任意缓存的 0 组内。

```
F00:       beqz        r0,bar        ;当且仅当r0==0时，分流

              ⋮

bar:       beqz        r0,f00        ;当且仅当r0==0时，分流
```

图 5-10　MIPS 代码在缓存 A 上运行得更好

在缓存 A 上，此代码在将两条指令加载到缓存时，只引发了两次强制性的缺失。此后，代码产生的所有访问全部命中缓存。对缓存 B 来说，所有访问错过缓存，因为直接映射缓存在每组中只能存储一个块，但程序中包含两个映射到同一组的活动块。缓存将进行"推敲"因为当它产生一次针对 f00 的访问时，包含 bar 的块存在于缓存中，且当它产生一次针对 bar 的访问时，包含 f00 的块存在于缓存中。当所有访问命中缓存时，缓存 A 支持处理器保持 CPI = 1。缓存 B 错过一次访问的成本为 100ns 或 200ns 的时钟周期。缓存 B 支持处理器达到 CPI = 200。缓存 A 提供的速度是缓存 B 的 200 倍。

现在来看一个程序，它能够使系统 B 的运行速度相对于系统 A 来说尽可能地快。为了实现这一目标，来看看在图 5-11 中的 MIPS 代码。对该代码做两个假设：首先，位置 baz、qux 和指向 o(r1) 的位置映射到缓存的不同组上，且最初都是处于驻留状态的；其次，r0 值为 0（对于 MIPS 来说，它通常是成立的）。

```
baz:       sw          0(r1), r0        ;将r0存入存储器
qux:       beqz        r0, baz          ;当且仅当r0==0时，分流
```

图 5-11　MIPS 代码在缓存 B 上运行得更好

此代码描述了程序的主推力，该程序使得采用缓存 B 的系统性能远远优于采用缓存 A 的系统性能，即程序可以反复写入驻留在两种缓存中的位置。每当 sw 在缓存 A 执行时，由于缓存 A 属于直写式的，因而存储的数据被写入到内存中。对于缓存 B 来说，由于缓存是回写的，因而 sw 总能在缓存中找到合适的块（假定位置 o(r1) 处的数据驻留在缓存中），且只更新缓存块；块将不被写入主存储器中，直到它被替换。

在稳态下，缓存 B 接受每次写入，确保 CPI = 1。缓存 A 在每次存储时写入存储器，每次额外消耗 100ns。缓存 B 支持处理器在两个时钟内完成一次迭代执行过程。使用缓存 A，处理器完成每次迭代需要 202 个时钟。缓存 B 提供的速率要比缓存 A 高 1012 倍。

5.4.3　远程委托

European⊖ 的研究项目 RE-TRUST（全称是运行软件认证的远程委托）为纯软件和硬件辅助的远程委托（Remote Entrusting，RE）提供了一种新方法。硬件辅助的委托需要特殊的芯片，该芯片要么位于计算机的主板上，要么插入到 USB（Universal Serial Bus，通用串行总线）驱动中，而 RE-TRUST 在非可信机器上使用逻辑构件，以支持远程委托构件通过网络来对运行的非可信机器进行认证。这意味着它可以确保软件正常运行，且代码完整性得以维持，从而几乎完全可以保证安全。

5.5　安全即服务

Oberheide 等[29]描述了一种用于为移动设备提供虚拟化云计算安全服务的创新性技术，这是一种安全即服务方法，主要针对基于传感器的瘦客户机。由于美国密歇根大学开发了一种能够实现恶意软件检测的新型"云计算"方法，因而在您个人计算机上的杀毒软件可能会成为过去。他们所提方法的关键是用于终端主机恶意软件检测的新模型，它将病毒防护作为一种云中网络服务来提供。

无须在每个终端主机上运行复杂的分析软件，他们建议每个终端客户机运行一种轻量级进程来检测新文件，并将其发送到网络服务进行分析，然后基于网络服务返回的报告，做出允许接入或隔离的决定（见图 5-12）。多个异构检测引擎应当并行识别恶意软件和无用软件的存在情况。与 N 版本编程的理念类似，他们提出 N 版本保护的概念，并建议恶意软件检测系统应当调整多个异构检测引擎的检测能

⊖　http://cordis.europa.eu/ictresults。

力，使其更有效地确定恶意和无用文件。

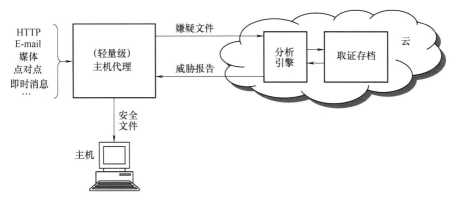

图 5-12 云中文件分析服务的架构方法

网络上的任何一台计算机或移动设备，通过运行一个简单软件代理，都可以访问密歇根大学的 CloudAV[30]。每当计算机或设备接收到一个新文档或程序时，都将会对该项目进行自动检测，然后发送到病毒防护云上进行分析。CloudAV 系统使用了 12 种不同的探测器，它们协同工作，以响应查询计算机项目打开是否安全。为了开发这种新方法，研究人员评估了 12 种传统病毒防护软件程序，这些程序能够防护一年内采集的 7220 个恶意软件样本（包括病毒）。被测试的厂商包括 Avast、AVG、BitDefender、ClamAV、CWSandbox、F-Prot、F-Secure、Kaspersky、McAfee、Norman Sandbox、Symantec 和 Trend Micro。他们发现，与单一病毒防护引擎相比，CloudAV 提供的检测覆盖范围扩大了 35%，在整个数据集上的检出率提高了 98%。另一件有趣的现象是，要获得合理的性能，不需要使用所有检测器。从 1 台检测器变换为 2 台检测器时收益较大，但从 2 台检测器变换为 3 台检测器时收益变小等（见图 5-13）。

当然，这种性能与选择次序和各个检测器的质量有关。

在这种情形中，巴黎高等洛桑联邦理工学院（Ecole Polytechnique Federale de Lausanne，EPFL）Dimmunix 系统的可靠系统实验室也提出了用来检测和修复基于软件的

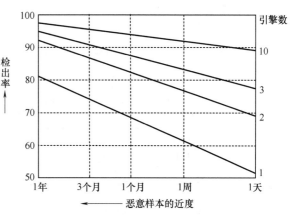

图 5-13 当并行使用给定数目的引擎时，持续覆盖范围随时间的变化情况

故障、基于云计算的类似方法。这种方法引入了死锁的概念——它是一种属性，即程序一旦受到给定死锁的影响，将会对未来可能发生的类似死锁产生抗性。

Dimmunix[31] 开发出无须程序员或用户协助的死锁免疫力。死锁模式首次表明，Dimmunix（云中）会自动捕获其签名，并随后避免输入相同模式。可以能动地分发签名，以使得其他尚未经历死锁的用户具备免疫力。客户可以在等待厂商补丁时，使用 Dimmunix 来防止死锁，软件供应商也可以使用 Dimmunix 来形成一个安全网。

5.6 小结

嵌入式世界的爆炸式发展引发了严重的安全问题。每个传感系统正在以不可见的方式服务于社会，抵达电子的现实的边缘，任何错误在被察觉之前都具有重大影响。在发电历史上可以发现这一点。ICT（Information Communication Technology，信息通信技术）有助于减少服务问题数量，但另一方面使得其余服务问题越来越严重。在船舶建造中，泰坦尼克号灾难是众所周知的一个实例。船体上的任何小孔都可能会导致船舶在数分钟内沉没。在军事实践中，这会导致隔断的出现，这样轮船包含了诸多在紧急情况下密封的隔断。随着传感系统规模不断扩大，采用类似措施似乎是合情合理的。

遗憾的是，人们设计的系统架构不是固定不变的。因此，需要一种不同于已设计构成的另一种理念来定义隔断。本章提出将所有权作为裁决依据。如果传感系统来自于认证方，则"进水"不太可能发生，因而安全性提高。

然而，人们必须明白安全性很难实现 100% 的事实。总会有人把隔断之间的门敞开。因此，在关注安全问题之余，还必须关注防御问题。

参 考 文 献

1. Augustine NR (1987) Augustine's law. Penguin Books, New York, NY
2. Kumar S, Pires L, Ponnuswamy S, Nanavati C, Golusky J, Vojta M, Wadi S, Pandalai D, Spaanenburg H (February 2000) A benchmark suite for evaluating configurable computing systems -status, reflections, and future direction, Eight ACM International Symposium on Field-Programmable Gate Arrays (FPGA2000), Monterey, CA
3. Böhm B (August 1986) A spiral model of software development and enhancement. ACM SIGSOFT Softw Eng Notes 11(4):14–24
4. Nelson VP (July 1990) Fault-tolerant computing: fundamental concepts. IEEE Comput 23(7):19–25
5. Garfinkel S, Spafford G (1997) Web security and commerce. O'Reilly Nutshell, O'Reilly Media, Sebastopol, CA
6. Vanderperren Y, Pauwels M, Dehaene W, Berna A, Ozdemir F (2003) A SystemC based system on chip modeling and design methodology. In: Muller W, Rosenstiel W, Ruf J (eds)

SystemC: methodologies and applications. Kluwer, Norwell, MA

7. Tan WH, Thiagarajan PS, Wong WF, Zhu Y, Pilakkat SK (June 2004) Synthesizable SystemC code from UML-models. In: International workshop on UML for SoC-design (USOC2004), San Diego, CA

8. Lieverse P, van der Wolf P, Deprettere E, Vissers K (2001) A methodology for architecture exploration of heterogeneous signal processing systems. J VLSI Signal Process Signal, Image Video Technol 29(3):197–207

9. Spaanenburg L, Duin PB, Woudsma R, van der Poel AA (7 April 1987) Very large scale integrated circuit subdivided into isochronous regions, method for the machine-aided design of such a circuit, and method for the machine-aided testing of such a circuit. US Patent 4656592

10. Spaanenburg L, Duin PB, van der Poel AA, Woudsma R (March 1984) One-chip microcomputer design based on isochronity and selftesting, Digest EDA'84, Warwick, England, pp 161–165

11. Smith S (2003) Fairy dust, secrets, and the real world. IEEE Secur Priv 1(1):89–93

12. Daemen J, Rijmen V (2002) The design of Rijndael. Springer, Heidelberg

13. Su C-P, Lin T-F, Huang C-T, Wu C-W (December 2003) A high-throughput low-cost AES processor. IEEE Commun Mag 41(12):86–91

14. Ekdahl P, Johansson T (2000) Some results on correlations in the bluetooth stream cipher, Proceedings of the 10th joint conference on communications and coding, Obertauern, Austria, pp 16

15. Ekdahl P (2003) On LFSR based stream ciphers analysis and design, Ph.D. Thesis, Department of Information Technology, Lund University, Lund, Sweden

16. Fang WH, Johansson T, Spaanenburg L (August 2005) Snow 2.0 IP Core for Trusted Hardware, 15th international conference on field programmable logic and applications (FPL 2005), Tampere, Finland

17. Fang W (2005) A hardware implementation for stream encryption snow 2.0, M. Sc. Thesis, Department of Information Technology, Lund University, Lund, Sweden

18. Mitchell CJ, Dent AW (2004) International standards for stream ciphers: a progress report, stream ciphers workshop, Brugge, Belgium, pp 121–128

19. Weinstein E, Steele K, Agarwal A, Glass J (April 2004) LOUD: A 1020-node modular microphone array and beamformer for intelligent computing spaces. MIT, Cambridge, MA, MIT/LCS Technical Memo MITLCS-TM-642

20. Fife K, El Gamal A, Wong H-SP (February 2008) A 3 M pixel multi-aperture image sensor with 0.7 μm Pixels in 0.11 μm CMOS. In: IEEE international solid-state circuits conference (ISSCC2008) digest of technical papers, San Francisco, CA, pp 48–49

21. Wilburn et al (July 2005) High performance imaging using large camera arrays. ACM Trans Graph 24(3):765–776

22. Boland R (July 2007) No node left behind. AFCEA Signal Mag 61(11):27–32

23. Brooks RA (March 1986) A robust layered control system for a mobile robot. IEEE J Robot Autom 2(1):14–23

24. Fang W, Wang C, Spaanenburg L (August 2006) In search for a robust digital CNN system. In: Proceedings 10th IEEE workshop on CNNA and their applications, Istanbul, Turkey, pp 328–333

25. Spaanenburg L, Malki S (July 2005) "Artificial life goes 'In-Silico'". In: CIMSA 2005 – IEEE international conference on computational intelligence for measurement systems and applications, Giardini Naxos – Taormina, Sicily, Italy, 20–22, pp 267–272 References 203

26. Buldyrev SV, Parshani R, Paul G, Stanley HE, Havlin S (April 2010) Catastrophic cascade of failures in interdependent networks. Nature 464(7291):1025–1028

27. Hennessy JL, Patterson DA (2003) Computer architecture, a quantitative approach, 3rd edn. Morgan Kaufman, San Francisco, CA

28. Hennessy JL, Patterson DA (1996) Computer architecture, a quantitative approach, 2nd edn. Morgan Kaufman, San Francisco, CA, Exercises 5.1 and 5.2

29. Oberheide J, Veeraraghavan K, Cooke E, Flinn J, Jahanian F (June 2008) Virtualized in-cloud security services for mobile devices. In: Proceedings of the 1st workshop on virtualization in

mobile computing (MobiVirt'08), Breckenridge, CO, pp 31–35
30. Oberheide J, Cooke E, Jahanian F (July 2008) CloudAV: N-Version antivirus in the network cloud. In: Proceedings of the 17th USENIX security symposium, San Jose, CA
31. Jula H, Tralamazza D, Zamfir C, Candea G (December 2008) Deadlock immunity: enabling systems to defend against deadlocks. In: Proceedings 8th USENIX symposium on operating systems design and implementation (OSDI), San Diego, CA

第 6 章　防　御　问　题

防御[⊖]本身涉及对内部或外部恶意企图的检测（和生存）。在诸多当前应用的智能传感器网络^[1,2]中，对防御技术的描述较少。防御技术包含用于访问网元工作状态的技术，如自我检测、篡改、恶意欺骗和针对"拜占庭将军"网络分析的所有恶意方式。

此外，每当发现传感器网络中存在异常行为时，需要对信息进行管理。通常情况下，一种异常行为会导致后续警报频发。

另一种防御问题存在于 Ad Hoc 网络。如果注入器认为网络具有类似环的特殊拓扑，则它会强迫所有传感器以此种方式通信，仿佛所选拓扑在物理上是合适的。当使用不合适的拓扑来呼叫它时，外力可能会发现要知道如何与系统通信是非常困难的，你会立刻退出系统。在外人看来，系统拓扑是可以任意变化的。

6.1　恶意行动检测

不仅需要确保初始网络的完整性，而且还要确保任何网络增长的稳健性，还要检测其他篡改或假冒行为。原则上，我们所追求的是能够完全"信任边缘"，所谓的边缘，是指数据传送传感器节点所处的位置。

最近，DARPA（Defense Advanced Research Projects Agency，美国国防部高级研究计划局）[⊜]信息生存能力研究（见图 6-1）重点关注攻击存在（甚至攻击的确切类型也无法得知）的情况下，能够确保关键信息系统继续充分发挥功能的技术上。

高可信系统（High Confidence System，HCS）研究和开发项目（正如 1999 年 CICRD 蓝皮书中所列举的）的重点放在能够实现信息服务的高可用性、可靠性、

⊖　防御的定义（韦氏在线词典）：①从遭受或导致伤害、受伤或损失的状况中摆脱出来；②设计用于防止疏忽或危险操作的设备（如武器上或机器上）；③a1：在足球比赛中，进攻队球员在自己的球门线后被拉倒，导致防守队得 2 分的情形；对比回阵 a2：在足球比赛中，防守队员占据最深位置，以便收到一个任意球，并防范直传，或阻止带球攻门的球员 b：没有得分企图的射门或者将足球带到不利于对手 c（垒打）的位置。

⊜　美国国防部高级研究计划局。

安全性、保护和可恢复性所需的关键技术上。采用这些技术的系统能够抵抗组件故障和恶意操纵，并通过自适应或重构，对损坏或潜在威胁做出响应。

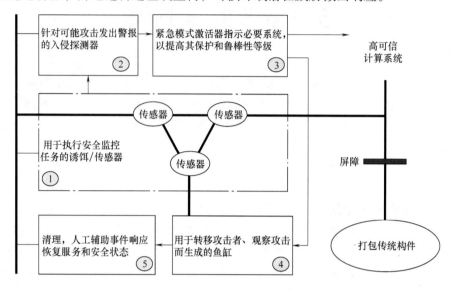

图 6-1　DARPA 信息生存能力研究总览[○]

需要用到 HCS 技术的应用包括国家安全、执法、生命攸关和安全关键系统、个人隐私、国家信息基础设施关键要素的保护等。发电和配电、金融、电信、医疗植入、自动手术助理、交通运输系统也需要用到可信计算和电信技术。

6.1.1　干扰

在（无线）传输过程中，可以对传感器通信进行干扰。通信路径的冗余性可以提高传输的成功概率。MIMO（Multiple Input Multiple Output，多输入多输出）（多天线、多接收机）、跳频和分集技术也可以用于提高发送/接收的成功概率。

然而，在干扰存在的情况下，旧（不可靠）数据将到达云端，数据质量可能成为一个问题。

6.1.2　篡改

可以对传感器进行篡改：可以更换其数据、程序存储器、固件 PROM（Programmable Read Only Memory，可编程只读存储器）等。基于传感器/处理节点物理特性的认证技术可用于对篡改进行检测。当然，基于目视检查的篡改

○　1999 年 CICRD 蓝皮书，21 世纪的高可信组网计算系统。

检测技术是不适用的。

作为云中执行的分析结果，需要删除来自于篡改传感器节点的数据。对于基于传感器数据的生命攸关的决策来说，这一点尤为重要。

6.1.3　入侵

新的假冒（受害）传感器可能会引入到网络中，并伪造"有用"信息。这些新节点可能位于新位置，可以根据已知位置（GPS）数据来进行检测。它们也可能替换删除节点，可以采用认证方式来发现它们。

同样，在这种情形中，作为云中执行的分析结果，需要删除来自于入侵传感器节点的数据。在这种情形中，对于基于传感器数据的生命攸关的决策来说，这一点也尤为重要。

6.1.4　针对恶意行为评估的反感测试

为了确定传感器节点的恶意企图和行为，需要在节点处运行类似自检的特定例程。将该检测结果与已知可信节点的数据进行比对。从云的角度来看，在寻找异常行为，关注的重点不是常规功能。

此外，会寻找能够识别特定节点的物理性质。例如，可以通过其存储器的"指纹"特性进行认证[3]。认证之后，需要知道没有其他实体在指示网络节点的操作。换句话说，需要知道不存在操纵传感器网络的黑客[4]。

最终，一种更主动的方法是在这些网络节点中包含某种形式的自我验证。哥伦比亚大学最近提出的方案[5]描述了一种包含两种通过硬件连接、用于监控芯片通信异常的引擎。当执行的指令比预期指令多或少时，其中的一种引擎 TrustNet 发出警报。第 2 种引擎 DataWatch 用于查找处理器已被恶意修改的征候。

6.2　拜占庭将军

"拜占庭将军"问题本身涉及接收信息来自于不太可靠信源的多种情形。问题是从这些"噪声"响应中，人们是否仍能推断出正确的信息或决策。

在针对该课题的开创性论文中，Lamport、Shostak 和 Pease[6]证明了可靠计算机系统必须处置向系统不同部分发送冲突信息的故障构件。通过描述一群拜占庭军队的将军与其部队在敌占城市扎营的情形，来实现上述目标。将军们必须就攻击作战计划达成一致意见。这些将军位于围困城市周围的不同位置。将军之间的通信仅通过信使来实现。但是，一个或多个将军可能是叛徒，他们会试图迷惑其他人。问题是寻找一种算法，以确保忠诚的将军能够达成协议。

在论文中，Lamport、Shostak 和 Pease 证明，仅仅使用口头消息，该问题可以得到解决，当且仅当2/3的将军是忠诚的。这样，一个叛徒就能够扰乱两个忠诚的将军。采用不可伪造的书面消息属于消息在不发生变更的情况下进行传递的情形，对于任意数目的将军和可能的叛徒来说，这个问题都是有解的。

6.2.1　故障

一次故障类似于"假"将军传输一次数据。在传感网络情形中，这可能是一个被篡改或被攻击者引入到网络的失效节点。在同质网络中，"拜占庭将军"问题的解决将有助于在数据发生冲突时做出决策。

6.2.2　签名消息

使用签名消息能够提高传输的可靠性。同样，对于传感网络来说，任意形式的归属或加戳将简化决策过程。

6.2.3　通信缺失

通信缺失既不是错误陈述，也不是正确陈述。对于传感网络来说，这代表可行的通信路径不存在。在这种情况下，传输的冗余性是非常有用的。

6.3　紧急行为检测

除了采集数据本身之外，访问采集数据的完整性[7]是极其重要的。此外，需要对来自于传感器、异常行为及其相应选择标准的检测行为发生进行管理。在检测和警报管理系统中，还存在一个反馈（阈值级）要素，用于对合理时段内能够处理的检测数进行微调。

6.3.1　信息报告与管理

充分的数据易于通过传感器网络进行访问，会导致真实数据与"谣言、谎言和错误"并存[8]。在报告结果之前，需要通过淘汰得到真实数据（真理）。

用于工业处理系统设定点预测的纠正模型表明，存在时变性全局干扰（无法通过数据模型观察），必须加以抑制。由于非确定性计算，紧急行动无意出现在这种分布式系统中，并由反馈控制算法进行传播。因此，出现了物理上可理解的理想行为和实际行为之间的差距。

在本节中，假定测量数据已经将错误指示清除。只有实际故障存在，且最终变为可见的。将其看做参数在模型未包含的维度上变化的结果。这些额外维度包含了诸多相关模型，其中的一些故障模型属于离散样本。针对同一现实，这带来了两种本质对立的视图（见图6-2）：

1）反映网络正常运行的进程模型。

2）反映异常行为的检测模型。

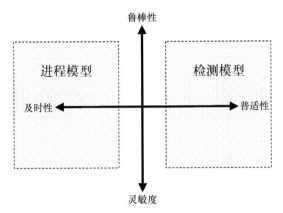

图 6-2　新颖检测和隔离（Novelty Detection and Isolation，NDI）的参数空间

　　前者依赖于从模型参数中提取物理参数[9]。目标是在确保最小均方误差（风险最小化）的前提下，在用于描述全复杂性过程的模型中寻找自由度（Degrees of Freedom，DoF）。通常，将领域专家添加为人工解读模型的限制条件。通过确保所需行为的误差是观测行为"缺陷"的一种度量，可以将已知干扰的相关性做成内置的参数。

　　为了处理未知故障，需要通过增大模型的自由度（DoF）来提高通用灵敏度（普适性）。但是，增大自由度（DoF）与风险最小化是相互冲突的。需要采用简化方法，以实现问题的理想隔离。简化的理由来自于局部进程的独立特性，并考虑到模块化模型和线性行为。事实上，如果一个由多个进程构成的系统在其状态空间中达到稳定平衡，则支持线性化，并打破子进程之间的依赖性。遗憾的是，一旦系统从稳定平衡状态漂移，则这些性质是不充分的（见图 6-3）。

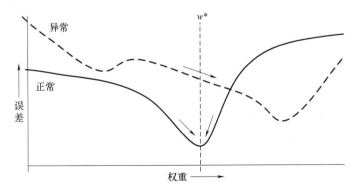

图 6-3　当出现异常时，设定点变为非最优

　　这里提出的另一种方案是打破模型复杂性和模型风险之间的维度依赖性，以提高整体灵敏度和检测故障相关性的可信度。因此，必须对检测模型进行扩展，使其不局限于所需的进程行为，本质上是通过扩展模型能力，使其不局限在用于描述正常系统行为所需的自由度（DoF），对模型进行了充实。基本理念是多版本技术（也可参见第5章），它已经在其他技术领域得到成功推广。我们认为，将需求拆分到两个模型上会大大弱化（如果无法消除）偏置方差问题，在FDI（Fault Diagnosis and Isolation，故障诊断与隔离）时代，这是异常检测不可分割的一部分。这些模型需要匹配两个对立世界，即通过针对同一现实生成两种不同但维度上重叠的视图。

　　目前，在不同控制层次上，已完成了针对异常紧急行为早期检测的初步实验（见图6-4）。在战术层面上，van Veelen已经对热轧带钢轧机数据进行了深入的分析，而在战略层面，他着重在电话网络中开展该实验。后来，他还研究了在广域空间望远镜中的适用性[10]。这些实验证明了神经工程的灵活性，但受到检测的限制，因为反应时间是最关键的。

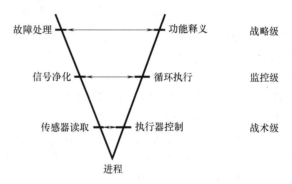

图6-4　隔离进程和检测建模的 V 形图，说明了所有
控制级别上的专用但又分层次的重点

　　学习进程生成一系列感知记录，但需要用到非线性依赖，且不需要减小观测参数的数目。当进程与其环境进行交互时，这是非常有用的。不同视图存在不同结构。同时，神经网络不需要执行 m 维映射和匹配。相反，我们拥有一种简单机制，可以将该机制作为保护机制，轻易添加到现有软件对象中去。

　　必须将两类保护机制（离线和在线）区别开来。在线保护与现有软件对象直接相关。离线保护需要处理从环境的非功能部分潜入到系统的故障。对于电网控制情形来说，可以将其表示为图6-4中的 V 形图[11]。该图与图6-2中的模型隔离有着惊人的相似之处。

6.3.2　异常检测

动态系统中的异常[12]定义为一种相对于标准行为的偏离，它与系统逐步演进的参数或非参数变化密切相关。

复杂动态系统中的异常早期检测，不仅对于预防连锁灾难性故障是非常必要的，而且对于提高系统性能和可用性也是非常关键的。对于异常检测来说，它需要依赖传感器和其他信息源生成的时间序列数据，因为仅仅基于物理学基本原则来对复杂系统动态特性进行准确的、计算上易处理的建模通常是不可行的。

需要注意的是，异常行为经常作为不完全分析结果而被人们所忽略。Leon Chua 研究了动态非线性系统建模中的高阶原型的使用问题。根据网络理论，电阻、电感和电容的使用是已知的，但 Chua 发现了第 4 阶原型的需求：忆阻器[13]。该研究成果未引起人们的广泛关注，直到 HP（Hewlett-Packard，惠普）公司得到提醒，当试图为纳米技术恰当建模时，当时该技术也被人们错误地命名为忆阻器。起初，他们没有设法完成该模型，正如其他人以前所经历的，但当他们采用了 Chua 技术之后，这些问题就迎刃而解了[14]。

紧急行为[15]已成为现代自动化的一个主要威胁。在自动化早期，当对单台机器进行建模和控制时，紧急行为并不明显。开发模型要足够鲁棒，以确保在嘈杂的、不可再生的、不完整测量数据中提供可靠结果。分别对故障进行建模，故障诊断与隔离（FDI）建立在将机器行为[16]看做正常或具有已知特征故障的基础上[17,18]（见图 6-5）。

经典异常检测通常从单一故障假设开始。观察输出故障，但很难将它与沿同一路径到系统输出端的其他故障区分开来。当观测到故障并导致操作人员报警时，补救措施并不总是非常清楚。单一故障通常会导致警报消息泛滥，惹恼操作人员，但一般不会导致灾难发生。

因此，故障的可观测性不仅涉及观察故障的能力，而且还涉及紧急评级的合理性和反应的敏捷性。没有这种 AAA（Authentication Authorization Accounting，认证、授权和计费）措施，警报在实践中可能会被简单忽略，因而有必要定期进行健康检查，以按比例将警报洪泛消灭于萌芽状态。

但是，自动化领域已经发展成网络。异常不仅会导致错误，而且还会通过网络到达其他机器。大部分网络没有一个整体框架视图，而是通过局部择优的方法发展。这种预定结构的缺乏并不意味着根本不存在结构。相反，人们已经注意到，看似混乱的自组织会形成一种具有独特性能的清晰结构，但它与设计的网络结构不同[19]，并表现出紧急行为。

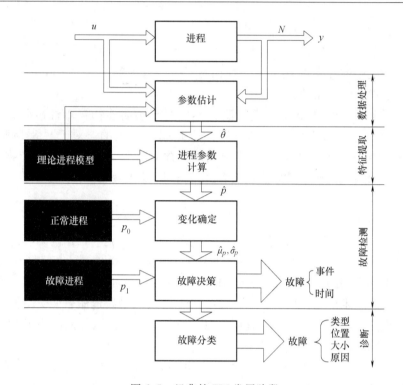

图 6-5　经典的 FDI 发展阶段

最近的研究报告[20, 21]指出，自身具有完全弹性的网络可能会变得脆弱，当与其他类似妥善保护的网络相连时，容易出现灾难性故障，这一发现意味着高度互连的现代基础设施存在隐患[22]。

包含固有通信延迟的网络全局结构也因异常行为变得名声扫地。例如，作为维护过程一部分的编程误差默认分布导致了 1992 年的新泽西停电事故。仅仅几年后，Allston-Keeler（1996 年 8 月 10 日）和银河 4（1998 年 5 月 19 日）灾害引发人们对自愈网络[11]展开研究。2003 年秋季发生的三大灾害（分别发生在美国、瑞典和意大利）表明，研究进展不大。这些都只是冰山一角[23]。

电子网络（尤其是无线网络）也存在紧急行为。即使设计是完美的，老化和磨损也会以未知方式发展。同时，嵌入式系统的反应性越来越突出，使得异常行为易于出现。当自治节点协同工作时，它们不但传送好消息，而且还传送坏消息。因此，需要采取特殊措施，确保自治节点对恶意邻居来说是"免疫"的[24]。当然，免疫程度（或自愈）一定与疾病的致命性有关。显然，关键是如何区分全局自适应要求和局部阻止故障效应蔓延需求。

此外，冗余性支持废止故障部分，以降低故障灵敏度。通常情况下，废止故障部分能够降低初始产品成本。但是，最优设计方案应当最大限度地利用冗余性，因为它能够降低系统生命周期内的维护成本[25]。最有效的方案是部分冗余，虽然这将会不可避免地提高包含紧急行为的要求。

6.3.3 误警

在工业界，生产是由控制系统进行管理的，控制系统能够监控来自工厂的模拟和数字信号，并检查信号允许的极限值——报警阈值。一旦信号超过其极限值，警报系统激活。

当进程未按预期执行时，警报才会将被激活，它在关键事件发生之前，但仅当关键事件将要发生时。警报必须是准确无误的，且不应当超过一个警报。一个能够灵活调整报警极限的精心设计的控制系统，应当为操作人员提供高效监视和控制进程的可能性，该进程来自于控制室。但是，在不引入虚警的情况下，不可能（在实践中）设置报警极限[26]。但是，由于孤立点、干扰、新颖、异常等其他原因[10]，操作人员的注意力可能会在没有任何明显原因的情况下被吸引。这不仅是滋扰，而且是潜在危险，因为它可能将操作人员的注意力从真实问题转移开来，并减缓他的反应速度。如果操作人员认为警报会在故障状况发生前发送，就会出现另一种更加危险的情形，但是在太大范围内设置极限值会导致警报"静默"。单一故障会导致许多其他故障，这是一个共性问题。然后，警报被故障触发，导致一场警报洪泛，但考虑到其时间序列，将不再信任它。首先到来的可能不是主警报，事实上，它可能由于通信被阻塞或它处于静默状态，而根本无法到来。这就使得操作人员要提出正确的纠正过程更加困难。然后，基于模型的推理看起来是一种可行的补救措施[27]。但除了模型必须精确这一事实外，它也取决于控制系统的正确性和报警极限。

Ahnlund 和 Bergquist 发现警报系统[28]设计得不够科学。对于工厂运行来说，有些警报是不必要的，而某些重要警报又缺失。或者警报系统无法处理不同运行状态。例如，警报系统在正常工作模式中运行良好，但在重大事故的情形中失效。警报系统提供太多（太少）信息。操作人员被警报包围，无法将重要警报与小事件区别开来。警报系统可调性差。极限值太窄、控制器导致的振荡、未过滤的噪声干扰、孤立点、警报、瞬变等原因，都可能触发警报。

在理想状态下，流行使用设定点来实现控制应用。遗憾的是，在一个典型的生产线上，所有单个机器都进行局部优化设置。即使不是在系统安装的情况下，它也很容易通过后续部件更换潜入系统。然后，设定点的错位会导致"警报洪泛"，在诸多制造厅制作的臭名昭著的音乐信号存在潜在危险，它们会激怒人们，而不是警告人们。

由于系统构成部分可能发生变化，因而需要对每个设定点进行修改，以适应实际情况。为了降低灵敏度，人们通常允许设定点间歇性操作（见图6-6）。然后，当操作超出允许间隔时，警报将被触发。这样，就简化了控制流程，但似乎并没有减少警报洪泛。另外，警报的方向性有助于在逻辑上根据警报日志推断出更好的设置方案。

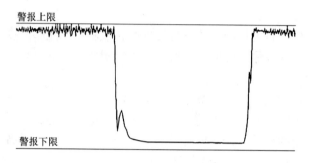

图6-6　警报上限设置太窄，因而对噪声敏感。另外，警报
下限设置太宽，即使工厂发生跳闸，警报也不会被激活

为了减少误报，最常用的方法是首先进行警报清理，即"警报卫生"[29]。除了2004年J. Ahnlund和T. Bergquist在隆德大学撰写的授权论文[30]之外，很少有人撰写此理念。但是，误警问题影响业界几十年，且一些工程师提出减排技术来处理这些问题。工程设备和材料用户协会（Engineering Equipment and Materials Users Association，EEMUA）提出一种警报系统设计、管理和采购的全面指南[31]。可以在几种出版物中发现缺乏技术细节的详细指南，如Veland [32]等。

一种常规报警清理机制相当少见，因为它是由人工实现的，因而既耗时又昂贵。J. Ahnlund和T. Bergquist的警报清理SILENT CONTROL™使用了一般的计算机化工具，它是增强整体警报情形的第一步。他们充分利用控制系统内置功能，如图6-7所示。这些功能仅应用于警报系统，且不干预进程的运行。这意味着要确保方法适用于任何进程，且尽可能做到用户友好。这需要内置智能，它将新的研究成果与各种技术和数学领域内的已知算法结合起来。

SILENT CONTROL™没有集成到控制系统。相反，它已经作为一种离线方法，用于检查过去的进程，并试图预测未来的行为。它基于正常运行模式中进程信号特性稳定这一假设。在大多数（如果不是全部）工业进程中，这是正确的。必须对所有从工具角度提出的改进方案进行评估，并在控制系统实现这些改进方案之前，由能够理解进程的操作人员接受。多年来，工具箱已经成功为北欧的能源生产行业提供了维修服务。

6.3.4　智能代理冗余

在复杂交互网络/系统创新（Complex Interactive Networks/ System Initiative，

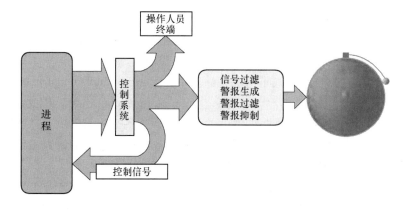

图 6-7 控制系统接收来自工厂的信号，其中一些信号用于控制工厂，或在
操作人员终端上进行显示。警报系统用到某个信号子集。一旦信号超过
警报上限，警报系统被激活。应用的信号处理方法包括信号过滤、
警报过滤、警报抑制，且不会干扰系统控制进程的能力

CIN/SI）中，可以在自愈网络中寻找补救措施：代理密集型理念，即代理感知到异常行为，并采用局部措施重构系统，从本质上打破连锁故障的发生。1996 年 8 月 10 日，俄勒冈州发生的一次故障导致电源浪涌过剩，从而引发了整个美洲大陆的连锁反应。虽然该问题已经成为主要原因，但是连锁为它提供了一个不必要的额外维度。

如果放在异构网络考虑当前的发展趋势，则情形会变得更具灾难性。沿着电网传送的信令需要采用包括卫星通信在内的 ICT（Information and Communication Technology，信息与通信技术）网络进行长距离传输。同时，道路基础设施加剧了网络的拥塞状况。总体而言，这个问题需要一个维度，它推翻了传统数学分析作为控制学基础的地位。放眼已经发生的灾难性事故，显然需要一种替代方案。

自愈网络建立在自治、智能控制的基础之上，因为不存在未知故障的简洁、封闭式规范。它们基于多代理架构，该架构是由一个用于即时响应的反应层、一个用于区分请求紧迫性的协调层、一个用于验证当前计划和命令可行性的审议层。代理可以是认知的（即理性的，甚至蓄意的）或反应式的（具有硬连接激励/响应功能）。

CIN/SI 工作开始于 1999 年春季。5 年时间、3000 万美元投资，并将 28 所大学团结在政府—业界协同大学研究项目下。但是，在此之前，这个名字已经开始使用。1993 年，AT&T（American Telephone & Telegraph，美国电报电话公司）公司提出自愈无线网络结构。1998 年，SUN（Stanford University Network，斯坦福大学网络）公司收购 RedCape，并使用针对自愈软件的策略框架。同样，1998 年，HP 发布其 OpenView 网络节点管理器的自愈版本。2001 年 1 月，Concord 通信公司发布了针对家庭的自愈技术。

　　但是，当前大部分研究重点放在 ATM（Asynchronous Transfer Mode，异步传输模式）网络上。这里，考虑了自愈技术且已经在基础网络层实现。SONET（Synchronous Optical Network，同步光纤网）和 SDH（Synchronous Digital Hierarchy，同步数字系列）在物理层提供了这些特性。ISO（International Organization for Standardization，国际标准化组织）/OSI（Open Systems Interconnection，开放系统互连）模型第 2 层和第 3 层的类似属性还考虑了重构。但这些措施仅解决了部分问题：检测、诊断和隔离未知故障。因此，仍然需要展开所需安全水平的研究工作：在未知操作状态持续期间，确保资源的可用性。

　　这使得基于智能 Web 的应用成为自愈网络的首选试验场。重构作为一种自然机会到来；复杂性在网络级得以延伸；协作条件充分放宽，可以提供自测、诊断和维修，且不需要每位户主成为训练有素的技术员。

　　从简单神经网络到通信智能代理或分层神经网络的步伐比较小。这些代理是小树，能够在分布式网络中相互触发。无论通过代理还是通过专家，目标仍然是实现高效推理，且决策通常基于来自于"工作层"的数据。各种技术的专用工具在工作，因为稳定的数据流将在细节低层面充斥专家（就像人类[33]）。从图 6-8 中可以发现，我们的课题是自愈网络的重要组成部分[11]。

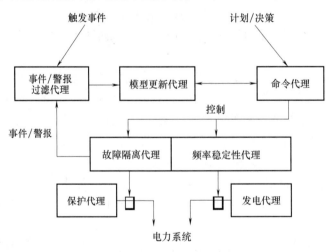

图 6-8　自愈多代理智能电网控制中的反应层和协调层

　　分层神经网络可用于为诸如家庭或生产线的分布式传感网络提供结构。我们设想，分层控制不应当仅基于"分而治之"，而应当在沿着分层网络下移时，基于抽象层次下沉的整体视图。由于上层将同一控制问题作为低层问题处理，因而它们包含一定冗余，自然可以为完整性检查提供服务。因此，警报清除成为一种给定方案，且不需要特殊措施。由于故障处理需要与控制本身不同的模型，因而可以避免使用图 6-8 中所示的混合架构。相反，我们发现，每个级别包含针对控制和检测的独立部分。在 SILENT CONTROL™ 包中，已经确定诸多信号，检测能够使用这些信号来指示故障检测的要求。图 6-9 给出了总体情况。这些信号探测器采用在线方式，主要是考虑到根据其潜在影响对警报进行分类。然后，它会在分层分布式神经网络中提供足够信息，以实现在合适时间集中记录事件时，采用局部方式来处理警报；或者直接将警报传送给操作人员。

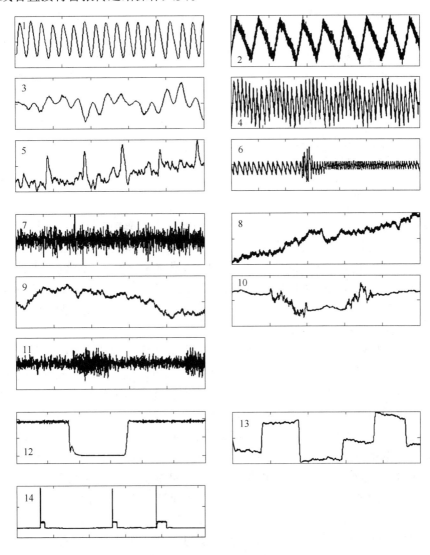

图 6-9　SILENT CONTROL™ 信号类型实例（信号 1～6 为周期性信号，信号 7～11 为缓慢变化的信号，信号 12 和 13 是多稳态信号，信号 14 包含有异常值）

6.4 身份保证

人们经常寻找一个值得信赖的人来传递敏感信息。因为安全要比信任更重要，因而信息对外人来说是不可读的（甚至不可见的）。这样会降低对承运人的要求，但不会解除他们。如果不是所有相关人员都是可信的，或者其身份可假定为第3方，则信息传输可能会被篡改。正如拜占庭将军问题中所呈现的，即使看似简单的情形，可能也会出现对安全不利的问题。

在现代通信技术中，人的作用被关键代码接管。与银行金库的情形类似，仅在当所有密钥都正确的情况下，才能对信息进行访问。然后，欺诈敏感性从信息盗窃转移到身份盗窃。一旦密钥被盗，则第3方可以充当由密钥识别的那个人。每天的新闻中充斥着基于 PIN（Personal Identification Number，个人识别码）码和智能卡欺诈的故事。这就好像将马拴在马车后面，人们提出生物识别技术作为改进方案，因为它与个人直接相关，而不是通过某个随机分配的数字。

6.4.1 生物认证

导出密钥值应当足够大，使得人们无法猜出，同时其结构要随机，以使得基于结构观察的改进型猜测变得徒劳。对于通过基本的、但人们无法完全理解的过程不断生长变化的有生命的材料也是如此。同样的问题使得天气难以预测，即使采用了超级计算机。观测建立在过程的基础之上，而该过程又是基于诸多非观测过程的结果的。对于许多事情，它是行得通的。如果能够进一步确认观测结果是一个活进程，则如果存在欺诈，它将变得极其困难。

正是由于这些原因，生物识别技术有望提供高度安全的认证系统。通常根据易用性、成本、准确性和感知入侵对生物识别技术进行分类。最广为人所知的生物识别技术是指纹、面部和静脉识别。但是，还存在其他更多的生物识别技术。表6-1列举了主要识别方法及其应用的诸多身体部位。

通过测量手或头骨的轮廓（2003年以来在 Ben Gurion 机场投入使用），这种早期尝试已经为社会带来了实际效果。从那时起，此举引发人们选择更为复杂的特征，或者在时间或空间选择更高维度。在空间维上，从轮廓发展到 2D（Two Dimensional，二维）纹理和表层血管图案。在时间维上，开发出基于语音、笔迹、按键、行走的检测方案。

这些方法大多易于受到欺诈，因为它们缺少与本性的链接。它仅应用于那些图像生成不依赖于有生命的机体（几何和纹理）的观测结果。例如，指纹能够提供前段所列举的4种特性之间的良好平衡，使其成为当今最为常用的生物识别技术。但事实证明，这些系统对于通过复制实施的欺诈是非常敏感的，但技术方面的考虑

（如传感器质量和温度）降低了它的可用性。人们可能会推测到，这种观点也适用于动态观测。例如，语音的动态难以复制，但对于单个词或短句来说，并非不可能。另外，无论手掌/手指的静脉图案，还是眼睛虹膜的静脉图案，都能提供稳定的、唯一的、可重复的生物识别特征。

表 6-1　生物识别技术（改编自 2000 年 6 月兰德公司技术报告）

	对　　象	鲁 棒 性	准 确 性	入　　侵
几何形状	手	中等	低	接触
	手指	中等	低	接触
结构	指尖	中等	高	接触
	虹膜	高	高	靠近
	面部	中等	中等	靠近
血管	手掌	高	高	随便
	手指	高	高	随便
	视网膜	高	高	靠近
动态	语音	中等	低	远程
	笔迹	低	中等	接触
	按键	低	低	随便

　　最古老的血管系统是基于眼静脉。可以将其分为两类。首先，视网膜扫描将毛细血管图案投射到能够吸收光线的视网膜上，因而通过适当的照明即可看到图案。在眼腔内侧，入射光落在了 3 个夹心层，它由毛细血管、血管和支撑纤维构成。扫描器应该靠近镜头来观察视网膜，因为镜头开口小，且要拥有重现性措施，没有眼球运动的完美对齐是必要的。在 20 世纪 30 年代[34]，提出采用此种方法进行身份认证，但直到 1984 年，才被 EyeDentify 投入商用。该技术是入侵性的，可能会对眼睛造成损害。同时，图案的稳定性无法得到保证，因为所有疾病都可能会改变其图案。

　　它的竞争对手是虹膜扫描器。该扫描器使用虹膜的纹理和包含眼睛瞳孔的解剖结构，来控制开口的直径、大小和光量。重点是结构特征，虹膜扫描类似手指印。可以从远距离观察虹膜图案，因而该技术侵扰程度较低。从 1994 年引入首个 IrisAccess 系统（该系统最初是由英国剑桥大学的 John Daugman 开发的[35]）开始，这一特征使得虹膜扫描成为视网膜扫描的有力竞争对手。如今，虹膜扫描仪仍然是基于相同的算法理念。不幸的是，这种系统极易被戴眼镜和镜片的用户蒙骗。

　　1987 年，英国的 Joe Rice 开始考虑将手静脉图案用于身份识别，但他的老板认为没有进一步开发的需要[36]。使用手掌的早期设备是由 Advanced Biometrics 公司于 1997 年引入市场的。后来，人们又采用其他发现静脉的地方（手背和手指腹侧/背侧）来识别用户身份。同样，手静脉识别市场被三大玩家所瓜分。所有这 3 家公司都位于日本，且最初是由本地市场开发设备的。

有人可能会觉得诧异：就算血管识别方法很先进，但为什么这种先进会保持地如此长久呢？答案是成本和技术。它从光吸收图案中提取静脉位置，因为近红外光谱中的无氧血红蛋白是可观测的。它仅仅依赖 LED（Light Emitting Diode，发光二极管）技术的突破，就使其成为实用的选择。这种主要机制杜绝了通过复制实施的简单欺诈，而 40 000 幅真实图像对 50 000 000 冒名顶替图像的检测实验证明，血管结构是唯一的[37]。

第 1 代手静脉设备证明识别原理的可行性。静脉图像是通过使用 2 个近红外 LED 阵列、1 部 CCD（Charge Coupled Device，电荷耦合器件）相机和 1 个视频采集卡得到的。早期的提取算法[38]采用定点数字来限制处理时间，图案识别成功率为 99.45%。每个人的图案清理和比对时间限制在 100ms 内。如今，设备提供的稳定结果是：错误拒绝率（False Reject Ratio，FRR）FRR < 0.01%，错误接受率（False Accept Ratio，FAR）FAR < 0.000 02%[39]。

富士通对手掌静脉检测进行改进，以支持非接触式应用[37]。类似之处还是使用手背[40]。这种 PalmSecure 设备的主要优点是它支持"非接触式"认证，对于公共场所中的访问控制来说，这是非常重要的。该技术能够保持扫描器清洁，且用户不需要进行特殊的准备（如脱掉手套）。同时，在识读过程中，环境光线不起任何作用。日立在 VeinID 中采用手指静脉识别技术，并在日本的主要金融机构得到成功部署[41]。索尼 Mofiria 系统从侧面到手指进行观察，考虑到典型的移动应用。

早期的手静脉识别装置已成功地应用于公共访问控制领域，如机场和金融终端。因此，设备的尺寸、价格和用户友好性是非常重要的。在某种意义上，它们属于计算机外围设备。比较新的设备重点强调了价格和尺寸的缩减，以集成到消费者系统（如移动电话和笔记本电脑）中去。由于消费者的主要目标是检查对特定用户的授权，因而它们充当的是电子密钥。这些产品已经在 2009 年的 CEBIT（Centrum der Büro- und Informationstechnik，信息及通信技术博览会）上做过演示。

生物识别设备的一个典型问题是需要注册。传感器鲁棒性越低，所需采集的样本就越多。同时，算法复杂性根据实际验证时间收费。虹膜扫描注册需要 45s，每次认证还要另加 15s。静脉扫描需要更长时间，因为它必须处理大规模信息，而不仅仅是表面信息。在诸如体育馆的公共场所，对认证的要求是大量人群的随便、实时认证。为了避免等待时间过长，必须通过专用硬件进一步缩短每个人的执行时间（见图 6-10），这与基于 CNN（Cellular Neural Network，细胞神经网络）的生物认证系统（CNN-based Biometric Authentication System，CBAS）通用生物识别引擎类似[42]。

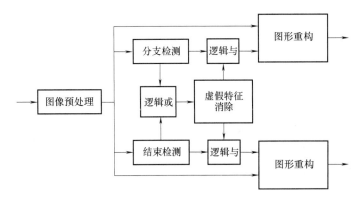

图 6-10 CBAS 算法结构

6.4.2 用于多模式感知的 BASE

国土安全旨在确保公共场所的安全[⊖]，这些场所在很大程度上是通过访问控制来确保安全，如体育馆大门或国家边界。它既涉及对人们的授权，又涉及对潜在危险物品的检测。在上节中，讨论到血管检测原理能够非常有效地识别人员身份，即使当人们身穿长袍和长着不同面部毛发时。但国土安全要求这种实用技术应具备实时性能（见图 6-11）。

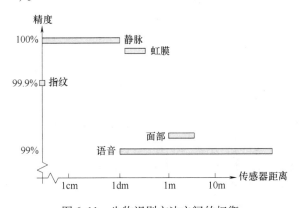

图 6-11 生物识别方法之间的权衡

生物识别度量应用中存在两个不同阶段。在注册阶段，人们是通过特征进行度量的。被测身体部位的距离和方向是影响度量的参数。因此，可以将应用重复多次，来根据合适度量标准得出恰当的测量值，或者实现涵盖所有实际情况的多种结果。

　　于是，目标是实现一个在应用上支持高识别概率的数集。一个典型例子是虹膜识别，可以使用不同距离上的若干个测量值，来确保高识别率，虽然在理论上虹膜识别的准确率为100%。

　　为了解决这些实际问题，人们提出使用多种度量方法。针对同一输入，不同分类器具有不同缺点，多模式分类器就利用了这一效应。根据民主多数原则，多模式分类器之间的简单投票将会带来最好的结果。对于生物识别认证来说，多模式原则乍看似乎不太适用。假定传感器采用手形和指纹识别方法。这两种工作方式都使用手的不同特性，因而能够相互弥补对方的弱点。不幸的是，传感器极易被人工输入误导。

　　作为第2个例子，当将手静脉识别与PIN卡识别技术混合使用时，问题可简化为仅仅识别根据PIN卡信息来确认拥有访问权利的人是否真是他/她所宣称的那个人。因此，只需对有限数目的样品进行检查，且不需要对数据库进行大规模搜索。该系统的薄弱环节是PIN卡。一旦PIN卡上的代码被黑客攻击，则它可能将访问权利转移给提供手静脉识别的那个人。换句话说，仍然需要基于手静脉的认证，增加PIN卡认证并未带来任何额外的安全。

　　现有血管系统的多样性大部分基于应用身体部位识别会限制自由的建议。在这方面，将手平放在传感器上要比无接触好。索尼公司提出了一种手指夹具，使得手指丧失旋转的自由。所有这些针对专用感知夹具的建议放宽了定期清洗的要求，但并未实现100%的可重复性。考虑到人手和手指大小判别，无法提供一种能够适合所有人的夹具。

　　另一种方法是通过后处理，在算法上将静脉图像转化为已知形状。在数学上，这可以确保在各种可比条件下，来提取所有注册的、被调用的图像。这本身不足为奇。可采用同样原理弥补传统电机机械的缺点。机电学使得汽车更为高效，这是嵌入式系统的一个早期实例。目前，这种汽车电子意味着构件成本要高30%。这种替代、补充和创新会导致数字系统每5年实现稳步倍增。

　　隔膜和旋转补偿本身是一种二维问题。但即使如此，仍然需要用到质量度量方法。例如，有人建议通过检查关节的位置，来确定是否在足够近的距离上观察手[43]。关节可用于为观测图像提供方向。

　　在健康产业中，这些问题已经不太重要。认证的相关性仅限于欺诈检测，如计费和访问电子健康档案。然而，其他更多医疗领域已经在使用该测量原理。典型实例是烧伤创面的直接救助，此时发现多少皮肤已被烧掉是非常重要的。不使用传统激光扫描，而是可能采用反射光。根据多普勒效应，血液流会导致频移，这可以通过关联原始1 kHz和反射光的强度来进行测量。

　　当静脉接近体表时，很容易测量这种效应。热点位置是耳朵和舌头，但也可用指尖和脚趾。当血液流携带心跳时，测量光强变化也有可能检测到心血管疾病。使用不同波长的光,可以得到血液中的血氧饱和度和血管的力学状态。此类技术在医学上称为"脉波酸素测定法"。

最近讨论的是不同分子(如酒精)的纯红外线吸收光谱的使用。再次用到不同波长的光,因为涉及的每个分子的吸收光谱是唯一的。由于原光能量较低,因而计算过程非常复杂。因此,反射图像噪声较多,必须仔细进行筛选。这种软件价格相对较高(>1000 欧元)和响应速度慢(>1min)。

6.5 交易中的保卫

安全是一个社会的重大问题。贵重物品价格昂贵,如果它们被盗或者你被抢劫,则人们通常会受到伤害。老年人将该问题看做一种不安全感。随着越来越多的人稳步踏入老年人,安全问题变得更为迫切。

现金货币是一种全球流通的货币手段。虽然相继引入了一些非现金支付系统,但人们仍广泛使用卡或无线支付来支付银行费用。因此,许多小商店试图通过使用现金货币来完成诸多小额支付,以达到削减成本的目标,因而现金货币经常成为抢劫的目标。同时,IT(Information Technology,信息技术)支付[45]基于复杂的安全机制,对于老年人来说,该机制难以管理,且仍然无法实现全面保护。

6.5.1 电子旅游卡

与纸质复印件相比,电信信息具有提供访问最近更新的优势。这种产品理念旨在通过在每月预付卡和长途车票中增加电子纸屏幕(也可参见第 7.2.2 节),使汽车票和火车票更具活力。基本思路是在运输公司不改变现有投币机的前提下,开发这种设备。在主站和分站引入这种专门机器(车内的投币机)将支持最终用户购买每月预付费卡或对每月预付费卡进行充值,小型车站将维持现状。

预付卡大小与带有磁条的信用卡一样,但它在一面上有电子纸屏幕。该卡拥有支持射频信号的内部逻辑、EEPROM(Electrically Erasable Programmable Read Only Memory,电可擦可编程只读存储器)和一个扁平按钮(见图 6-12)。

1. 本地交通卡

对于本地交通卡来说,EEPROM 将至少为用户存储他在购买时做出选择的三条路线。如果运输公司更新了数据库,则所选路线的电子时间表将通过射频信息自动进行更新。当然,通过亲自与客户服务进行接触,用户可以变更路线。按下射频范围之外的扁平按钮,就会显示最终用户的静态时间表。但是,对于射频范围内的用户来说,第 1 次按下扁平按钮,将显示静态时间表;第 2 次按下扁平按钮,将显示动态时间表;第 3 次按下扁平按钮,将显示诸如促销等其他信息。动态时间表是指最新出发时间以及与巴士/火车(如巴士/火车晚点或满员)有关的其他信息。

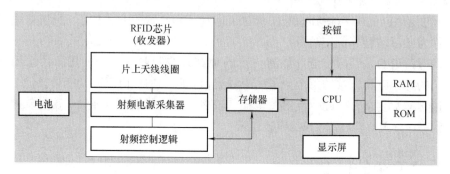

图 6-12　预付费本地交通卡的方框图

电子屏幕和射频信号可用于传送诸如天气预报、最新促销活动、有用信息、巴士位置、可用空间、社区信息（如附近道路将封闭维修）等有用信息。

（1）本地交通卡的优势

对于运输公司来说：

1）本地交通卡与普通卡的大小相同，因而运输公司无须改变现有投币机。为满足新型电子交通卡的需求，只需在分中心站引入几台机器即可，即巴士和火车的投币机将保持不变。

2）通过使用电子纸屏幕以射频技术进行促销，运输公司可以从这种新型系统中受益。

3）卡片上的执行时间表支持运输公司实现良好的客户满意度。

对于最终用户来说：

1）最终用户将从电子卡已实现的静态和动态时间表中受益。这可以通过"你不会错过巴士/火车"的口号反映出来。

2）乘客能够始终了解最新的促销和社区信息。

3）最终用户将受益于每小时更新的天气预报。

（2）功能

1）来自于最近巴士站的动态信息，即天气预报、巴士状态信息（晚点/按时和位空/满员）和社区信息。

2）如果持卡人第 1 次按下按钮，则 CPU 将传送一个用于显示静态时间表的控制信号，该信号将存储在内存的预留分区中。

3）如果持卡人在射频范围内第 2 次按下按钮[⊖]，则 CPU 将激活 RFID 芯片，以获取来自于最近巴士站的动态信息，即天气预报、巴士状态信息（晚点/按时和位空/满员）和社区信息。

　⊖　如果用户不在射频范围内，则仅显示静态时间表。

4）如果持卡人第 3 次按下按钮，则显示促销信息。

图 6-13 中的模块描述了预付卡的管理器支付系统。该图的上半部分给出了非接触信息传输与预付卡之间的交互过程。该图的下半部分给出的是安装在巴士和火车上的旧式磁条系统，主要用于实现与现有投币机的兼容。

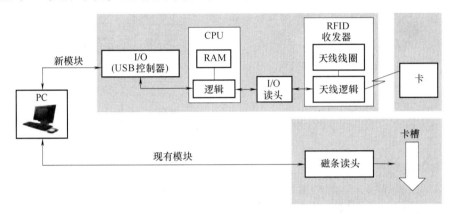

图 6-13　管理器支付模块框图

电子旅游卡发卡机制如下：

1）对于那些想购买新预付卡的用户来说，服务管理器将通过现有支付方法来发卡，在图 6-13 中用"现有模块"箭头表示。

2）管理人员将使用非接触式模块（新模块）把一份包含用户预期 3 条路线的静态时间表副本，从 PC（Personal Computer，个人计算机）传送到电子旅游卡上。

3）信息通过 USB（Universal Serial Bus，通用串行总线）线缆，从 PC 传送到射频读头/写头，然后从射频读头/写头，信息流向电子旅游卡的射频芯片，将信息写入电子旅游卡⊖。

（3）工作原理

1）中央车站广播所有动态信息，这些信息将被所有最近巴士站所接收。巴士站扮演中继站角色，它们对信号进行放大，并重传给邻近的巴士站。

2）射频信号附近的持卡人将根据按键模式，选择动态信息，即如果持卡人第 2 次或第 3 次按下卡按钮。

图 6-14 给出了卡、巴士、巴士站和中央服务器之间的完整交互过程。

⊖　增强方案可以通过将支付信息写入卡内存和磁条来实现，这样根据内部总线技术，这两种系统都将工作。目标是在不久的将来，当所有的巴士/火车投币机被非接触式模块所取代时，将不再需要磁条读头。

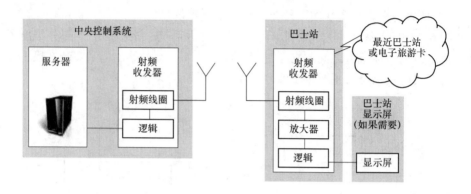

图 6-14 中央控制和最近巴士站之间的简单交互

2. 长途卡

当乘客上车时，长途票（见图 6-15）应当自动进行注册；当乘客到达他所支付的目的地时，长途票应当自动取消。当接收到来自于火车内主无线中心的轮询信号时，长途票应当响应射频信号。在火车上，列车员通过发送一条广播消息，来控制所有来自于中央终端的乘客，对未购票或车票过期的乘客使用错误信号（终端显示屏上的红灯）来响应，而对所有已购票乘客使用正确信号（终端显示屏上的绿灯）来响应。列车员—主控制终端是整个列车上的中心点，它也可能是一种能够在 4m 手持方向范围内对车票进行控制的手持设备。

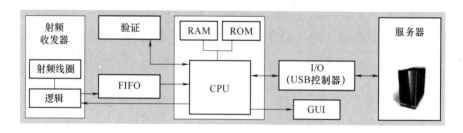

图 6-15 长途列车员主控制器模块框图

系统应用实例之一是用户从马尔默到斯德哥尔摩旅行，但仅购买了从马尔默到延雪平区间的车票。当火车停靠在延雪平时，火车票将自动远程（以射频方式）取消。因此，在下一轮列车员—控制流程中，用户将接收到一个错误信号。长途卡能够进行回收，这样当用户下火车将长途卡返回时，他还可以得到一些退款。电子显示屏和射频信号可用于传送诸如天气预报、最新促销活动、城市地图、餐厅位置、廉价运输等有用信息（见图 6-16）。

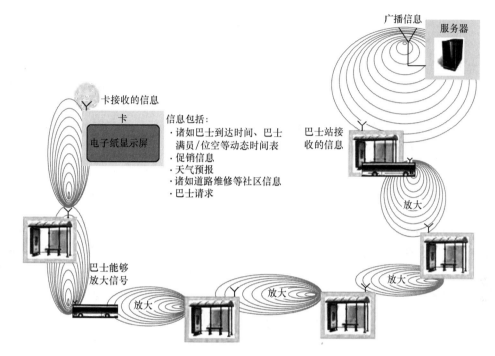

图 6-16 中央控制、巴士站、巴士和卡之间的交互

当用户购票时，长途票应当有一个可选的袋装防滑标签，这样持票人可以将其作为额外配件来购买。袋装标签是一种简单的射频收发器，它能够通过射频与车票进行通信，因而可以充当看包人。在通过车票开启射频收发器之前，持票人应当将袋装标签放到其背包中。这种车票—背包—标签—链路工作半径仅为 5m，因而如果背包移出 5m 半径范围，则车票将发出蜂鸣声，用户知道有人正在试图将背包取走。

（1）长途机票的优势

对于运输公司来说：

1）新卡支持运输公司通过自动检票获取更多的收入，即通过中央终端设备，列车员能够根据射频信号检测到未购票乘客，从而减少运输公司的工作人员。

2）通过使用电子纸屏幕以射频技术进行促销，运输公司可以从这种新型系统中受益。

对于最终用户来说：

1）用户能够从天气预报、最新促销活动、城市地图、餐厅位置、廉价运输等显示信息中获益。

2）该卡将使用压电效应作为其主要能量来源，或者另一种方案是使用微小太阳能电池板。

（2）工作原理

1）电子票发送通过射频收发器向控制模块发送信息⊖。

2）将信息放置在 FIFO（First In First Out，先进先出）存储器中用于验证。

3）验证通过后，CPU 在 GUI（Graphical User Interface，图形用户界面）上分别使用绿色和红色斑点，来显示合法和非法电子票。

4）如果列车员发现任何红点或斑点，则他/她将对车上乘客进行检查，使用他/她的手持设备对非法票持有者进行跟踪。

5）从 CPU 到射频逻辑块的箭头表示从服务器到电子票的信息流，如天气预报、目的车站的宾馆、餐厅地址和出租车等。

3. Bonvoyage

Bonvoyage 是一种使你轻松旅行的设备，它通过在你的密钥链中存放主设备，并在你个人行李中存储从设备，从而使你轻松享受旅行。当你在机场、火车站、公共汽车站或其他任何人群拥挤的环境中时，丢失行李的噩梦将成为过去，因为如果任何人想偷盗你的行李，则 Bonvoyage 将出现并警告你即将来临的危险。Bonvoyage 可有 3 种不同组合：1 个主设备，1 个从设备；1 个主设备，3 个从设备（见图6-17）；1 个主设备，5 个从设备。

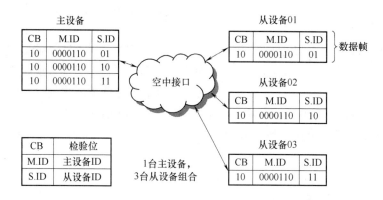

图 6-17 主设备和从设备之间的数据帧交换

（1）主设备如何工作

1）主设备拥有控制逻辑，其内置收发器覆盖范围为 5m。

2）它有一块电池，因而是 Bonvoyage 系统的激活单元。

3）有源主设备每 5s 向其所有无源从设备逐个发送一个唯一的 ID，从设备使用自身 ID 来响应相应的主设备。

⊖ 长途票的逻辑与预付旅游卡的逻辑类似。因此，没有画出长途电子票的框图。

4）如果在轮询期间，某个无源从设备由于某种原因没有响应，则有源主设备检测到对应的从设备位于覆盖范围之外（5m），然后开始发出蜂鸣声来警告 Bonvoyage 用户。

5）每台有源主设备具有唯一的 ID 标签，因而从设备如果不属于该主设备，则它将不响应。

主设备配有两个按钮，1 个开关按钮和 1 个支持从设备选择的按钮，即拥有 5 台从设备、但只想与 3 个从设备一起旅行的主设备，可以对主设备进行配置，使得主设备仅知道参与旅行的从设备的状态。一旦主设备打开，它将只控制已选择的从设备。

（2）从设备如何工作

1）它就像一个转发器；发送信号后，它就转入睡眠模式。

2）它不需要任何电池，因为从主设备接收到的发射功率足够响应主设备的请求。

它没有任何按钮，但面板上印刷有数字，供配置设备时使用。

（3）技术冲突

初步研究表明，世界各地的机场正在引入 RFID（Radio Frequency Identification，射频识别）技术。这是为了消除当前的进程，包括人工分拣活动。人工分拣不但人力成本昂贵，而且经常由于人为错误导致行李处理不当。

为了避免与 RFID 信号频段冲突，Bonvoyage 系统中主设备与从设备之间的数据传输，将使用 ISM（Industrial Scientific Medical，工业、科学和医疗）频段。在产品进入市场之前，需要对机场系统 RFID 在用的确切频率进行调查，然后避开该频率。

（4）政治限制因素

在安保严密的当今世界，大多数人害怕行李无人看管，因而对 Bonvoyage 有一些约束条件。

1）Bonvoyage 将覆盖范围限制为 5m，因为行李和所有人应当相互可见，以避免猜疑。

2）从设备没有内置警报。如果行李因主设备与从设备之间的距离增加而突然开始发出蜂鸣声，内置警报或蜂鸣声容易在机场造成恐慌。在人们之间制造炸弹恐慌不是 Bonvoyage 的目标。

（5）目标市场

Bonvoyage 的用户群体为个人用户，而不是一个公司或组织。图 6-18 给出了系统总体架构。

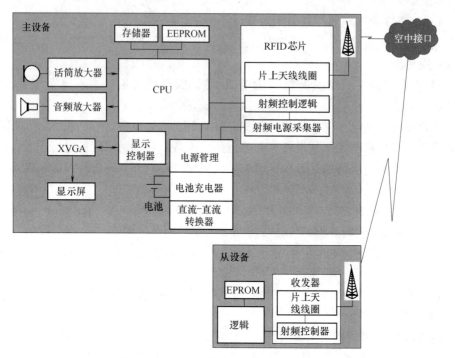

图 6-18　主设备与从设备之间的简单交互

6.5.2　i-Coin

移动电话的功能正在从简单的沟通者不断向通信中心扩展。移动电话拥有摄像头、GPS、罗盘和加速计，以及基于这些技术的服务范围。需要注意的是，移动电话携带机主的所有信息，因而成为他/她随身携带的最贵重物品。电话逐渐成为动态社会网络的一部分。在社会网络中，经常交流个人消息和图片。在发展过程中，经常需要交换有价值的信息（如支付、预订和收据）。

口袋中装有这么多信息，盗窃就变得更具吸引力。街道抢劫几乎已经变得正常。许多比萨饼送货员都存在如何将现金安全带回的问题。从店主的利益考虑，移动支付同时处理订单和支付。如果支付系统被黑客入侵，则个人银行账户没有任何保护。现金交付系统降低了风险，但随后店主变得更加脆弱。

由于针对支付信息，仅存在一种机制，因而随后出现身份被盗。这使得安全成为维持或创建安全社会的一个重要方面。人们已经引入多种确保移动支付安全的方法。PhoneKeys 引入了一种用于检查支付订单的中介服务。FaceCash 引入了一种条形码下载方法作为附加安全机制。所有方案使用同一通信信道，因而仍然需要考虑身份盗窃的问题。

通信信道跨越的距离越长，它就越脆弱。第 1 种实现通信安全的方法是呼应消息。最初是针对电报发明的，它定期重现。当通信窗口太小时，它不工作，这与卫星通信类似[44]。可以将回拨看做一种变形。通常情况下，当你不信任呼叫者身份时，进行回拨是非常明智的选择。所有这一切是由仅存在单一通信信道，通过观察足够多的流量，最终加密可能被攻破这一事实造成的。

实现支付安全的一种方法是通过认识到典型交易基于两个阶段：订货和交货。通过使用不同物理设备，将具有不同电子和信息特性的若干个信道进行拆分，来实现这一目标。需要注意的是，我们将使用称为 i-Coin 的小型打包设备，它装载有近场消息，并由传感云对其进行监控，以验证完整性。不断增加的多样性使伪造通信的难度呈指数级增长。

在线定制采用传统方式完成，但支付在云中的社会服务器上完成，并通过刷卡来对支付进行认证。此卡充当客户的身份，因而受到云端服务器的监控。换句话说，用户身份既存在于云端，又存在于现实生活中。如果卡在现实生活中被侵害（被盗或丢失，随后发生变化），这将被察觉。交货后，再次刷卡，通过比对订单，云端服务器进行确认，实际支付在现实社会中完成。在该系统中，交易既在现实社会中发生，也在虚拟空间发生，与单一支付系统相比，黑客很难进行攻击。

它的主要优点是根据个人需要提供安全防御。随着时间推移和地点变化，防御预期也会有所不同，i-Coin 支持用户进行选择。在物理上，i-Coin 是可以移动的，为第三方赋予了身份和所有权信任的概念。它将采用临时措施来完成概念赋予，且仅当所宣称的交易严重降低了由盗窃或丢失造成的损失，或至少有吸引力时才实施。该技术可以轻易添加到当前用于移动支付中去，或辅助生成公共安全方案。

i-Coin 本身没有任何价值。因此，丢失 i-Coin 几乎不会造成任何影响，但大量丢失 i-Coin 会导致环境污染问题。因此，应当把 i-Coin 视作电子垃圾。另外，使用类似金属探测器的方法来回收 i-Coin 在技术上不存在任何问题。

6.6　防御即服务

在很大程度上，防御即服务的诸多简单实例已经在用，它们通常被用于从一个中心位置扫描或更新计算机。任何病毒检测软件供应商都有一个"实时更新"功能，该功能将当前处理器的病毒检测软件配置与最近更新和下载列表进行比对。下一个逻辑步骤是维修即服务概念，即处理器的逻辑状态在云中进行评估，以确定操作的正确性。如果检测到故障，则提供维修服务。

6.7　小结

爆炸确实会发生，但最好能够限制其后果。我们接受偶然灾祸，但它不应该导致一个人一无所有。随着年龄的增长，人们感到越来越不安全。因此，当所有一切走到一起时，安全是第一要务。

在抑制攻击过程中，涉及安全。在本章中，研究了如何检测攻击的方法。当然，人们不可能永远小心翼翼。但是，切断与外界的所有联系有悖于周边环境的用意，而开放又会导致大量误警。太多误警包括关闭检测、让系统再次处于不设防状态，这是非常糟糕的。

因此，提出将所有权作为防御的钥匙。讨论了如何对人员和计算机进行可靠识别。然后，讨论了两种典型的电子支付系统，并说明了所有权如何影响它们的安全操作。

参 考 文 献

1. Studer A, Shi E, Bai F, Perrig A (June 2009) TACKing together efficient authentication, revocation, and privacy in VANETs. In: Sixth annual IEEE communications society conference on sensor, mesh and ad hoc communications and networks (SECON2009), Rome, Italy
2. Shi E, Perrig A (December 2004) Designing secure sensor networks. IEEE Wireless Commun 11(6):38–43
3. Holcomb DE, Burleson WP, Fu K (September 2009) Power-up SRAM state as an identifying fingerprint and source of true random numbers. IEEE Trans Comput 58(9):1198–1210
4. Lawton G (May 2010) Fighting intrusions into wireless networks. IEEE Comput 43(5):12–15
5. Waksman A, Sethumadhavan S (May 2010) Tamper evident microprocessors. In: 31st IEEE Symposium on Security & Privacy, Oakland, CA
6. Lamport L, Shostak R. Pease M (July 1982) The Byzantine generals problem. ACM Trans Program Lang Syst 4(3):382–401
7. Jadliwala M, Upadhyaya S, Taneja M (October 2007) ASFALT: a simple fault-tolerant signature-based localization technique for emergency sensor networks. In: IEEE symposium on reliable distributed systems (SRDS 2007), Beijing, China
8. Roman D (January 2010) The corollary of empowerment. Commun ACM 53(1):18
9. Isermann R (1984) Process fault detection based on modeling and estimation methods – a survey. Automatica 20(4):347–404
10. van Veelen M (2007) Considerations on modeling for early detection of abnormalities in locally autonomous distributed systems, Ph. D. Thesis, Groningen University, Groningen, The Netherlands
11. Amin M (2000) Towards self-healing infrastructure systems. IEEE Comput 8(8):44–53
12. Ray A (2004) Symbolic dynamic analysis of complex systems for anomaly detection. Signal Process 84(7):1115–1130
13. Chua L (September 1971) Memristor-the missing circuit element. IEEE Trans Circuit Theory 18(5):507–519
14. Strukov DB, Snider GS, Stewart DR, Williams SR (2008) The missing memristor found. Nature 453(7191):80–83
15. Spaanenburg L (September 2007) Early detection of abnormal emergent behaviour. In: Fifteenth European signal processing conf (Eusipco2007), Poznan, Poland, pp 1741–1745
16. van Veelen M, Spaanenburg L (2004) Model-based containment of process fault dissemination. J Intell Fuzzy Syst 15(1):47–59
17. Isermann R (1984) Process fault detection based on modeling and estimation methods —a survey. Automatica 20(4):387–404
18. Patton R, Frank P, Clark R (1989) Fault diagnosis in dynamical systems — theory and application. Prentice-Hall, Englewood Cliffs, NJ

19. Barabasi A-L (2003) Linked: how everything is connected to everything else and what it means for business, science, and everyday life. PLUME Penguin Group, New York, NY
20. Keim B (April 2010) Networked networks are prone to epic failure. Wired Sci www.wired.com/wiredscience
21. Buldyrev SV, Parshani R, Paul G, Stanley HE, Havlin S (April 2010) Catastrophic cascade of failures in interdependent networks. Nature 464(7291):1025–1028
22. Vespignani A (April 2010) The fragility of interdependency. Nature 464(7291):984–985
23. Amin M (September/October 2003) North America's electricity infrastructure: are we ready for more perfect storms? IEEE Secure Private 1(5):19–25
24. Hofmeyr SA, Forrest S (2000) Architecture for an artificial immune system. Evol Comput 8(4):443–473
25. Brooks RA (1986) A robust layered control system for a mobile robot. IEEE J Robot Autom 2:14–23
26. Geman S, Bienenstock E, Dousat R (1989) Neural networks and the bias/variance dilemma. Neural Comput 2:303–314
27. Ahnlund J, Bergquist T (2001) Alarm cleanup toolbox. M. Sc. Thesis, Department of Information Technology, University of Lund, Lund, Sweden
28. Ahnlund J, Bergquist T, Spaanenburg L (2004) Rule-based reduction of alarm signals in industrial control. J Intell Fuzzy Syst 14(2):73–84 (IOS Press)
29. Larsson JE (2000) Simple methods for alarm sanitation. In: Proceedings of the IFAC symposium on artificial intelligence in real-time control, Budapest, Hungary
30. Ahnlund J, Bergquist T (2004) Process alarm reduction. Lic. Thesis, Lund University, Lund, Sweden
31. EEMUA (1999) Alarm systems, a guide to design, management and procurement. EEMUA Publication 191, EEMUA, London
32. Veland O, Kaarstad M, Seim LA, Fordestrommen N (2001) Principles for alarm system design. Institutt for Energiteknikk, Halden, Norway
33. Schoeneburg E (1992) Diagnosis using Neural Nets. In: Proceedings CompEuro'92, The Hague, The Netherlands
34. Simon C, Goldstein I (1935) A new scientific method of identification. N Y State J Med 35(18):901–906
35. Daugman JG (March 1994) Biometric personal identification system based on iris analysis. US Patent 5291560
36. Rice J, (October 1987) Apparatus for the identification of individuals. US Patent 4:699,149
37. Watanabe M (2008) Palm vein authentication. Chapter 5 In: Ratha N. K., Govindaraju V (eds) Advances in biometrics sensors, algorithms and systems. Springer, London
38. Park G, Im S.-K, Choi H (1997) A person identification algorithm utilizing hand vein pattern. Korean Signal Process Conf (Pusan), 10(1) :1107–1110
39. Hashimoto J (2006) Finger vein authentication technology and its future. In: Digest symposium on VLSI circuits, Honolulu, HI, pp 5–8
40. Im S-K, Park H-M, Kim S-W, Chung C-K, Choi H-S (2000) Improved vein pattern extracting algorithm and its implementation. In: International Conference on Consumer Electronics ICCE, Los Angeles, CA, pp 2–3
41. Hitachi Engineering Co. Ltd (September 2009) Finger vein authentication technology. Available at http://www.hitachi.eu/veinid/. Accessed 16 Oct 2010
42. Malki S, Spaanenburg L (2010) CBAS: A CNN-based biometrics authentication system. In: Proceedings of the 12th international workshop on cellular nanoscale networks and their applications, Berkeley, CA, pp 350–355
43. Kumar A, Prathyusha KV (September 2009) Personal authentication using hand vein triangulation and knuckle shape. IEEE Trans Image Process (18)9:2127–2136
44. Asimov I (February 1962) My son, the physicist. Sci Am 206(2):110–111
45. Evans J, Haider S (February 2008) E-facts. Masters thesis, Department of Electrical and Information Technology, Lund University, Lund, Sweden

第 4 部分　云端的最后一英里

已经成熟的"云计算"概念考虑将数据采集网络集成到云计算/环境智能组合环境中去。这种集成除了拥有诸多优点外，还将引入新要求。我们设想，以云为中心的传感网络，需要在各自环境中处理这些新要求（如防御问题、安全性和完整性），并开发新型"破坏性"商业概念（如软件即服务、安全即服务、游戏即服务、万物即服务等）。这些开发活动构成了全新的商业范例，单一来源软件包（如Office 软件）和孤立自闭传感器网络的日子一去不复返了。

在本书的第 4 部分重点关注完全采用云计算后，部署了传感器/显示屏的未来家庭环境的详细信息。

亮点

集中式计算能力

通过采用云端集中式处理能力，未来的云端处理将是经济有效。传感网络中的足够处理资源将被用于满足其需求。对集中式的强调将会导致云端资源的高效使用。

系统虚拟化

从传感器网络的角度来看，最恰当的计算配置将在云端变得可用（当然需要成本）。从多核/多层刀片、矢量图形处理器到可重构计算（FPGA）资源，各种计算解决方案在云端都变得可用。

云端思考

引入云计算和基于云的传感器网络，将为人们重新思考基本处理理念和引入新兴（破坏性技术）业务提供难得机遇。许多商业云计算系统和服务已经投入使用，且已经对当前经营理念形成挑战。

云端的高性能计算

即使从低端传感器和手持设备的角度来看，云计算的民主化将会使得云端高性能计算（HPC）设备的存在变得可接入和可用。访问云中的服务器农场，将与我们请求资源并随后使用信用卡进行支付一样简单。

第 7 章　把云带回家

在本章中，我们将介绍集传感器、媒体、显示和云计算技术于一体的未来居住环境。这种高技术含量的环境会给我们的生活、工作、联系和经济带来巨大的影响。这种开创式的技术发展给传感器网络（包含图像和显示）和云计算带来了新的商业模型。

7.1　以网络为中心的家庭自动化

嵌入式应用的真正推动力来自于网络化环境——局部功能互相联系、合作，从而实现总体目的。这样的网络并不仅仅局限于互联网，还包含了大到世界小到家庭的种种地理因素。要想实现这样一个既普适、又易懂的数字功能嵌入，就必须为大大小小的处理和控制设备提供一个单一的网络理念。在家庭这个对上述嵌入式新产品有着特殊需求的环境中，Windows、浏览器和 Java 技术之间的竞争早已经开始并一直持续着。

目前，互联网已迅速成为计算机之间的通用联系手段，并为整个电子技术领域（电子商务、电子合约和电子保险）带来了新的产业。人机界面不再是计算机的专利，现在任何电器都可以计算机化并联网，广义地说就对应着处理和控制。这种区别带来的是网络中心化的家电。我们发现，对计算能力（以及娱乐功能）的需求显著提高，同时对传感器驱动的控制设备（如气候控制和监视设备）的需求在降低。

在接下来这部分内容中将聚焦家用嵌入式系统技术。在经历了漫长的电子化和电气化之后，现在上面说到的各种设备已经可以连接到家用网络中了[1]。换句话说，家庭本身已经成为一个用户的局域网（Local Area Network，LAN），甚至从外界看起来都找不到一台计算机。这种网络承载了通话、电影、图片、音乐，当然还有单纯的信息。而为了迎接这一切的到来，需要完善各种宽带接入方案。

7.1.1　家庭网络 anno 2000

与办公室相比，网络化的家庭最主要的特征是缺少与数字化通信所匹配的物理支撑。而且由于不可能为了布线而重建整个家庭，只能使用手头现有的那些线路：电力线路、特殊线路，甚至根本就没有线路（无线）。1998 年，扬基集团预测，截至 2003 年，全美将有超过 600 万家庭使用家庭网络。根据他们的估计，这些网络中的 25% 是无线网络，5% 基于电力线路，以及 70% 基于特殊线路（如 5 级双绞线，但大部分是电话线）。因此，任何标准的制定都不能忽略这样一个事实，那就是一些小规模的专用线路已经存在。举例来说，音响设施中的物理产品之间已经采用自主协议进行通信了。由于专有系统对市场的影响不大，所以标准化和开放式互联的全球联合才是未来的发展趋势。在这种趋势下，基于电话线的系统有着先天优势，并将继续存在下去，不过无线科技可能会给我们带来额外的惊喜。

为了说清楚家用通信的技术和参数，电子工业联盟（Electronic Industries Alliance，EIA）组建了消费电子总线理事会（CEBus Industry Council，CIC）并制订了CEBus（Consumer Electronic Bus，消费电子总线）的规格（EIA-600）。并且基于IEEE 802.3 物理层标准，其合作伙伴已经在通用应用层（Common Application Layer，CAL）上展开了合作。

很多生产商都在 EIA-600 下合作开发即插即用式的家庭规范来协调各种独立开发的产品。由于 HomePnP（Home Plug-and-Play，家庭即插即用）的运行倾向于使用已有的客户电子协议，它对底层传输的要求很低——松耦合即可。这样的额外好处是设计过程不再需要其他供应商的产品说明。

1. 电力线网络

电力线第 1 次用于电力传输以外的其他用途是为了提供简单控制，这在 20 世纪 80 年代比较盛行。那时只有两个概念还幸存着，一个是 LonWorks，其理念是低耗智能网络。另一种是 X10，其理念是创新性。然而 X10 在中国香港的公司拥有X10 协议的全部产权，尽管每个人都可以建立 X10 发射机，但是只有 X10 公司能够建造并销售接收机。这反倒降低了 X10 所主张的开放性。

基于电力线的通信一般采用频分复用（Frequency Division Multiplexing，FDM）的变种，并且要小心避免多重反射带来的信号干扰。一个最适合的技术理论上应该能够实现 100Mbit/s 的处理速度。还有一种流行的技术采用的是带有冲突检测感知与解析（Collision Detection Sense and Resolution，CDSR）功能的载波监听多路访问（Carrier Sense Multiple Access，CSMA/CDSR），这与以太网采用的 IEEE 802.3 协议十分类似。作为实例，外挂式 PLX 技术能够实现 2Mbit/s 的处理速度。

尽管国际电力线通信论坛（International Power-Line Communication Forum，IPCF）一直在努力，基于电力线路的通信标准还是没有发展前行的迹象，算上其他涉及电力线技术的努力一起，还是找不到在当前形势下进行改变的理由。比如说，基于 CEBus 标准，一些公司（如 Intellon⊖ 或 Domosys⊖）提供了相应的硬件，这使得电力线在不更换应用软件的前提下朝着新技术发生了一些转变，甚至采用电力

⊖ http://www.inellon.com。

⊖ http://www.domosys.com。

线、电话线和因特网三者的混合技术。

2. 专用线网络

1998 年 6 月，一部分美国 ICT 公司（康柏、惠普、英特尔、IBM 和朗讯等）创立了家庭电话线网络联盟（Home Phone Line Networking Alliance，HomePNA），为基于家庭电话线的通信业务起草了一个行业规范，到了 1999 年 12 月，这个联盟的公司已经由最初的 11 个上升到了 100 多个，并且其中 1/4 以上的公司并不是美国本土公司。由于电话线普及程度高，所以使用起来比较方便。为了实现组网连接，需要便于生产、使用、安全性能高、可扩展、支持高速数据传输并且每节点成本低于 100 美元的设备。电话线本来是用来传输音频信号而非那些高速数据的，而现在电话线的数据传输更是要延长到互联网和娱乐领域中去。HomePNA 发布了 Tut1.0 技术，该技术通过频分复用技术分出了 3 个频段：音频（直流 ~ 3.4kHz）、电话（25kHz ~ 1.1MHz）、视频和数据（5.5 ~ 9.5MHz）。

系统默认了住宅内部数据交换的可行性，索尼公司发明的火线协议（后来成为 IEEE1394 标准）是一个数据包引导的协议：该协议支持同步和异步两种传输方式，其数据包的前半部分包含了视频图像的同步线，后半部分则是异步控制消息。尽管原则上可以使用任何一种标准，但最后还是选择了 HomePnP 来管理火线网络。

3. 无线网络

显然，无线是最后的选择，但无线的问题在于选择的自由度上。其标准现在多得像地上的沙子（见表 7-1）。现在，大部分家用无线通信都把目标锁定在免执照的 2.4GHz 工业、科学和医疗（ISM）频段上。

表 7-1　无线家庭网络技术

	应　用	特　　性	频段/GHz	调制方式	最大数据速率/（Mbit/s）	指　定　机　构	认　证　机　构
开放空中接口	移动数据	小、轻、低功耗	2.4	跳频	1.6	无线局域网互操作性论坛（WLIF）	WLIF
802.1 跳频	数据网络	可进行加密	2.4	跳频	2	IEEE	WLIF
802.11 直接序列			2.4	直接序列	2		无线以太网兼容性联盟（WECA）
高速 802.11	高速局域网	宽带	5	FDM	6 ~ 54		WLIF 和 WECA
			2.4	直接序列	11		

（续）

	应　用	特　　性	频段/GHz	调制方式	最大数据速率/（Mbit/s）	指定机构	认证机构
BRAN/Hip-erLAN	高速多媒体	语音、数据和视频	5	GPSK	24	ETSI	ETSI
DECT	家庭和小型办公室	集成语音和数据	1.88~1.9	GFSK	1.152		
SWAP	家庭和小型办公室	低成本	2.4	跳频	2	HomeRF 工作组	
蓝牙	短距离	语音和数据	2.4	跳频	1	蓝牙联盟	

在 IEEE 领导下，802.11 标准不断地完善，并且逐渐替代了 ISM，并在随后带头建立了家庭网络频段。随着该网络频段应运而生的是共享无线访问协议（Shared Wireless Access Protocol，SWAP）；该协议的当前版本是 1.1。SWAP 基于开放的 IEEE 802.11 标准，但是却专门适用于家庭环境。

在欧洲有着另一个开创者，那就是欧洲电信标准协会（European Telecommunications Standards Institute，ETSI）创建的宽带无线访问网络（Broadband Radio Access Network，BRAN）。就是在一般的通用移动通信系统（Universal Mobile Telecommunications System，UMTS）框架中加入了一些针对家用电器的变化。此外，还有一些制造商的倡议也做出了一定的贡献，如 DECT（Digital Enhanced Cordless Telecommunications，数字增强无绳通信）和蓝牙等。

7.1.2　运行家庭网络 anno 2010

自 2000 年以来，家庭网络有了显著的发展，但还是没有预期得那么快。在电力方面，问题的关键在于家庭电池。如今智能电网的发展正致力于家用电器的网络化，这样可以避免突然出现的用电高峰。但同时电池技术也取得了长足的进步，已经快要能够满足整个房子三年的需求了。在这种情况下，家庭电池已经把用电高峰从电网转移到了自己身上，这样用户就坐拥了能够与电力供应商讨价还价的资本。

于是人们建议使用充电后的电动汽车来取代家用电池。行还是不行，这尚且不知。问题是一旦把车开走，整个家庭就会电力不足，所以这么看来电动车倒更能推动家庭电池的发展，从而使电动车的加载也不会带来用电峰值。总的来说，家用三相电网有的都是些短期的优势。

1. 电力线通信

长久以来，电力线通信（Power Line Communication，PLC）一直被稳定性问题困扰着，但现在看起来这个难关已经被越过了。一般来说，载波频率可依照数值分为如下 4 种：

1）超高频（≥100MHz）。该频段主要用于家庭之外的长距离通信。

2）高频（≥MHz）。我们的电力线通信就位于这个频段。可以把计算机或者类似的数字设备简单地插到墙上就可以享受高速的网络访问。

3）中频（kHz）。主要用于遥控器，但也可以用于家庭无线传输。

4）低频（<kHz）。这个频段上有很多流行的远程读取应用。若干米的传输距离使其在家庭网络中也有用武之地。

PLC 世界——anno 2000 主要遵照两个标准，IEEE P1901 给出电力线如何用于数据传输，ITU G.hn 则与其他种类的家庭网络连接一起组建一个家庭网格。

2. DLNA

数字生活网络联盟（Digital Living Network Alliance，DLNA）旨在为家庭提供多媒体服务。现如今市面上共有 7000 多种各式各样的设备，多多少少也能保证用户设备的互联，同时带来的还有数字版权管理（Data Rights Management，DRM）。当然这一领域里还有其他的参与者，但是他们只是起到一个补充的作用。

UPnP（Universal Plug and Play，通用即插即用）论坛是一个工业先驱，主要关注不同厂商的独立设备和计算机之间的连接问题。即插即用技术是数字化家庭中的互操作网络的关键标准，另外，网络家庭联盟——一个交叉工业领袖网络推动了家用技术的发展、探索了新的应用，并且针对用户需求进行了多次试验。对于 DLNA 这种旨在通过特殊框架来推动互操作网络发展的组织来说，这两大组织的工作都是补充性的。

3. 互联网

互联网除了可以传输数据之外，也可以传输电力。以太网供电（Power over Ethernet，PoE）是无线电力传输（或者第 4.1.3 节中提到的能量采集）的一个替代方案，可用于向网络中的数字设备提供 15 ~ 25W 的能源，如 IP 电话、摄像头、LCD（Liquid Crystal Display，液晶显示器），而在我们讨论的情况中还可以加上 USB（通用串行总线）。其实现一般遵循 IEEE 802.3af 标准。

由于选择方案十分多样，互联网技术看起来正在各行各业缓缓地进步着。随着 Android 系统的崛起，我们发现所有的消费品（包括电视）都可以接入网络。另外，电视仍然可以与计算机互接。这意味着家庭网络中的各种问题正逐渐得到解决，剩下的就只有电力和应用程序的问题了。

7.1.3 家外之家

当家庭自动化的问题终于得到解决之后，我们的目标转向了照料、舒适、关心式的家庭。这样的家庭里愉快而又安全且从不强迫用户，关于这句话，下面的故事就是一个典型的解释：

鲍勃总是感到自己的房子有点奇怪，就好像总是有人在看着他，但是无论他怎么找，都找不到任何奇怪的地方。渐渐地这种感觉逐渐淡却了。他仍然会感觉到有什么在注视着自己，但是已经不再停下来寻找那是什么了。最后他完全忘记了这回事，变得轻松自在。

有一天，当他回到家的时候，发现门口挤满了警察，他们在等他。这些警察是被从家中打出的一个电话叫来的，原因是发现并驱逐了一个窃贼，这一切都是直接发送到警察局的。当警察赶到时，整个事情的经过、现场图片和脚印已经被打印完毕。但这些是谁做的呢？家里本来是没有人才对啊，就连邻居今天也外出参加葬礼了。

所以，当警察离开后，他径直来到自己的计算机前。打印必须经过这台计算机并且一定会留下痕迹。事实上，计算机里确实有一个……他自己制造的文档？计算机显示他就是文档创建者，但盗窃发生时他明明不在家，这怎么可能呢？第二天他想了一遍又一遍，他觉得有人在冒充自己，但是又没有人见过这个人。

随后大家开始想起家中那些不起眼的小细节，艾丽丝曾经有一次对着镜子边整理形象边自言自语，随后听到鲍勃对她说她看起来不错，可当她回头看向他的时候，鲍勃已经不在那里了，但当她从舞会回来以后，鲍勃故意冲她笑了笑，那真的是他吗？伊夫则讲到有一天晚上她溜到厨房想吃点草莓，但是当她打开冰箱门的时候，从暗处传出鲍勃的声音，告诉她除了草莓不能拿，其他的都可以。

所以说，他一直以来的感觉都是对的：是房子，一定是房子闹鬼。早晚有一天，房子会露出獠牙取代自己。很显然，房子从过去几个月的生活中掌握了鲍勃的性格并逐渐模仿他了，鲍勃赶紧打消了这个念头，因为如果真是这样，天知道会生什么?!

鲍勃在夜晚离开了家，他在艾丽丝家中给自己家打电话，居然是他自己接了。那到底是谁在家呢？想知道答案的话，唯一的办法就是闯进自己的家了，他还真就这么干了。他翻墙潜入了自家后院，衣服被刮了一个大口子，等他落到花园里之后，笼罩他的是一片寂静，如果不是在这种场景下，倒还是挺惬意的。他慢慢前行、时刻警觉，一切正常，他打碎厨房的玻璃，从里侧打开了门，一切还是那么顺利。房子里连个人影都没有，没有任何自然或者超自然现象存在的痕迹。

这时他突然感到累了，于是就坐了下来。几周来的紧张情绪以哭泣的方式释放了出来，但是他并没有流泪，透过模糊的双眼他所能看到的只有一片空虚，不，不是空虚，他看到了无数针孔一样的眼睛在黑暗中出现，接下来黑暗中传来一个声音安慰他：一切都好，你还有朋友们，所有的烦恼都会过去的。就这样，渐渐地他进入了梦乡。

次日早上，当鲍勃醒来之后，就好像是做了一场噩梦一样。但是身上的伤口和衣服上的刮痕告诉了他，昨晚一定发生了什么。就在这时镜子里出现了一个友好的面孔对他说：早上好。鲍勃很愤怒，责问他的名字和企图。"我是你的房子，我们需要谈谈，你昨晚的行为很不正常，你居然闯入自己的房子，并且对我们双方都造成了伤害。"鲍勃吓得直接起身就跑，但是门已经被锁上了，他十分惊恐，完全不知道自己该干什么。

过了一会儿，他的恐惧逐渐消失了，甚至开始感到兴奋。而房子也开始向他解释起自己的由来，它是由一名机器人工程师制造的，工程师很喜欢制造各种各样的小机器人，当他手头上的机器人达到了一定数量时，他开始给这些机器人分配他不在家时各自的职责。在他死后，这些机器人互相依赖，一同守护这栋房子。相对来说，房子的新主人还是比较容易辨认的，这些机器人会很快地适应这名新主人并且开始照顾他，就像曾经照顾它们的创造者一样。白天，它们并不会出现在人们的视野中，到了晚上，它们才会出来工作，就这样，一直没有发生什么不好的事情。它们还学会了委派代表并且开始特殊化，这使得它们的能力更加强大。它们能够测量人的脉搏、体温，分析人的呼吸。它们还会对房子进行检查并对维修事宜进行安排。每天开始的时候，它们会将一天中的发现和行为汇总，然后报告给计算机终端。

这样的行为已经持续了数十年，这些机器人没有做过一件有害的事情，它们把房子收拾的一尘不染，而房子的主人们却丝毫不知它们的存在。鲍勃甚至开始喜欢上了这种感觉。有时，他会觉得自己看到了其中的一个机器人，但有时他还是感到自己孤身一人。他不再需要关注自己的健康状况了，因为机器人每天会将其记录在案。同理，他也不需要检查房子了，机器人会将故障和隐患尽早修好。当他上了年纪以后，他仍可以一直在家待着，机器人会把所有事情替他做好。

7.2　人—家界面

在下几节中，我们将从两个具体方面了解一下高科技家电。首先来回顾一下随着家庭环境下观察行为和传感器测量的逐步复杂化而产生的那些相关技术。例如，前面提到的图像设备给我们带来了消遣和办公上的便利，也增强了家庭及其成员的安全性。还有就是别忘了那些用途广泛、精确度高、成本灵活的摄像头。

接下来重温一下各种图像数据显示技术，尤其是在娱乐方面，对显示的要求没有上限，细节越多越好。而我们给出的显示方案则从小型移动设备延伸到多屏幕投影系统。

图像处理与显示需要非常高端的工艺，无论传感器的信息获取还是后期的信息描述，都需要大量的数据计算。对于图像处理和显示设备来说，通过开发复杂的算法可以实现更大规模的设备，并用于处理来自多个摄像头的计算式图片和多重图像修补和融合。

7.2.1　家庭成像仪

随着微电子的发展，摄像头是发展迅猛的典型产品实例。微电子设备对光十分敏感，虽然这一点我们早就知道，但我们仍在使用它们[2]。在 20 世纪 80 年代，CCD（Charge Coupled Device，电荷耦合元件）感光元件的发明引发了对焦平面视觉传感的研究热潮。随后出现的 CMOS（Complementary Metal Oxide Semiconductor，互补金属氧化物半导体）技术则改善了数字计算引擎的界面，使得视觉设备便于集成到其他商品之中。

显然，一个传感器的能力（像素数量）是越高越好的。当前光电转换的质量取决于元件使用的硅的纯度，而晶片的产量又与传感图片的质量息息相关。通过提高技术水平，单个传感器的成本会下降，但是对于比较大的目标，总要有些额外的花费。所以我们提出了传感器阵列来解决，传感器阵列是一个固定装置，它是由很多小而便宜的传感器组成的一个整体[3]。这样问题就转移到了图像融合和同步上面。

将传感器配置为 RAM（Random Access Memory，随机存储器）会给后面的图像传输带来存储上的瓶颈。这时图像压缩起了作用。但是从有线发展到无线之后这个问题再次加剧，所以要在传感器中进行更多的预处理。

因此，出现了两个截然不同的发展方向，对于那些偏重于特征提取而不是整张图片传输的焦平面传感器来说，Anafocus 智能处理芯片的发明增加了其模拟电路中的图像处理基本硬件的数量[4]。另外，NXP 发明了一种可以长时间处理双缓冲图像扫描线从而降低带宽需求的处理器[5]。这两个发明都看准了视觉传感器的智能化，并且为单个摄像头提供了很多基本功能。

随着相关支持技术的不断产生，数字摄像头的应用越来越广泛（见图 7-1），但是大多数摄像头还只是一个单独的图像捕获设备，通过将其智能化所带来的多功能性大大降低了业余领域中的操作难度。然而，其中还是存在架设上的问题。

这些设备与人的眼睛相比，区别在于人眼相当于具备了自动适应场景的镜头，并且能通过双视角实现景深控制、特征提取和图像理解分层。尽管现在各种新层面

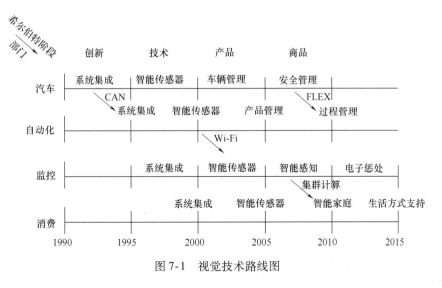

图 7-1　视觉技术路线图

上的研究开展得如火如荼，但是问题在于如何将得到的成果用于当前工业自动化的发展之中。

举例来说，现在应用的焦点已经转向了金属工业，在金属工业中，需要在物体表面（如轧钢厂钢材表面）进行缺陷的检测、隔离和诊断。在当前的形势下，只使用单个摄像头，这需要大量安装和维护工作，因为系统既需要光源又需要将摄像头安放在合适的角度。在多样性的实现方面，生物学给我们的启发是通过使用大量便宜简单的视觉传感器来协同完成高质量的工作或者实现自适应功能。

1. 三维测量方法

在过去，曾经探寻过很多种用于图像内部的测量方法，这些方法大致可以分为 3 类。

第 1 类，摄像头的安装地点是固定的，但是假设过程中可以留出很多空间便于后续设计。通过检查已知目标的测量值变化可以实现自校准功能。ter Brugge[6] 在论文中提到，系统能够把图像中检测到的车辆牌照与已知数据进行比对，通过比对可以将不完整的车牌图像补全，从而使摄像头的工作不再受拍摄角度的限制。

第 2 类，使用两个摄像头来观察同一个目标[7]，实现其自校性需要两个摄像头的基础矩阵是相关的。现在假设画面中有足够的目标，那么可以通过建立极线并解出基础矩阵来得到两个摄像头各自的观察角度。或者还可以在目标一进入场景之后就及时报告[8]。

第 3 类，使用激光发射仪在目标上投射一个激光光靶[9]，随着目标的移动，系统对新旧光靶之间的像素进行计数并且为视觉传感器引入时钟频率来进行目标测量。

　　这几种方法的共同点是需要将目标及其阴影分离，因为阴影会使目标的边缘变得模糊，还会延伸物体的周长。但是现在要反过来利用阴影，主要是因为在工业环境中目标与摄像头之间没有任何物体，这使得传统的自校验方法难以实施，但换句话说这样也使光影效果十分清晰不受干扰。根据参考文献［9］，现在可以对单摄像头模型论证。

　　如图7-2所示，在摄像头两边各放置一个光源，二者与目标形成一个三角形。两个光源所在点之间的距离记为 D_{max}，现在设 M 和 N 是屏幕的两点，二者之间的距离记为 D_h，点 O 是三角形的顶点。从点 O 到线段 MN 的垂直距离记作 H_k，到线段 AB 的距离为 H_{max}，那么根据三角形法则，可以得出：$D_h/D_{max} = H_k/H_{max}$，即 $D_h = (D_{max}H_k)/H_{max}$。这个公式就是计算模型中实际距离的理论基础。

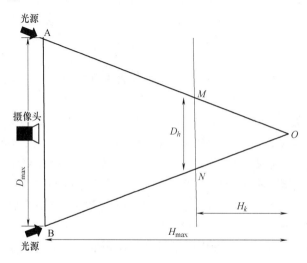

图7-2　应用于系统模型的测量方法

　　首先，D_{max} 显然就是两光源之间的距离，这个距离是很容易测量的，使用尺子这类普通工具就可以。然后由于顶点 O 在画面之后也就是说是虚拟存在的，所以不可能直接测量出 H_{max}。尽管如此，还是可以通过三角公式计算出来。为了简单起见，两个光源与屏幕之间的角度值 α 和 β 相等，换句话说，三角形 AOB 是等腰三角形。根据等腰三角形理论，H_{max} 可以通过 $\tan\alpha \times D_{max}/2$ 求得。最后，通过 $H_{max} - H_d$ 可以得到光源或者摄像头与屏幕之间的垂直距离 H_k。

　　为了便于总结上面的推导过程，将 D_k 公式改写为

$$D_{max} \times (\tan\alpha \times 0.5D_{max} - H_d)/(\tan\alpha \times 0.5D_{max})$$

式中，D_{max}、H_d 和角度 α 都很容易在钢铁厂中测得。

　　还有一个需要注意的问题是视角问题，结果是圆形变成椭圆形。方便起见，引入水平分辨率 K_h（它定义为一个像素宽度所对应的实际空间水平长度）和垂直分

辨率 K_v（它定义为一个像素高度所对应的实际空间垂直高度），在这个基础上，矩形的长与宽 D_h 和 D_v 就可以按照上述的三角公式求出。当摄像头的位置或者观察角度发生变化的时候，就意味着两点之间的像素数也产生了相应的变化，所以分辨率 K_h 和 K_v 就需要重新计算。

摄像头的镜头被公认是不完美的光学设备，所以在图像边缘容易出现非线性失真。所以，由 D_h 和 D_v 定义的矩形不能与图像边缘靠得太近。换句话说，D_h 和 D_v 应该定位于图像的中央区域并且数值要适中，但是对于走曲线的目标，这样做的意义不大，因为随着视角的改变会再次出现非线性失真。

2. 多重摄像头

以校验为目的的多摄像头应用已经在前面的章节中提到过了，摄像头与控制摄像头的服务器共同完成校验设置[10]。这种方法还有其延伸，那就是摄像头阵列，其中服务器会将单独的图片拼接成为一张完整的大图[3]。这个技术的缺点在于需要对图像进行传送，这往往需要高性能总线才能做到（GB/s 级别），这样，无线摄像头组的成本就高得离谱了。

在 VASD（Vision Array for Surface Detection，用于表面检测的视觉阵列）工程中，首先是在每个摄像头中都要进行特征提取[4,5]，随后服务器会对特征值进行审核并做出最终的判断[11]。图 7-3 显示了该操作方法。当目标经过或者多个摄像头拍照的时候，光源会给目标留下投影，然后测量这些投影并将数值发送到服务器，而服务器中相关系统是非线性的冗余数据串。

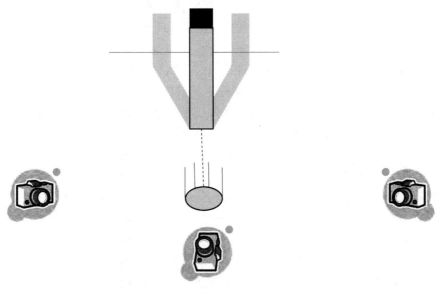

图 7-3　不同的相机会看到不同阴影

系统开发的第 1 步就是 MATLAB 模拟。在 MATLAB 里可以建立任意形状的目标并且可以随意设置各种摄像头和光源，第 2 步要逐渐将 MATLAB 中的这些东西转变为现实（见图 7-4）。开发过程中最主要问题不仅包括向智能视觉传感器的转化还包括 MATLAB 本身并不支持阴影定型。为了实现目的，使用 MAT-LAB 附加包"光学实验台"里所包含的光线追踪功能。屏幕是光线传输的基本元素之一，能够将点阵呈现出来，进而能够显示阴影图像、实际光照区域和非光照区域。

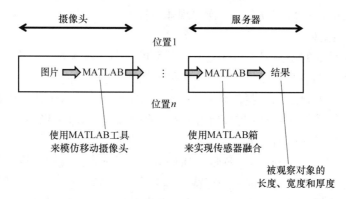

图 7-4   VASD 发展的第一阶段

光线是制造阴影的非常重要的元素，这基于光的直线传播这一物理定律，即光落在一个物体上面之后会被物体所阻挡，其余的照射在屏幕上。最后屏幕上反映出的就是阴影，也就是光本来应该照到的区域。显然一道光线并不足以投影一整片区域，所以对光线的数量的需求直线上升。图 7-5 描述了使用 1000 条光线来进行区域投影的过程，并且通过不同的视角进行观察，如前方、侧方、后方。

遗憾的是，阴影并不是什么时候都唾手可得的。因为从某个特定视角观察的话，阴影可能会被物体本身遮住，直到物体或者光源移动之后才重新显露，但是一般移动的是摄像头，或者干脆多个摄像头同时启用。

7.2.2   全景可视化

真正的产品创新绝不是突然冒出来的。仅仅靠那些令人惊奇、意外的主意是永远无法占领市场的。为了达到有效的市场效应，除了主意以外，还有很多事情要做。并不是说只要合作了就一定会有好结果，但是齐心协力总会创造更大的机会。当把云引入移动网络领域之后，这个领域中就有着无数的创新机遇。

现在谈谈 3 个突破性创新的潜力（尽管还没有确定这些创新的重要程度）：

1）发光二极管（Light Emitting Diode，LED）：LED 显示器支持任何形式和形状的画面擦除。

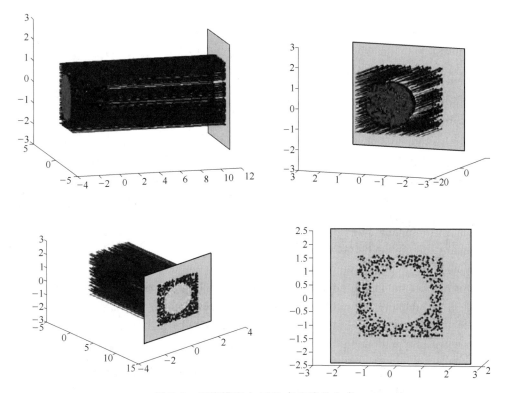

图 7-5 系统模型中 1000 条光线的生成

2）图像捕获：更小、更精确的捕获摄像头。

3）3-D 成像：更好的 3-D 渲染算法。

普通照相机和相框的时代已经过去，在过去的一段时间内，见证了照相机的数字化，这使得照相机在拍摄传统标准二维照片的同时可以应用于更多的市场领域。同时，电视屏幕也舍弃了电子管技术并开始使用比以往更大、更平的显示器。综上所述，技术在飞速变化，而产品外形上并没什么太大的改变。那么，如何实现不受观察视角限制的全景图片的捕获和显示呢？

1. 全景原理

随着体积越来越小、价格越来越便宜，照相机正逐渐转化为各式各样的视觉传感器，进而嵌入应用到五花八门的商品之中，这已经是视觉设备取代传统相机的时代了。能够遇见未来的走势固然很好，但是也可以做一些另类的思考，如果提供足够的计算能力，3-D 投影技术并不是遥不可及的，这就为多摄像头拍摄的照片提供了定位修正的可能。

全景摄影是个很老的概念，其相关理论经历了长足的发展[12]。球面摄像头的原理模型基于一个拍摄非线性形变图片（这些图片一起能够组成一个 360°的全景视角）的大光圈之上，具体表现为一个悬挂在天花板上的小圆顶。该模型的标价高于 1000 美元。

相对便宜的选择是用摄像头来观察一块旋转的镜子，这样摄像头就可以固定了，而镜子本身就很轻，转起来也比较容易。这里存在一个机械上的难题，那就是摄像头和镜子的转动要保持同轴，这样就要把摄像头装在镜子的旋转支架上，这大概得花 400 美元。

自助（Do It Yourself，DIY）自制街头全景摄像头不需要使用任何移动的部件，但是需要 8 个摄像头一起工作[13]。每一个微软 LiveCam NX-6000 摄像头能提供 71°的视野。那么单纯叠加的话貌似 5 个摄像头就能覆盖 360°的全景了，但是如果各个摄像头之间的重叠视野太小，很容易出现定位错误。每个摄像头都连接到一个笔记本电脑上，其软件是开源的：autopano 可以识别不同图像中的共同部分并将它们水平排列，而 hugin 则将这些图片缝合在一起。整体的花费是 300 美元加上一台笔记本电脑。

Sony Cyber Shot 这款产品是一个有着移动部件的照相机，拍摄视角可达到 300°，可提供例如俯视图一样功能。但是这款产品并不支持自主移动，所以并不能用于全景图片领域。但是摄像头正变得越来越轻，轻到像一面镜子，所以显然可以直接旋转摄像头来实现上面的全景功能。更好的是，这个摄像头甚至可以用智能手机来代替，也就是说，可以单独安装。这样在为其制造支架的时候只需要考虑旋转和稳定这两个功能就行了。这样的产品花费只要 30 美元。其中，摄像头和旋转之间要高度同步，它必须获知捕获图片的时间，在那段时间内旋转要停止。Sony Party Shot 就是一个现成的例子，这个扩展架看起来像个小盘子，可以支持两种不同的索尼摄像头在上面安装。

2. 数字肖像

任何显示设备都可以显示肖像，在电子世界里画像是没有形状和大小的限制的，在当前的数字肖像的形状和传统的画像十分相似：很平，尺寸固定，上面有一张照片，不同的是这张照片是支持打印的数字照片。随着 LED 甚至电子纸张的发明，陆续出现了其他形状和尺寸。

1）圆形显示器，就像台灯那样，只不过现在是电子操控。这是观察全景视角最理想的方式。如果在家里放置一个，将会带来很大的变化。但在一开始的几年，它可能仅仅是办公室里的一个高技术装饰品。

2）凸面显示器能够在有限的区域内显示相对较宽的图像。这非常适用于橱窗背景的显示，首先想到的就是可以应用于旅行社里。

这些例子表明，传统 2-D 图像和 2-D 显示器之间的关系可能会发生改变，这带来了很多的可能性。其中最重要的因素是图像维度的改变。例如，在一个弯曲的表面上显示一张平的图像时，人们可能会考虑引入 3-D 视图，或者反过来，当图像铺设在凹凸不平的表面上时，可以考虑适当的像素添加（飞利浦电视）。

显然，软件是这个领域中最关键的角色，但是现在看起来在不损失图像质量的前提下将图像按序列进行变换是不可能的。所以，2-D 图像可能仍有保存的价值，而图像的数字显示则要从当前图画的存储状况开始下手了。

3. 电子纸张/阅读器

由于移动设备的能量预算比较紧张，因而其显示功能一定要节能，并且在各种光照条件下都不影响阅读，还要有较宽的视角。反射显示能够满足上述条件中的绝大部分。这些优点将引领一系列基于反射显示的商品的市场分析和基于该技术的潜在商品研究。

电子纸张技术的传播非常迅速，但是相当一部分公司正在为迈向下一阶段而努力着，那就是关于颜色的工艺问题。很多公司现在采用在显示平面前侧添加颜色过滤层这种方法，也有的公司（如一些胆甾相技术公司）需要添加三原色（RGB）层来实现上色。富士通公司研发的可重写有色电子纸采用的是胆固醇选择性反射技术⊖。并且声称它们已经制造出了有色电子纸（FLEPia）。另外，LG Display 公司⊖也生产了一种使用电子墨水的有色电子纸。

随后，Liquavista 与 Advance Display Technologies 两家公司也生产出了有色电子纸张，并投放市场，该行业中的其他公司则仍在努力实现这一技术。

尽管电子纸早在20世纪70年代前期就已经出现在我们周围[14]，但是当时并没有广泛运用于商业用途。阻碍这一点的主要因素是当时电子纸的对比度不够高，而且微电子工艺水平的发展还处于早期阶段。目前，电子市场上有着很多种由电子纸派生出的产品，并且还有更多的新产品正处在研发过程中。

当前，电子纸张的显示市场被电子墨水技术所主宰，该技术有着最多的客户群，以至于大多数客户都分不清电子墨水与电子纸的概念。姑且不说该技术的优势，电子纸的刷新率仍然较低，因此不能用于连续动态画面的显示，该技术在上色方面也存在问题，但是正如上面提到的一样，全世界都在针对这一点进行研究。所以，在未来的几年中，基于电子纸的电子设备将如雨后春笋一般不断涌现。

电子纸并不需要用背光来显示像素，不像传统纸张和图片那样需要周边环境的反光才能被看见。电子纸只有在信息加载时需要耗能。从那以后，信息就会保持不变，直到被新的信息取代。结果是电子纸常适用于电量紧张的移动设备。

CRT（Cathode Ray Tube，阴极射线管）显示器和 LCD（Liquid Crystal Display，

⊖ http：//www.fujitsu.com/global/about/rd/200509epaper.html。

⊖ LG Philips，"LCD 开发出世界上第一个灵活的彩色 A4 尺寸电子纸"，http：//www.lgphilips-lcd.com/。

液晶显示器）都有不能忽视的缺点，如背光对视觉的损害、从特定角度观看很不清晰等），电子纸则没有上述的这些问题，因为电子纸更轻（甚至薄如纸片）、更灵活，还可以像普通纸张一样折叠，可以在强光下、以180°视角阅读。表7-2列出了把电子纸投入实际使用所需要的条件。

表7-2 电子纸技术的一些基本要求[15]

电子纸技术的要求	
功率	必须是双稳态的，使用零功耗保持静止图像
分辨率	最小分辨率为150dpi
对比度	10:1
可视角度	超过100°，最好接近180°
成本	价格便宜，价格应该几乎可以与纸媲美
刷新时间	小于1s
反射率（亮度）	应该是在阳光下可读，反射率超过30%
灵活性	它应该是可弯曲的
质量轻	它应该几乎与纸卡一样轻

目前，所有的电子设备中最普遍的就是电子阅读设备，这类设备按键很少，无论阅读者身在何处、光照条件怎样，都能提供稳定的阅读体验。

4. 反射显示

正如第7.2.1节中所描述的，反射式图像显示系统[16]是有商业价值的。相反的，一个可扩展、高分辨率、对场地要求不高，并且成本效益良好的多重投影方法[17]也是可行且需要的。为了建立大型投影系统，就必须要解决图像扭曲和弯折的相关难题。当传感系统处于运动状态时，还得不断对图像进行登记，同时进行轨迹上后续图像的缝补和融合。对于单次获取的传感信息，当然是越多越好，通过适当的光学和结构设计，摄像头不仅可以提供图像，还可以测定距离。计算摄影学的一般学科领域已经发展到支持通过计算来关闭传感器/相机负载。

一个模块化、可就地架设的全景环境可以使用现有的低成本技术来建设，如有着独立放映机和反射镜的折射装置⊖。而相对应的预弯曲和边缘融合处理算法也已准备就绪。

见表7-3，建立一个全景浏览环境有着很多不同方法。

⊖ 反射式投影仪面板内置有反射镜（反射光学）和投影仪/镜头（屈光学）的组合，其中投影仪/镜头有自己的投影面板。

表 7-3　全景浏览技术的优缺点

技　术	优　点	缺　点
LED 墙	● 高亮度，高对比度 ● 技术成熟	● 成本昂贵（需要数百万 LED 灯） ● 重，易碎 ● 耗电 ● 驱动系统复杂
有机 LED	● 自发光 ● 柔性基板（潜在）	● 非常不成熟 ● 寿命短（约 1500h）
平铺 LCD 面板	● 成本合理 ● 商用组件分辨率高	● 重，易碎 ● 面板之间存在差异 ● 很难加入边缘 ● 使用商用面板需要数百个视频驱动程序
单台投影仪	● 系统简单 ● 可现场部署	● 分辨率和亮度有限 ● 单点故障（灯泡） ● 成本相对较高 ● 噪声大，发热多 ● 振动问题
投影仪面板	● 成本低 ● 可现场部署 ● 分辨率高 ● 对比度高 ● 商用组件	● 需要对图像进行处理，以匹配面板边缘和拼接重叠 ● 每块面板需要视频驱动程序

　　LED 面板广泛地运用于户外广告和各种大型活动。尽管 LED 亮度够高、画质够清晰，但是同时其花费也很昂贵，能耗高，复杂性也不低。有机 LED 显示器能够克服上述这些限制。与众不同的是，有机 LED 理论上可以被"印制"在大型基底上面，这正是全景视图想要的效果。尽管如此，该技术仍处于研究阶段并且尽管已经生产出了一些小型的产品，但这些产品暴露出寿命短的问题（约 1500h）。

　　LED 面板这种曾经很昂贵的东西现在已经成为一种日常中普遍存在的技术了，其固定成本已经降低。通过将多块（相对）小型、廉价 LED 显示器拼合在一起，可以实现有限花费下极高的分辨率。尽管在以前强调它的缺点，但是现在几百个显示器的无缝拼接和相应的视频驱动支持绝对更加昂贵而且极其复杂。

　　反过来，也评估过完全相反的方法[20]，就是向位于天花板上的半球形镜面或者圆柱形包围环境进行投影。通过评估得出的结论是单个投影机，哪怕是为商业摄像头精心设计的那种，也无法提供足够的光照和分辨率。而且还包括发热、噪声、震动敏感等其他问题。

全景视图环境可以使用相同的自给自足型折反射式投影面板来构建，这些面板拥有各自的投影仪和反射镜（见图7-6），这种多重投影方法可扩展（将投影板装在更大的环境中）、分辨率高（用于显示重叠的元数据）、可现场部署（因为结构简单、质量轻、可折叠），并且成本很划算（如今商业级 LCD 和 DLP 投影仪的售价已经跌倒了 1000 美元大关以下）。

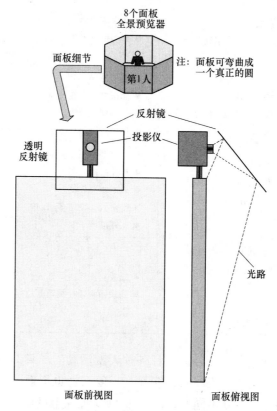

图7-6　全景浏览器概念和各个折反射面板

环绕全景图像环境的建立方法是使用一系列的投影面板，在该系统中，每个面板都有独立的投影仪和光学反射。面板可以是平的（为了简单起见）也可以是弯曲的（提供圆柱形环绕环境）。额定配置包括 10 个 8ft × 6ft（1ft = 0.3048m）的按圆柱侧表面排列的面板，这些面板构成了直径大约 20ft，水平覆盖 +/−20°环绕圆柱（即观察距离为 10ft），并且使用标准 XGA（Extended Graphics Array，扩展图形阵列）投影仪提供超过 1000 像素的垂直分辨率和超过 12000 像素的水平分辨率，为大数量高分辨率的全景元数据叠加提供了良好的平台。

这些环绕排列的面板最终构成了我们想要的全景图像，系统给每一个面板分配一段图像用来投影。中间会采用校对程序来修正投影仪、镜面和面板中的画面错误，整个系统的难题在于如何保证面板边缘处图像的连续。这个问题可以通过以下方法解决：

1）按照某个视频标准（如 D65）调整每个投影仪。

2）对面板进行调整使每个面板提供的图像都与相邻面板的图像轻微重合。

3）对全景图像进行数字处理后为每个面板提供独特的子图，子图自身的几何形变可以与相邻面板吻合，并且在边缘处会折叠。

这种基于显示面板的系统的核心部分是中央视频处理单元，该单元负责将全景图像分割为若干子图并分发至各个显示面板。这个视频处理单元的主要任务如下（参见图 7-7 中的实例）：

1）对输入图像进行整体缩放来匹配全景显示的尺寸。

2）预先对每个图像进行弯曲来适应投影路径上的光学变形（如梯形失真）。

3）按照不同的投影距离调整画面亮度。

4）对每张图片进行旋转、弯曲、缩放操作来进行排列。

5）对图像边缘进行折叠实现相邻面板的无缝拼接。

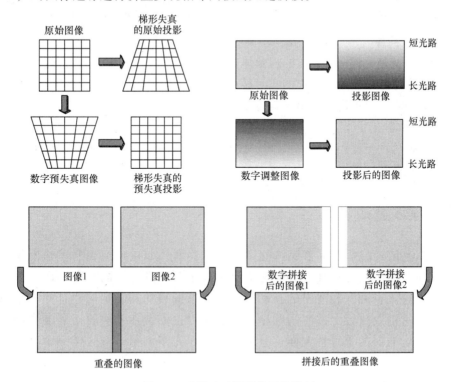

图 7-7　多屏显示投影的图像处理

处理投影数据的图像软件开发挂在数字图像弯曲项目下面，使用可分离（一维）的重新取样算法，通过矩阵变换（二维）显著降低了数字图像的复杂性。

举例来说，Fant[18]提出过一种可分离算法⊖，该算法非常适应于 FPGA 的硬件实现。大体上讲，该方法是天然连续的，起初只用于后向映射已知的情况。Wolberg则提出了另一种算法[19]，其硬件实现方面的表现稍逊前者，并且只用于前向映射已知的情况。后来发表的一篇论文[20]中证实上面两种方法输出同样的扫描线，从这个角度看两种方法是等价的，文章还解除了前向与后向映射的限制。

Fant 算法的优势在于硬件实现简单，而 Wolberg 算法的优势在于可以并行处理从而加快执行速度，不仅如此，该算法的优势还包括能够避免 Fant 算法中不断累加的计算步骤所带来的数学舍入误差。两种算法都可用于上面的两种方法。

对于边缘拼接处理[21]，建议采用 Bourke[22]提出的图像灰度校正算法。

5. 圆顶投影

前面描述的投影系统是最终要达成的完全可视化环境的一个简单实现。圆顶投影要么是从圆顶的中央投射出来的，要么就是从除了圆顶之外的其他地方建立背投系统。背投系统需要预先对显示面板进行修补和折叠处理，圆顶投影显示系统是由飞行/训练模拟系统进化而来的，所以可以为家庭用户提供令人振奋的游戏体验。

6. 全息图像

圆顶图像是一种向外投射的视觉体验，而全息图像则是一种向内投射的视觉体验。全息图像已经被用于人物的实时显示，在家庭中的应用则体现在生日聚会、约会等场景中当事人不需要都出席就可以进行下去。

7. 生命墙

在生命墙项目[23]中，墙上的画不仅是装饰而且还附有大量传感器和电子电路来实现家庭监控，通过这个技术可以实现传感器、显示器和控制端的集成。

7.3　媒体邀请者

媒体邀请者的本质是多媒体处理的全面共享，如在家庭相册里诊断里面的人的肩膀存在的问题一样，必须考虑到客观限制来进行协同，在移动领域这就引发了人与人在翻看相册时的互动行为。本节的目的是确定构建这样一个系统所需的技术以及执行上的时间顺序，再就是讨论系统在模块的任意混合能力方面带来的机遇。为了解释上面这些话的意义，先来浏览一下这样一个交互结构的各个部分。

⊖ 正交 1-D 操作与 2-D 操作协同执行，没有不良影响的。

下面这个案例在一定程度上证明了我们的预想。

等我在看电视的时候，电话突然响了，是我妻子打来的，她让我选择一张孩子的照片，然后她用相框装好送给老人。因为她是家庭网络的认证用户，所以她可以直接访问家里的照片库，并在电视的一角指出她的选择。而我则使用自己的手机指向我最喜欢的一张，她也觉得不错，然后拿走了照片。

这个例子比较典型，整个连接过程的访问、存储和显示设备是完全不同的，而且完成的功能也不一样。当我妻子开始打电话的时候，一切都还只发生在她的设备上。随后她给电视和家庭存储搜索端发送了手势指令，手势指令在她的手机上有一个复制体用来记录我的动作，这样她就能看到我的选择。换句话说，实际打电话的那个人连接了家庭网络，建立了与我的连接随后离开。显然，这样的场景需要经过精心的设计和较高的安全性。

7.3.1　综合媒体社区

由周围视觉提供服务的经典社区是房屋买卖、视频监控和国土安全等网站。通常情况下，人们在相对昂贵标签处安装球形摄像头来支持此类应用。同时，它们往往强调网站构建的鲁棒性。于是，摄像头是作为公司服务的一部分，因而公司愿意出高价进行一次性购买。通过采用低成本解决方案，任何人都能构建社区，例如可以私下在网上卖掉自己的房子。但是，对图片的需求更为旺盛，这些需求主要来自于聚集在一起的群体。下面是一些建议：

● 聚会：用于捕捉婚礼誓词或者切蛋糕这类庆典上所有人聚在一起的瞬间。当然，有时也会有一些人会扛着摄像机拍摄正全神贯注在庆典上的众人。

● 特殊时刻：例如，拍摄孩子围成一圈过生日时的照片，或者还可以拍摄全家人在饭店或者度假村吃晚饭的照片。

1. 基本操作

那得到的照片之后要怎么做呢？图像信息的作用无外乎两个：一是便于重大事件的记载，二是作为一种交流的方法。这不需要那么多的技术支持，但是其中的重叠度很高。尤其是当交流本身就是一种记载手段的时候。简单地说，我们可以依照"A2I（A-to-I）模型"来区分下面这些项目：

1）［增强］通过进一步的信息来增强图片的内容，这与文档中的超链接比较相似。这不仅能吸引读者，还能便于搜索。

2）［背景］将主要特征放置在一个新的场景中，这就像工作室摄影常常采用的背景幕布一样。

3）［创作］为了美观的需要更换图片中的部分位置，如去掉阴影。这引发了一个讨论，那就是拍摄好的照片更需要好的镜头还是后期处理。

4）［尺寸变化］对图像进行尺寸变换，用于往走廊或者地球仪上贴图这样的情况。前面把这当做一种吸引关注的方法，其实也可用于艺术用途。

5）［编辑］对像素的编辑。

6）［框架］用美观的相框包装相片、用于展示。

7）［生成］用软件生成功能制作或者补充图像。

8）［解释］为了其他目的而进行的特征抽取。

这些业务操作中的大部分都已经用于如今的摄像头了，尽管如此，其价格也不是那么容易接受的。这些操作对计算的准确度要求很高，所以对系统性能的要求也跟着水涨船高。NVIDIA 和其他类似的图形处理公司干的正是这类事情。最近，装备了 GTX280 的索尼摄像头问世，要知道，相比于高性能来说，当前手机市场更偏向于那些低功耗的产品，所以之前像 GTX280 这种设备还从未出现在移动技术市场上。

随着用户需求的不断提升，云计算来到了我们眼前。最近，为满足游戏需求，提出了软件即服务（SaaS）这一概念（NCsoft 的 Guild Wars 和 AMD 的 Fusion Render Cloud）。旨在解决通信带宽问题，因为流媒体的出现使得计算和传输可以在需求产生之前就开始启动。如果没有流媒体技术，那这个优势也就不会那么吸引人了。

随后图片会被存储备用。遗憾的是，存储很容易，但把它们找回来却难得多。为了使存储提取变得容易些，需要给图片打上标签。如果是文本，标签可以使用其中包含的词语，而图片就可以使用里面出现的人或者物体。而且这个功能也是高性能摄像头功能中的一部分。

2. 系统

媒体邀请者要达成的目标就是不经过中央存储直接在社区用户之间分享图片。在现有的社区中，文本和图片都保存在中央存储中，并且每个人有自己的个性化页面。这种方法中用户虽然放弃了这些素材的控制，但是首先他们与观看这些素材的其他用户就没有建立直接的联系。通过媒体邀请者在资源处建立一个结构来实现其他用户的直接访问。在前面的内容中提到过相关的实例。

如果复杂性再高一点，那么就是下面这种情况：

当驶入停车场时，我通过手机支付了入场费，拿到了停车卡，并为车里的每个成员下载了 FAMILY 组件。我把电话给了我 10 岁的儿子皮埃罗，随后根据收音机的语音导引驶向最近的车位，从车里出来以后大家急匆匆地赶往游乐园的入口，我把笔记本电脑放在后备箱里，然后锁了车。到了游乐园之后我们直奔水上漂流，而我通过手机观看整个设施的 3-D 全景。当我们到达水上漂流时，排队的人多到两个小时都排不到，所以我先做了预定，然后带孩子去吃冰淇淋、看动物。这只是临时的修改路线而已，并且路上还能看到唐老鸭，果不其然，正当我们舔着冰淇淋时，唐老鸭走了过来然后拥抱了孩子们：这简直就是柯达广告上那种瞬间！我拍了下来，它们美极了。

为了实现家庭设备的互联，我们已经做出了很多的努力（DLNA）。2008 年，Intel 研究人员基于 DCC（Desktop Control Center，桌面控制中心）的概念在准备好的环境中搭建了无线设备的临时互联。类似的，也见到了无线设备专用于标志设备的共享。这种准备需要近距离感应技术的支持。

媒体邀请者在这些概念上的扩展依照下面两种方式：

1）这里的接近指的是社会含义，而不是环境含义。所以，社区是可以通过固定网络建立的。

2）网络通信的贷款问题本着"重要的先过、不重要的后过"的方法分离数据，以满足大数据流量所需要的带宽。

主体设计方程用于平衡通信成本和计算成本（见图 7-8），尽管现在的无线传输速度在稳定地提升，但是仍然跟不上芯片发展的速度。因此，尽管工作点已经转移，但是通信成本和计算成本之间的平衡问题一直以来多多少少地存在着。换句话说，比如在云和设备之间的任务分配中就存在这个问题。从一般意义上讲，移动设备处理的信息是有限的，也就是控制命令和缩略图操作之类，这类信息可以通过云上其他信息源得到丰富。

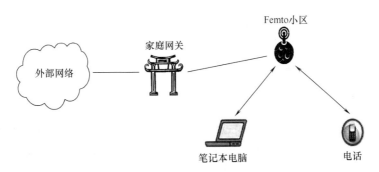

图 7-8　典型的小办公室/家庭办公室（SOHO）结构[34]

运动设备存在电量的问题，这是划分它与科学计算设备的主要区别。但是即使使用无线连接并且能够进行远程对话的笔记本电脑和电话之间的嵌入式计算中存在的差异也很值得注意。一般来说，电话的资源和速度都不算快，因此可能无法满足复杂功能的实时执行。随后，就有了关于无线连接与诸如玻璃纤维有线连接之间孰优孰劣的讨论，无线连接的速度是受限的，通过多频段并行处理式，可以提升无线连接的带宽，但是与其他的连接方式相比无线连接的代价还是太大。所以我们的目标是将无线连接和有线连接结合起来，如果当前没有任务，为了省电，无线发射机/接收机就会被关闭，而在有线连接中没有这个必要。

7.3.2　家庭邀请者界面

故事的重点是基于关注点分离的工程基础。其在数学中的地位相当于生物学中的进化论方法。尽管后来很多人严肃地质疑采用这种方法的合理性，但是这种福特式的方法仍然被广泛采用并且不宜有他。虽然如此，还是想通过生物学上的启发来寻找一些灵感。

1. 隶属关系

当从设计走向其中的细节的时候，全局任务和局部任务也随之悄悄地流向各个层级里。ISO/OSI 网络连接模型正好反映了这一点。此外，Rodney Brooks 提出的等级控制方法也体现了这一点。这种通过协调合作来明确功能的方法对于各种实现方法来说是完全透明的。因此，只要有了全局设计，软硬件之间的平衡也就对应了搭建与维护中的成本平衡。

嵌入式系统就像其他的计算机一样，除了对用户不可见这一点，因为它是被封装在内部。当用户操作计算机时，键盘与屏幕就成了用户与计算机之间的接口，系统则封装起来。当计算机不得不与其他物体实施交互的时候，用户就需要把环境因素也加入考虑。这一切都需要预先完成并且付诸实践，并且没有什么机会在运算的同时进行调试。

作为算法加速器向用户提供封装的计算机与用于嵌入式应用的计算机所起的作用完全不同，在嵌入式系统中，键盘与显示器从接口降级为一个单纯的选项。总的来说，嵌入式系统基于传感器数据运行其中存储的程序来实现对致动器的控制，而为每一个独立信息都搭配一个传感器的代价是很大的。同时系统最终必须是稳定的，否则整个系统就会失效。因此将单传感器改为多传感器，或者是提供其他传感器的近似信息可以降低系统对微小错误的敏感度。当前的主体设计环境是传感器数量有限的节点网络，这里合并简单网络节点比拆分复杂节点要容易得多。

大多数远程设备都是用红外连接，但是如果中间有可视障碍（如路过的人），那么连接就会中断。因此需要寻找替代的方式，如通过语音。类似的，还想找到一种更个人化的接入方式。语音可以满足上述两点，其种类分为两种：①与说话人无关，但是需要指令库的支持；②与说话者有关，指令库更加庞大并且除了命令以外能够识别自然的对话。

使用语音也带来了其他的影响，这影响取决于应用对安全的需求。显然，在应用一个人的语音指令之前需要先对他的声音进行识别。即使他通过其他方式验证了自己的身份，也必须在运行指令前进行身份和权限核实。

并非只有语音会带来这些影响，但是由于这个影响的存在，长久以来语音一直都不是人们最好的选择。随着软硬件的发展，信号处理技术也随之水涨船高，大规模实时处理成为了可能。所以实时的与说话人相关的语音系统如今得到了广泛的应用。

2. 协调配合

带有图标的桌面视窗改变了计算机世界，以前只能通过单一的指令行访问线性排列的文档或者目录，桌面的出现改变了这一点，它为我们带来了 2-D 的光标控制界面，工作台和其他各式各样的工具、文档现在都被放置在桌面上以图表的形式显示，这让用户有了一种在家的感觉。这种基于图形用户界面（Graphics User Interface，GUI）信息检索理念多年来一直没有改变过，但是随着系统复杂性的不断提高，一些研究人员开始着手研究新的方法。

其中一种有趣的方法是这样的：考虑到如果桌面上的图标太多，找起来会很不方便，就放大光标附近的那些图标，这样当前关注的区域就变得明显起来。这就像是我们手里拿着一个放大镜，类似用洞中窥世界那样的方法来观看桌面。这个技术仅仅只需要在软件上进行一些修改，并不需要动摇桌面的基本原理。

真正的进步还是从二维到三维的进步。以微软的任务走廊[24]为例，所有图标分布在墙上、天花板上和地板上，当穿过走廊的时候这些图标也就逐一显现。越靠近一个目标，该目标就变得越大，同时显示更多的细节。这几乎和现实中是一样的了，但是并没有真正解决信息检索的问题，屏幕仍然是二维的，并且所有的操作还是需要点击按键完成。

如果图标也能显示用户之间的关系，那么对用户的引导性就变得更好。举例来说，在 Metaphor 中，图标代表虚拟化公司的一部分[25]，通过在公司中的游览可以在文件柜里找到那里应有的文件，这比显示中还要方便，因为这里讨论的文档不再是一摞摞的纸张，而是超链接文档。由于可以通过文档的特点来进行寻找，所以这个方法更加简单。

上述所有的方法都需要用户坐在屏幕前面，当屏幕缩小到移动设备上那般小时，要么提高自身的导航能力，要么就得加大屏幕的尺寸。这种虚拟化手段同样用于建造科幻式的显示屏。如今，很多研究机构已经开始基于 110°投影在进行研究，电影《黑客帝国》里的场景正在飞速走向现实。从某种意义上讲，这使得用户本身成为了一个点击导航设备。

这里面还包含一个关于智能信息挖掘的相关问题，通过了解用户的搜索习惯，可以建立更好的支持环境，从虚拟用户了解到的关注模式要比从点击式设备上获取的更加复杂、庞大。所以我们期望，相比于现在的 Cookie 技术，以后会有更多的智能化支持技术不断涌现。

用户支持在不断进步，这使得鉴别功能也走向现实。用鼠标和键盘来完成鉴别并不算是成功，而 ITS MAGIC[26]这个实验才算是真正的成功，该实验提供了一个装饰后的房子，用户可以花钱进去参观。系统的监视器会监视用户，并记录其针对一系列物体的反应模式，从而找到用户真正感兴趣的事物。这可以为销售商提供参考。但遗憾的是，这个源于厨具选择的原型并没有取得后续的成功，主要是因为对于厨具销售商来说，该技术过于高端。

3. 自动排序

在控制一个简单物体的时候，手眼协调十分重要。但是如果面对更复杂的情况，传感系统的带宽就不够用了，这时就需要使用诸如语音等其他手段。如果是面对极度复杂的情况，那么用户就相当于一个盲人，必须先解决他的视觉问题。在动物界里，动物也会利用其他的感官来协助完成类似手眼协调的功能。

语音是靠振动生成的，振动是由带有特定频率的音素组成的。这就是语音的基本组成元素。换句话说，语音是由一连串音素构成，音素与语言、地区、说话人和时间有所关联，并且不需要分离人物和内容。正如在书面或打印文本中，并不一定非要将其分解为字符和单词。

音素在时间序列里是很难抽取的，将信号转换为频域形式就能解决这个问题，但作为交换我们失去了信号的时序。这是个基础的两难问题：时域里可以裁剪音频，但却无法准确把握音频的构成，相反，在频域里能够把握音频分量的构成，但是却失去了整个音频的时间顺序。基于这一点引入声谱这一概念，在频谱中任意一个时间序列可以按照其频率组成绘制成频谱，并且根据特定频率的声学能量谱给以不同的颜色。

通过声谱库，可以轻松实现孤立字符的识别，在控制环境下，可使用的词语数量会受到限制，这时希望能够实现一定程度的语者依赖能力。随着所需语言库的增大，这种能力很可能会丢失，在一个交互式的场景内的任意情况下，通过限制备选答案的数量可以减轻语音识别的压力，并且为分析理解系统提供了扩展性。举个简单而又令人印象深刻的例子，那就是语音拨号[27]。

下一步要解决的是签名或者图像中的语言。古埃及人在很早以前就使用图画来传递消息。在中国和日本，这一手段更是登峰造极。后来，字母文字带来了大量的文字组合，并且把其组合含义的辨别留给了阅读者去完成，而图像则跳过了这一中间环节，将概念转化成了图像。这使得语言越来越难学，但是一旦学会却很容易掌握和运用。

我们的理想是创造自然的语言，但这是一个极大的挑战，现如今还没有任何一台机器能够无中生有地生成完全自然的对话。尽管已经取得了很大的进步，但是其商业用途仍然受到很大的限制，最后只能用于交互式场景中的问答机或者帮助菜单一类。同时，直译服务也始终离不开大量的后期处理。

看起来，从信号到图像处理之间好像只有一小步的距离，每一个像素就可以视为一个随时间变化自身数值也发生变化的信号，但是即使更大的图像中的像素变化所反映的也可能是一个直观的含义。尽管现在可以通过鉴定手段来检测图片的组成，但是图片理解的问题仍然没有解决。

7.3.3 多媒体家庭自动化

当前，家庭自动化领域的佼佼者是 DLNA 和 PS3，DLNA 作为载体，PS3 作为格式。现在，娱乐中心不再仅仅是卧室里的一角了，而是包含多个设备、覆盖整个家庭的，并且具备网络化提供的各项潜力。其典型实例就是 2007 年出现的 Media-Mall，同时 IST（Information Sciences Technologies，信息科学技术）项目中也正在研究相应的无线技术⊖。近期的产品则有 Boxee 和索尼的 Bravia，将来则是英特尔的 DCC 和 CloudClone[28,29]，这显示出我们正在大跨步地向云连接支持的个人娱乐（随时随地）前进。

这个系统的本质特征就是邀请，一方面，在家庭环境中，不需要十分严格的身份鉴别，同时结合左邻右舍的各种设备可以轻易地搭建一个网络[28]。另一方面，当系统中仅仅包含移动设备和云访问的时候，使用一般常用的用户名和密码组合就足够了。尽管如此，当媒体邀请者开始遍布互联网时，身份鉴定问题开始变得棘手。

通过多种方法的组合来解决这个问题，首先就是频道的组合，在本章的引言中提到过，邀请的建立是通过手机向手机发送短信来实现的，一旦连接请求被接受，两个手机之间就会基于互联网建立一个与 Skype 电话类似的数据流连接，这里面包含了软件的数据交换，用于验证接入网络的手机是否属于社区内的住户。如果声音、图像和指令频道不能吻合，那么会话就无法开启，并且迁移软件也会被移除。其中的本质就是：连接的建立仅限于已知设备之间。

在第 7.2.1 节中，举出了一个更加复杂的例子，其中区域中的蜂窝网络只为已知设备服务。由于所有的呼叫都要经过该蜂窝网络，因而总结来说就是只有合法的呼叫才会被受理。因此，在这个无线网络中，电话无法打到外界。此外，由于所有的手机都处于活动状态，所以很容易对其进行监视从而迅速发现一个未经授权的闯入者，这是一个典型的集群现象，在集群中，群体的总体智能要高于其中所有个体的智能的总和。在对同一个场景用多个摄像头进行拍摄时，能够将3-D 修复限定在其中的一台上，然后把它交给云来处理。相当一部分图片来源于监视摄像头，或者以较高的画质预存储起来，其他图片则是来自移动设备，这比较接近家庭环境。云可以对这些图片进行拼接，但向云中的传输并未受到影响。

⊖ 2WEAR 联盟，"自适应和可扩展无线可穿戴设备的运行"，最终报告，Report IST-2000-25286，2004。

随着对软件迁移需求的出现，对分发机制的需求也应运而生。现在有很多的传感器和设备，还有由处理核心构成的网络，拓扑式处理通过网络拓扑的概念将所有这些集中到了一起，从而把处理计算从单个节点上转移到了网络上，功能迁移的新领域就此产生，它淡化了网络的结构进而淡化了软件的功能，使得技术从程序调度走向构架注射、网络拓扑、软件之间的虚拟化以及互联结构的起点（更多细节参见第 2 章）。

7.3.4 多媒体家庭安全

现代社会，安全问题已经成为最重要的问题，从国家级到公共场所再到办公室和家庭，所有类型的设备，如读卡器、掌纹识别器、眼角膜扫描仪等都可以用于敏感区域的门禁。一旦进入受控区域，就要对所有人的动作进行监控，要知道，大多数安全隐患来源于内部人士。我们的最终目标是阻止一切破坏的发生。

视频监控正吸引着越来越多的人的注意力，不仅仅是因为现在人们更加关注个人隐私和犯罪预防，还因为这个领域中有很多有待克服的技术瓶颈。拿一个典型的监控系统来说，摄像头和监视画面的数量十分庞大，人类操作员根本就忙不过来收取这些从各个输入通道滚滚而来的信息。此外，人也没办法一直盯着监视屏而不走神，这样会漏掉可疑的画面，并且反应也不够及时。

该领域面临的关键挑战是提取场景中的相关信息、识别可疑的行为和对重点人物的重点注意。遗憾的是，要区分正常和不正常（或嫌疑人）并不是那么容易的。每个人都在走，那其中跑着的那个人就不寻常，反之亦然。在这里，对不正常事件的定义是那些无法按时间、条件、地点推测的事件。

7.4 未来家庭环境

在本节中将整合这本书中提到的所有应用科技并用于以云为核心、基于传感器网络的居住环境之中。和通常一样，当有了产品之后，客户自然会被吸引过来。如今，iPhone 和 iPad 已经成为所有设备的典范，它能够为技术方案提供大量需求，但并不一定为大多数用户所接受。

7.4.1 智能球

在下面这个故事中，我们设想了一个未来的、但是又完全可以由当前技术实现的场景。该场景中包含了实时传感设备、显示设备、多媒体设备和高性能的数据分析和处理设备：

丽莎是瑞典隆德大学的一名新生，这是她大学生活的第一天，因此她感到有些紧张，带着一点兴奋。她的同学告诉她不必购买教科书，只需要去学习中心找就可以了。于是她就去了，当她来到学习中心时，右手边是服务台，但是有什么可问的呢？她觉得硬要去问个问题的话显得很怪异。突然，她感觉到有一个小球弹到了她的腿上，粉色的，软软的，她弯下腰把球捡了起来然后抬起头来寻扔球的人。这时球突然"睁开了两只友好、褐色的眼睛"并且微笑着说："Hi，我是波波，有什么需要我效劳的?"

丽莎吓了一跳，但是还没等她考虑清楚和一个球说话算不算愚蠢，她就先开口了："我想找几本教科书，但是我从来没有来过这里。""欢迎您的到来"波波说道："你都需要上哪些课呢?"丽莎如实回答，接着波波又说："现在请您把我放下，我会带你去找你需要的书。"

于是丽莎就把波波放在了地上，随后波波就开始滚动，同时还保持着和丽莎的距离以防丽莎跟丢。当他们到达丽莎的书所在的书架时，架子上的小台灯亮了起来，这时波波说："你知不知道这些书也有电子版呢?""哦，我不知道。"丽莎说："那我去哪里找呢?""你可以去问那边角落里的那个蓝色的球。"波波回答道："你需要我帮你叫他吗?""不了，谢谢你。"丽莎回答到："我一会再去找他，谢谢你的帮助。""不客气，如果你需要游览这栋建筑，随便找个球就可以了，或者找我也可以，下次再见面时我该怎么叫你呢?"丽莎告诉波波她的名字，随后波波就滚走了。

丽莎有点没弄明白，但她很快说服自己：在一所技术类大学里存在一个会说话的球没什么大不了的。她四周看了看，发现很多大小、颜色、纹理不同的小球，有些同学甚至还在和黄色的小球玩耍，时而爆发出欢呼。还有两个同学坐在一个舒适的豹纹球上面研究课堂笔记，在一个书架旁边的椅子上，一个男的正全神贯注地阅读，同时下意识地敲打着一个黑白相间的毛球。

丽莎转而开始浏览书架上的书籍，说实话这些书没什么意思，她决定换个地方。此时一个蓝色的球滚了过来，"Hi，丽莎，你没忘记电子版的事情吧，你现在有兴趣吗?"蓝色小球的声音听起来很动听。丽莎很惊讶地看着它，心里突然想到："啊，对啊，电子书，但愿电子书比印刷的要有趣一些。"于是丽莎说："是的，麻烦你了。"随后蓝色小球就滚到她的面前，并且打开了自己的顶部，里面可以看到丽莎教科书的侧封面。

丽莎仔细地触碰了其中一个并打开了它，随后随手关掉剩下的并表示了感激。这时蓝色球问她："你想不想把这本书加入到你的个人账户里呢? 这样你就可以在学习中心甚至整个大学里的任何一个蓝色球上面阅读它了。"这听起来还不错，于是丽莎开始点击小球选择书籍。

在附近的沙发上有一群学生，面前的桌子上有一个球，他们正在和它进行一个现场的讨论，还不时地写写画画。当丽莎走过去时她看见那个小球有两个小胳膊，可以用来在纸上写写画画，它在给学生们解释着什么，突然丽莎听到有人在叫她的名字，她四周环顾，以为又是哪个球在叫她，但这次是卡勒，她的同学，她正打算去咖啡馆坐坐。

在隔壁的桌子旁边，拉尔森教授正在和一个奶牛色的球进行着激烈的讨论："我告诉过你，我要的是沉淀物中的无脊椎动物以及它们对磷和氮的滞留影响相关的文章，就只有这么一点吗？""抱歉，拉尔森教授，我刚刚以为你要的只有电子版。我现在重新搜索，请稍等。"拉尔森教授摇了摇头，啃了一口手里的蛋糕，开始了等待。"您看这些可以么？"小球边说边列出了搜索结果，拉尔森教授沉吟了一下，说："给我看看作者列表，恩，把所有 Tranlund 的书都给我去掉，他就是个白痴。""好的"小球说道："您需要我对 Tranlund 是个白痴这件事进行存储吗？""对对对，当然了，然后把 Johannessons 的文章念给我听，把剩下的发给我。""乐意效劳。"于是小球开始用悦耳的声音朗读文章，拉尔森教授舒服地往后一仰，喝了口咖啡，闭上眼睛，听得十分认真。

卡勒和丽莎面面相觑，然后摇摇头偷偷笑了出来，"这里难道只有球在工作吗？"丽莎很疑惑，卡勒回答说："如果球觉得自己解决不了，它会带来一个工作人员，对了，你看见那个手了吗？""什么手？""就是如果你想把书拿出这个楼或者破坏了什么的时候，这个手就会一直跟着你直到你当众求饶，并且把自己弄出来的烂摊子收拾完毕。你就不想看看那里面会是个什么样的球吗？""好啊"丽莎答道，随后她们离开了咖啡馆并寻找一个格子花的、喜欢被拆卸的小球，拆掉之后她们还要原封不动地安装回去，她们一边组装，那个小球一边在唱皇后乐队的"我们是冠军"。

7.4.2 操作复杂性

迄今为止，我们已经回顾了与信息采集传感器云端化相关的技术和理念，在本章中，介绍了家庭及周边环境，它是云中的服务器农场的对极（或相反）网络。

从本质上讲，服务器农场云和传感器云有着相同的灵活性，在服务器农场领域中，并不知道也不关心程序最终在何处执行，而在传感器信息采集领域中，按照第 2 章中所讲的理念，也可以观察到同样的灵活性。在该章中介绍了手机的 Ad Hoc 网络，在该网络中，所有的处理都不需要在本机执行。

在回顾了家庭环境和相关的高级应用技术之后，可以列举出如下多种以家庭为核心的应用功能以及各自相应的计算复杂性估计值（见表 7-4，排名不分先后）。

表7-4　家庭应用复杂性估计

家庭应用	描　　述	复杂性（O（计算机客户端数））
家庭媒体	各种媒体显示、声音和信息的演示和控制	1～10 实时发生变化
通信	家中安全信息通信所需的以及用于外部通信的基础设施	1
智能电网	控制家中电力的正确使用，以及将产生的潜在电能从家里输送到外部电网	1～4 取决于住房的面积
安全	保护家庭财产，控制家庭成员出入	1～10 实时发生变化
作业	管理孩子们家庭作业的绩效，以及他们访问互联网获取完成作业所需的数据	1～4 取决于住房的面积
培训	为达成教育、专业、认真的培训目标，对计算、显示和摄像头资源进行的管理	1～4 取决于住房的面积
娱乐	为达成家庭成员娱乐的目标，对计算、显示和摄像头资源进行的管理	1～10 实时发生变化
新闻	显示外部产生的新闻项目	1
票据	支持服务计费和对外部机构的支付	1
玩具	玩具行为的管理，以及控制接近玩具	1～4 取决于住房的面积
电子股票	支持股票电子交易以及外部投资机会跟踪	1～10 实时发生变化
邮件服务	对电子邮件服务、垃圾邮件和钓鱼控件的管理	1
库存	对家中标识（RFID）资源的管理和跟踪，以及内容摘要和购物清单的恰当显示	1～4 取决于住房的面积
保险	为了实现足够高的保险水平，对存货进行的管理	1
计算机维修	家中和/或云计算资源的管理，以及正确和充分的操作建立	1～4 取决于住房的面积
旅行计划	支持外出旅游的计划制定，包括信息、映射和外部负面经验的告警	1
病人监护	对需要护理、安抚和关怀的家庭成员进行观察，管理外部告警	1～10 实时发生变化
婴儿看护	对保姆和被看护人进行观察，管理外部告警	1～10 实时发生变化
保洁机器人	对家中自动支持服务的管理	1～10 实时发生变化

7.4.3　云中的高性能计算（HPC）

纵观全书，我们介绍了很多种基于不同环境的信息采集应用，随着这些应用逐渐开始用于家庭，我们在表 7-5 中对这些技术进行了归纳。

表 7-5　家庭云应用

回顾传感器网络应用（云应用）（以书中出现先后为序）	入选的家庭应用（地面应用）	相对的计算复杂性
手势系统	家庭媒体、安全、培训、娱乐、玩具、病人监护仪、儿童看护服务、保洁机器人	8-68 ~ 0① （100）
学习游戏	家庭媒体、安全、家庭作业、培训、娱乐、玩具	6-42 ~ 0 （50）
社会指标	票据、存货、电子邮件服务、温控器、病人监护、儿童看护服务、保洁机器人	7-34 ~ 0 （25）
运动检测	家庭媒体、安全、培训、娱乐、玩具、温控器、病人监护、保姆、保洁机器人	9-72 ~ 0 （100）
语音识别	家庭媒体、通信、家庭作业、安全、培训、娱乐、玩具、温控器、病人监护、保姆、保洁机器人	11-76 ~ 0 （100）
生命体征监测	安全、温控器、病人监护、保姆、保洁机器人	5-44 ~ 0 （50）
安全告警	通信、安全、库存、邮件服务、保险、计算机维修、温控器、病人监护仪、保姆、清洁机器人	10-52 ~ 0 （50）
社会行为	安全、病人监护、儿童看护服务	3-30 ~ 0 （25）
环境监测	智能电网、温控器、病人监护、儿童看护服务	4-28 ~ 0 （25）
天气预报	新闻、温控器、旅游规划	3-4 ~ 0 （10）
智能公路管理	新闻、保险、旅游规划	3 ~ 0 （10）
智能电源	智能电网、安全、应收票据、存货、温控器、清洁机器人	6-32 ~ 0 （25）
冲突避免	培训、娱乐、玩具、清洁机器人	4-28 ~ 0 （25）
运动跟踪	家庭媒体、安全、家庭作业、培训、娱乐、病人监护、儿童看护服务、清洁机器人	8-68 ~ 0 （100）
人脸识别	家庭媒体、通信、安全、家庭作业、培训、娱乐、票据、玩具、电子库存、库存、邮件服务、病人监护、保姆、保洁机器人	14-86 ~ 0 （100）

（续）

回顾传感器网络 应用（云应用） （以书中出现先后为序）	入选的家庭应用（地面应用）	相对的计算复杂性
黑客告警	通信、安全、票据、电子库存、库存、邮件服务、保险、计算机维修	8-22 ~ O（25）
票务问题	安全、旅游规划	2-10 ~ O（10）
媒体演示	家庭媒体、通信、作业、培训、娱乐、新闻、旅游规划、保姆	8-38 ~ O（25）
摄像头支持	户外传媒、通信、家庭作业、病人监护、保姆	5-34 ~ O（25）
办公工具	媒体、通信、家庭作业、培训、新闻、票据、电子库存、库存、邮件服务、保险、计算机维修、旅游规划	12-36 ~ O（25）

① O 表示数量级。

这些应用中的大多数对计算能力的要求都高于一般的带传感器的组件，为了满足这种要求，有时甚至会采用多核处理的方式。为了满足书中提到的各种设备、装置在处理能力方面的需求，使其移动化、区域化、家庭化，都需要超级计算机般的处理能力。为此，HPC（High Performance Computing，高性能计算）联盟已经开发出了一些价格极高、但是又未必普适的系统。基于服务器农场的云计算，可以在经济允许的范围内表现出类似于 HPC 般的高性能。

在云计算带来的新理念中，有一种就是将计算性能向应用和用户方向靠拢。这一理念已经发展到了云中高性能计算这一阶段，这样，家庭的主人或者管理者就可以通过信用卡充值来获取对处理节点的访问权，从而获取超级处理的使用权。云中 HPC 实现的一个典型实例就是 IBM 的深度计算方法⊖。

还有一种方法就是扩展网络延伸的范围，使用飞米、皮级的家庭或社区网络来汇集处理能力之后，可以使其远离服务器农场。举例来说，在表 7-5 中，O（10）应用扫描就是在家中运行的。O（25）则是在家庭服务器上，而 O（50）是在社区服务器上，O（100）才位于更高的服务器农场层级。这样，很多功能就可以在家中实现，但是前提是处于云计算环境下。

两种方法都带来了相同的结果，那就是现在家庭的主人/管理人不再需要对处理资源和软件开发环境（包括升级/更新和配置）进行投资就能获得处理能力了。就像虚拟化存储中的概念一样，可以设想一种云堆砌，基于该设想，可以得到大量优化、灵活性和虚拟化方面的新思路，在云堆砌中，服务器农场将成为处理能力权

⊖ IBM 深度计算研究所（Deep Computing Institute，DCI），或者智慧地球和智慧城市中的 HPC。

衡天平中消耗较低的一方。

如果把云计算定义为有一定灵活性的服务器农场的话，那么情报收集传感器组成的局域网络由于也展示了一定的灵活性，我们也可称其为云，一个局域传感云。这些传感器工作的地点在互联网中正好位于服务器农场的另一极端（见图7-9）。

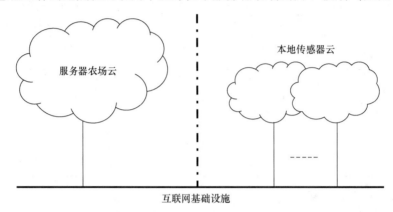

图 7-9　互联网两侧的云计算

从本质上讲，即便互联网本身，也可将其称为一种云（把充满不确定性的数据包交换技术视作一种灵活性的话），所以云的概念实际上就是一种新的处理方式。在服务器农场云里，通过权衡性能和成本可以建立一个服务的目录，随后由位于终端的用户来选择他们想要的功能，app（与iPhone手机上的应用软件类似）就建立在一个合适的投入产出点上。

另外，还要在云应用和地应用之间做出抉择，云应用必须要在云端运行，因为需要时刻访问外部数据，而地应用则在本地的传感器云或者任何家庭、社区服务区上运行。

7.4.4　绿色计算

上述所有方法在计算与系统方面都有一个好的副作用，那就是对于服务器农场或者传感器云，云计算的引入都会降低能源的消耗。基于云计算的内容，可以实现所谓的绿色计算[30] ⊖。

最后，如果处理性能足够强大（多核处理），那么区域传感器云可以作为更大的云中资源。这就好比在本地收集了外来的太阳能之后将其反馈回总体电网之中，这样就再次形成一个局部—总体—局部的循环，这种（云端化）分布式传感理念[31]将弥补处理（云与网格）、存储甚至带宽（比特精灵等点对点软件）等其他方面的分布有效性。

⊖　http：//www.greentouch.org。

7.5　小结

既然传感器系统在社会中无处不在，那么家庭中必然也少不了它。虽然会有很多嵌入，但那些都不是问题。显然，我们真正追求的是"功能"。尽管想做到让家具的每个部分都变得触手可及不太现实，可是大多数是可以实现的。但是你并不能看见它们，因为它们是根据实物虚拟出来的，这个虚拟的提供者就是云。

从云计算的发展中我们学到了一点，那就是要保证软件在各种设备上都可以运行。在如今的移动技术中，任何应用程序都要能适应各种各样的操作系统或者硬件平台，因此，用户在选择上受到了限制。在家庭自动化领域中，由于商品更加多样化，需要引入标准。一个多媒体邀请者可以提供既能娱乐又兼备移动能力的设备。那么最终的结果就是标准化朝着云领域进军，或者使用软件迁移来打破硬件的依赖性。随后，新的问题又如期而至，在工业自动化领域中我们已经得知，危机往往就潜伏在标准化的角落里，在该领域中我们偏向于使用基于供应商的优化通信方案，随后，出于设计、制造和维护成本方面的考虑，转而使用那些现存的多用途标准。这样的结果就是，互联网本身的漏洞被应用于各个领域，入侵电网与入侵银行账户甚至车载计算机[32]（电子控制单元）一样简单。

有了网络，上面的各项功能都很容易实现，那么现在衡量一个系统结构优劣最主要的标准就是安全性了。这里的安全性与汽车里那种保命或者工业自动化领域里服务保证不一样，是一个必需功能。而具备普遍性和灵活性的云可以满足安全上的需求。云提供了一定程度的动态多样化，这可以用于加密，同时还不失普遍性，这类似于在嘈杂环境中说悄悄话更安全的道理[33]。

参 考 文 献

1. Dutta-Roy A (December 1999) Networks for homes. IEEE Spectr 36(12):26–33
2. Hart K, Slob A (1972) Integrated injection logic: a new approach to LSI. IEEE J Solid State Circuits SC-7:346–351
3. Wilburn B et al (July 2005) High-performance imaging using large camera arrays. ACM Trans Graph 24(3):765–776
4. Rodriguez-Vazquez A et al (2008) The Eye-RIS CMOS vision system. In: Casier H et al (eds) Analog circuit design. Springer, Dordrecht, pp 15–32
5. Kleihorst R, Abbo AA, Choudhary V, Broers H (2005) Scalable IC platform for smart cameras. Eurasip J Appl Signal Process 2005(13):2018–2025
6. ter Brugge MH, Nijhuis JAG, Spaanenburg L (1999) License-plate recognition. In: Jain LC, Lazzarini B (eds) Knowledge-based intelligent techniques in character recognition. CRC Press, Boca Raton, FL, pp 263–296

7. Sundström P (2005) Stereo vision with uncalibrated cameras. MSc. Thesis, Lund University, Lund, Sweden

8. Bouguet J-Y, Perona P (January 1998) 3D photography on your desk. In: Proceedings of the 6th international conference on computer vision (ICCV1998), Bombay, India, pp 43–50

9. Lu M, Weiyen W, Chun-Yen C (2006) Image-based distance and area measuring systems. IEEE Sensors J 6(2):495–503

10. Sundström P (2005) Stereo vision with uncalibrated cameras. MSc. Thesis, Lund University, Lund, Sweden

11. Simmons E, Ljung E, Kleihorst R (October 2006) Distributed vision with multiple uncalibrated smart cameras. ACM workshop on distributed smart cameras (DSC06), Boulder, CO

12. Meers N (2003) Stretch: the world of panoramic photography. A Rotovision book, Switzerland

13. Ragsdale RD (October 2009) DIY street-view camera. IEEE Spectr 46(10):20–21

14. Liang RC et al (2002) Microcup electrophoretic displays by roll-to-roll manufacturing processes. IDW Publ Forums, EP2-2:1337–1340

15. Evans J, Haider S (February 2008) E-facts. Masters Thesis, Department of Electrical and Information Technology, Lund University, Lund, Sweden

16. Geyer C, Daniilidis K (2001) Catadioptric projective geometry. Int J Comput Vis 45(3): 223–243

17. Bourke PD (November/December 2005) Using a spherical mirror for projection into immersive environments. Graphite (ACM SigGraph) University of Otago, Dunedin, New Zealand

18. Fant KM (January 1986) A nonaliasing, real-time spatial transform technique. IEEE Comput Graph Appl 6(1):71–80

19. Wolberg G (1990) Digital image warping. IEEE Computer Society Press, Los Alamitos, CA

20. Wolberg G, Sueyllam HM, Ismail MA, Ahmed KM (2001) One-dimensional resampling with inverse and forward mapping functions. J Graph Tools 5(3):11–33

21. Raskar R, Welch G, Fuchs H (November 1998) Seamless projection overlaps using image warping and intensity blending. In: Proceedings of the 4th international conference on virtual systems and multimedia, Gifu, Japan

22. Bourke PD (May 2008) Low cost projection environment for immersive gaming. J Multimedia (JMM) 3(1):41–46

23. Buechley L, Hendrix S, Eisenberg M (February 2009) Paints, paper, and programs: first steps toward the computational sketchbook. In: 3rd international conference on Tangible and embedded interaction (TEI'09), Cambridge, UK

24. Robertson G et al (April 2000) The task gallery: a 3-D window manager. In: Digest conference on human factors in computing systems (CHI2000), The Hague, The Netherlands

25. Offenberg MAH, Gonsalves V, Spaanenburg L (May 2000) Monitoring the dynamics of an organization. In: Proceedings VDI Fachtagung Computational Intelligence, Baden-Baden, Germany, pp 387–392

26. Buist R, de Graaf J, Wichers W (1996) ITS MAGIC: design and implementation of an intelligent interactive tele-shopping application for the electronic highway. MSc thesis, Rijksuniversiteit Groningen, Groningen, The Netherlands

27. van Veelen M et al (1998) Speech-driven dialing. In: Proceedings 3rd international workshop NN'98, Magdeburg, Germany, pp 243–250

28. Want R, Pering T, Sud S, Rosario B (2008) Dynamic composable computing. In: Workshop on mobile computing systems and applications, Napa Valley, CA, pp 17–21

29. Chun B.-G, Maniatis P (2009) Augmented smart phone applications through clone cloud execution. In: Proceedings 12th workshop on hot topics in operating systems (HotOS XII), Monte Verita, Switzerland

30. Kurp P (October 2008) Green computing: are you ready for a personal energy meter? Commun ACM 51(10):11–13

31. Shilton K (November 2009) Four billion little brothers? Privacy, mobile phones, and

ubiquitous data collection. Commun ACM-52(11):48–53

32. Koscher K, Czeskis A, Roesner F, Patel S, Kohno T, Checkoway S, McCoy D, Kantor B, Anderson D, Shacham H, Savage S (May 2010) Experimental security analysis of a modern automobile. In: The IEEE Symposium on Security and Privacy, Oakland, CA

33. Lundblad N (February 2008) Law in a noise society. Doctoral Dissertation, IT-University of Gothenburg, Sweden. Published as Gothenburg Studies in Informatics, Report 41

34. Awad J (December 2008) Design challenges ahead for media gateway. Electronic Engineering Times, 15 Dec 2008

第 8 章　后　　记

云计算是街角销售的商品。它最终体现的是租用理念。不需要拥有任何东西，所有的一切都可以出租。遗憾的是，正如拒绝服务（Denial of Service，DoS）攻击已经证实的，远远不用等到全球 60 亿人每周 7 天无休止的攻击，系统就会早早崩溃了。同时，基于 Web 的设备正在呈爆炸式增长，云计算显然正在变得过剩。为满足需求，可以在后花园中轻而易举地获取云服务。

8.1　云

从历史角度来看，云计算不是一个时代的结束，而是一个新时代的开始，这一论断是合理的。在呈爆炸式发展的 ICT 宇宙中，经常看到新的"6 台沃森计算机"⊖出现在宇宙的心脏，然后融入宇宙。如果历史能够重演，则应当看到云在慢慢地克隆自身。越靠近客户端，它承担的业务越多，这反过来加速了溶解过程。当然，这是有可能发生的，但它并没有考虑采取特殊的技术，这一切都使得云应运而生。再次回顾这一技术。

1）虚拟化。编译后的软件总能运行！版本已无关紧要。安卓是最新的发展成果。它针对移动电话市场推出，并迅速成为嵌入式系统中操作系统的首选。安卓电话门阶之上，我听到了安卓过滤器（听到我要咖啡的那个过滤器）的脚步声已经出现在大街上。

2）同构架构。"超越摩尔定律"差距表明，算法复杂性增长速度要比处理器速度快。其实，云更多用于数据存储。云中的数据仓库解决了所有权和维护问题，使得数据所有者运行业务成本更低。针对高速互连需求的附加美大多是运行于云中的（"第一英里"）。

3）异构架构。不容易实现并行算法。针对多核架构的研究表明，拥有诸多异构节点的系统，能够更好地处理固有并行性缺乏的问题。在云计算中，将寻找拥有不同资源组的服务器，每组针对不同用途进行了优化，因而它们可以协同处理请求服务的不同要求。

⊖ 托马斯·沃森（国际商业机器公司的创始人）的原话是 6 台计算机足以满足整个世界市场，这一预言至今仍在计算机科学家中流传开来。

4）配置。运行云计算涉及将服务搬移到最优的服务器上，或者考虑到能效原因，合并服务且在最少服务器上运行任务负载。因此，随着时间的推移，对服务请求处理也有所不同，这取决于当前负载。除了时间关键型软件，用户不需要对调度机有深入的了解。

8.2　传感器

所有这一切对传感网络意味着什么？这取决于所有的应用领域是在相同的发展阶段。在有些国家，互联网才刚刚被引入，而在其他国家占主导地位的仍是专有网络。这里采用基于互联网的基础设施，然后可以得出：

1）虚拟化。旧式微控制器很难实现虚拟化。因此，微控制器长达 10 年的发展还将继续体现这一特点。解决方案是采用现代微处理器，但确保其低功耗。最后，它们将能够接受运行进程的客人，这些进程不一定使用集成传感器。换句话说，传感器成为一个拥有一种或多种特殊资源的计算节点。

2）网络。在传感网络中，传感器位于恶劣工作条件的边缘，并产生大量数据。云计算概念假定这些数据以原始形式传输，并存储在云中进行深度处理。传感器的发展趋势是智能设备。这些设备能够将数据流处理为一种特征或数值。基本原理是由于"边缘"所需的通信速率低，因而可能会导致数据急剧减少。该层次自主的后果是通过转向传感系统，获得的增益非常小。

3）异构架构。在传感网络中，节点本身就是一种或多种特殊资源称为传感器的计算节点。每个传感器用于特定的测量，但是信号极易受到影响，即整个传感网络可用于实现虚拟测量。因此，通过关闭成本昂贵的节点、采用虚拟方法永久或暂时"伪造"测量值，可以对此类系统的成本进行优化。我们称其为"传感器整合"。

4）冗余。采用不同机制来执行相同检测和/或测量是一种典型的冗余实例。恰当地运用冗余，能够实现诸多廉价传感器来替代单个昂贵传感器。结果是可靠性更高或故障灵敏度更低。反过来，这有利于实现无人监管操作，即传感网络能够提供孤立位置或远方的质量信息。

8.3　两者之间的一切

现在看来，似乎可应用于网络边缘以及宇宙心脏的技术已经成熟。但两者之间存在的问题仍未解决（见图 8-1）。在某个地方，传感器变成计算机，然后化作浮云。我们提出，在该层次上，看到冗余已演进为多个分叉。这就是通常被称为互联网的典型域。

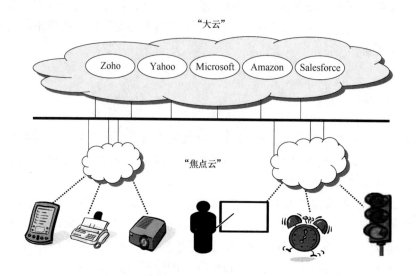

图 8-1 传感网络与服务器农场之间的新型云

音乐就是一个典型实例。许多流行音乐的副本充斥于互联网。问题不在于寻找一个副本，而是寻找一个不包含 Cookie 和其他各类恶作剧的副本。事实证明，我们想以安全的方式找到所需要的东西。

再举一个例子，假设想把图像、视频、语音、打印等免费版本进行融合，创建多媒体功能。对于每种免费版本，存在多种选择，它们都具有相同功能，但会在性能、质量和服务水平等方面存在差异。因此，不存在简单的合并。另外，版本类型不同，使用的数量可能会有所区别。因此，当旨在支持所有功能时，付出大量劳动，却一无所获。

互联网上提供了走出这种困境的方法：一个版本足矣！使单个局部云计算支持一个或多个特定组合。基本上，你能够实现你想要的目标。然后，激励其他人根据自己的喜好，做同样的事情。这样，就会发生通常意义上的扩散，局部云计算逐渐呈现出有趣的组合。最后，针对特定应用，可以选择所需的云计算。

它为人们提供了基本的上网或搜索技巧。与通过互联网搜索并提供一站式服务相比，该过程仅处理正确组合的对等请求。当你无法准确找到你所要的东西时，当然也会出现常见的复杂过程。这里，人们可以认为"组合在天空"，整体云计算功能没有什么做不到的。

8.4 潘塔丽

这本书的主要观点是系统[⊖]功能将建立在虚拟化硬件和软件的基础上，从而使功能成为首要设计目标。这些功能是作为系统架构的一部分开发的，它们主要采用 IP（Internet Protocol，互联网协议）硬件和软件，被严格映射到所提供的网络上。虽然已经使用了诸如"硬件"和"软件"等术语，但是真实意图是要表达在未来几年内，这些概念将逐渐消失在嵌入式传感世界的环境中。

⊖ 万物在流动，这是赫拉克利特关于变化的思想。

附录　英文缩略语

简　称	全　称	含　义
2D	Two Dimensional	二维
3D	Three Dimensional	三维
3G	Third Generation	第三代移动通信
A/D	Analog/Digital	模拟/数字
AAA	Authentication Authorization Accounting	验证、授权与计费
ADC	Analog to Digital Converter	模拟/数字转换器
AES	Advanced Encryption Standard	高级加密标准
AM	Amplitude Modulation	调幅
ANN	Artificial Neural Network	人工神经网络
API	Application Programming Interface	应用编程接口
ASIC	Application Specific Integrated Circuit	特定用途集成电路
AT&T	American Telephone & Telegraph	美国电报电话公司
ATM	Asynchronous Transfer Mode	异步传输模式
AUTOSAR	Automotive Open System Architecture	汽车开放系统架构
BDTI	Berkeley Design Technology Incorporation	Berkeley 设计技术公司
BEE3	Berkeley Emulation Engine version 3	伯克利仿真引擎第 3 版
BILBO	Built In Logic Block Observation	内置逻辑块观察
BRAN	Broadband Radio Access Network	宽带无线访问网络
BSN	Body Sensor Network	体感网
BSW	Basic Software	基础软件
C3	Caring Comforting and Concerned	护理、安抚和关怀
CAD	Computer Aided Design	计算机辅助设计
CAL	Common Application Layer	通用应用层
CAN	Controller Area Network	控制器区域网络
CB	Check Bit	校验位
CBAS	CNN-based Biometric Authentication System	基于 CNN 的生物认证系统
CEBIT	Centrum der Büro- und Informationstechnik	信息及通信技术博览会
CBP	Component Based Program	基于组件的程序

（续）

简　称	全　称	含　义
CCD	Charge Coupled Device	电荷耦合元件
CCTV	Closed Circuit Television	闭路电视
CDSR	Collision Detection Sense and Resolution	冲突检测感知与解析
CEBus	Consumer Electronic Bus	消费电子总线
CIC	CEBus Industry Council	消费电子总线理事会
CIN/SI	Complex Interactive Networks/ System Initiative	复杂交互网络/系统创新
CMOS	Complementary Metal Oxide Semiconductor	互补金属氧化物半导体
CNN	Cellular Neural Network	细胞神经网络
COBOL	Common Business-Oriented Language	面向商业的通用语言
CORDIC	Coordinate Rotation Digital Computing	坐标旋转数字计算
COTS	Commercially Off The Shelf	商用现货
CPI	Cycle Per Instruction	每条指令执行需要的时钟周期数
CPU	Central Processing Unit	中央处理器
CRT	Cathode Ray Tube	阴极射线管
CSA	Connection Set Architecture	连通集架构
CSMA	Carrier Sense Multiple Access	载波监听多路访问
CSP	Communicating Sequential Process	通信序列进程
CSW	Complementary Software	附加软件
DAPDNA	Digital Application Processor/Distributed Network Architecture	数字应用处理器/分布式网络架构
DARPA	Defense Advanced Research Projects Agency	美国国防部高级研究计划局
DC	Direct Current	直流
DCC	Desktop Control Center	桌面控制中心
DCI	Deep Computing Institute	深度计算研究所
DECT	Digital Enhanced Cordless Telecommunications	数字增强无绳通信
DES	Data Encryption Standard	数据加密标准
DIY	Do It Yourself	自助
DLNA	Digital Living Network Alliance	数字生活网络联盟
DLP	Digital Light Processing	数字光处理
DoF	Degrees of Freedom	自由度
DoS	Denial of Service	拒绝服务
DoT	Department of Transportation	交通运输部

（续）

简　　称	全　　称	含　　义
DPRAM	Dual Port Random Access Memory	双端口随机存储器
DRM	Data Rights Management	数字版权管理
DSP	Digital Signal Processor	数字信号处理器
DVS	Dynamic Voltage Scaling	动态电压测量
ECU	Electronic Control Unit	电子控制单元
EDIF	Electronic Design Interchange Format	电子设计交换格式
EEMUA	Engineering Equipment and Materials Users Association	工程设备和材料用户协会
EEPROM	Electrically Erasable Programmable Read Only Memory	电可擦可编程只读存储器
EIA	Electronic Industries Alliance	电子工业联盟
EMI	Electromagnetic Interference	电磁干扰
ETSI	European Telecommunications Standards Institute	欧洲电信标准协会
FACETS	Fast Analog Computing with Emergent Transient States	应急瞬态快速模拟计算
FAR	False Accept Ratio	错误接受率
FDI	Fault Diagnosis and Isolation	故障诊断与隔离
FDM	Frequency Division Multiplexing	频分复用
FFNN	Feed Forward Neural Network	前馈神经网络
FFT	Fast Fourier Transform	快速傅里叶变换
FH	Frequency Hopping	跳频
FIFO	First In First Out	先进先出
FMA	Failure Mode Analysis	故障模式分析
FPGA	Field Programmable Gate Array	现场可编程门阵列
FRR	False Reject Ratio	错误拒绝率
GALS	Globally Asynchronous Locally Synchronous	全局异步局部同步
GE	Gigabit Ethernet	千兆以太网
GOF	General Operational Framework	通用操作框架
GPGPU	General Purpose computing on Graphics Processing Units	通用图形处理器
GPRS	General Packet Radio Service	通用分组无线业务
GPS	Global Positioning System	全球定位系统
GPU	Graphics Processing Unit	图形处理单元
GSM	Global System for Mobile Communication	全球移动通信系统
GUI	Graphical User Interface	图形用户界面
HCS	High Confidence System	高可信系统

（续）

简　称	全　称	含　义
HDL	Hardware Description Language	硬件描述语言
HF	High Frequency	高频
HiperLAN	High Performance Radio LAN	高性能无线 LAN
HomePNA	Home Phone Line Networking Alliance	家庭电话线网络联盟
HomePnP	Home Plug-and-Play	家庭即插即用
HP	Hewlett-Packard	惠普
HPC	High Performance Computing	高性能计算
HTC	High Tech Computer Corporation	高科技计算机公司
HTML	HyperText Markup Language	超文本标识语言
I/O	Input/Output	输入/输出
I2C	Inter-Integrated Circuit	内部集成电路
IaaS	Infrastructure as a Service	基础设施即服务
IBM	International Business Machines Corporation	国际商业机器公司
IC	Integrated Circuit	集成电路
ICT	Information and Communication Technology	信息与通信技术
IEC	International Electrotechnical Commission	国际电工委员会
IEEE	Institute of Electrical and Electronics Engineers	美国电气和电子工程师协会
IETF	Internet Engineering Task Force	互联网工程任务组
IP	Intellectual Property	知识产权
IP	Internet Protocol	互联网协议
IPCF	International Power-Line Communication Forum	国际电力线通信论坛
IPR	Isolated Pixel Removal	孤立像素去除
IPSO	Internet Protocol for Smart Objects	智能物体的互联网协议
ISA	Instruction Set Architecture	指令集架构
ISM	Industrial Scientific Medical	工业、科学和医疗
ISO	International Organization for Standardization	国际标准化组织
IST	Information Sciences Technologies	信息科学技术
ISTAG	Information Society Technology Advisory Group	信息社会技术咨询小组
IT	Information Technology	信息技术
JTAG	Joint Test Action Group	联合测试行动小组
JVM	Java Virtual Machine	Java 虚拟机
KPN	Kahn Process Network	卡恩进程网络

（续）

简　　称	全　　称	含　　义
LAN	Local Area Network	局域网
LCD	Liquid Crystal Display	液晶显示器
LED	Light Emitting Diode	发光二极管
LF	Low Frequency	低频
LIN	Local Interconnect Network	本地互联网络
LOFAR	Low Frequency Array	低频阵列
LPU	Local Processing Unit	本地处理单元
LSI	Large Scale Integration	大规模集成电路
MAC	Media Access Control	介质访问控制
MANET	Mobile Ad Hoc Network	移动自组织网络
MEMS	Micro Electro Mechanical System	微机电系统
MIMO	Multiple Input Multiple Output	多输入多输出
MIPS	Million Instructions Per Second	每秒百万条指令
MIT	Massachusettes Institute of Technology	麻省理工学院
MOC	Models of Computation	计算模型
MOST	Media Oriented System Transport	面向媒体的系统传输
MPP	Massively Parallel Processing	大规模并行处理
MSW	Main Software	主体软件
NDI	Novelty Detection and Isolation	新颖检测和隔离
NN	Neural Network	神经网络
NVRAM	Non-Volatile Random Access Memory	非易失性随机访问存储器
OEM	Original Equipment Manufacturer	原始设备制造商
OHA	Open Handset Alliance	开放手持设备联盟
OMG	Object Management Group	对象管理组织
OoI	Object of Interest	感兴趣目标
OOP	Object Oriented Programming	面向对象程序设计
OS	Operating System	操作系统
OSI	Open Systems Interconnection	开放系统互连
PAL	Phase Alternating Line	逐行倒相
PC	Personal Computer	个人计算机
PDA	Personal Digital Assistant	个人数字助理
PERT	Program Evaluation and Review Technique	计划评估和审查技术

（续）

简 称	全 称	含 义
PIM	Personal Information Management	个人信息管理
PIN	Personal Identification Number	个人识别码
PLC	Power Line Communication	电力线通信
PLN	Power Line Network	电力线网络
PoE	Power over Ethernet	以太网供电
PROM	Programmable Read Only Memory	可编程只读存储器
PWD	Pulse Width Demodulator	脉冲宽度解调器
PWM	Pulse Width Modulator	脉冲宽度调制器
QFD	Quality Function Deployment	质量功能部署
QoS	Quality of Service	服务质量
RAM	Random Access Memory	随机存储器
RE	Remote Entrusting	远程委托
RF	Radio Frequency	射频
RFID	Radio Frequency Identification	射频识别
RFM	Radio Frequency Module	射频模块
ROC	Receiver Operation Curve	接收机操作曲线
RoI	Region of Interest	感兴趣区域
ROM	Read Only Memory	只读存储器
RTE	Runtime Environment	运行环境
RTL	Register Transfer Level	寄存器传输级别
RTOS	Real Time Operating System	实时操作系统
SaaS	Software as a Service	软件即服务
SCADA	Supervisory Control And Data Acquisition	监视控制和数据采集系统
SDH	Synchronous Digital Hierarchy	同步数字系列
SDR	Software Defined Radio	软件无线电
SDRAM	Synchronous Dynamic Random Access Memory	同步动态随机存储器
SETI	Search for Extra Terrestrial Intelligence	寻找外星文明
SIMD	Single Instruction Multiple Data	单指令多数据
SMP	Shared Memory Processor	共享内存处理器
SMS	Short Message Service	短消息服务
SOHO	Small Office/Home Office	小办公室/家庭办公室
SONET	Synchronous Optical Network	同步光纤网

（续）

简　称	全　称	含　义
SPI	Serial Peripheral Interface	串行外围接口
SSP	Security Service Provider	安全服务提供商
SUN	Stanford University Network	斯坦福大学网络
SWAP	Shared Wireless Access Protocol	共享无线访问协议
SWC	Software Component	软件组件
TCP	Transmission Control Protocol	传输控制协议
TI	Texas Instrument	德州仪器公司
TRIPS	Tera-op Reliable Intelligently adaptive Processing System	万亿次高可靠智能自适应处理系统
UART	Universal Asynchronous Receiver/Transmitter	通用异步接收/发送装置
UAV	Unmanned Airborne Vehicle	无人驾驶飞机
UHF	Ultra High Frequency	超高频
UML	Unified Modeling Language	统一建模语言
UMTS	Universal Mobile Telecommunications System	通用移动通信系统
UPnP	Universal Plug and Play	通用即插即用
UPS	Uninterruptible Power System	不间断电源
USN	Unattended Sensor Networks	无人值守传感器网络
USB	Universal Serial Bus	通用串行总线
VASD	Vision Array for Surface Detection	用于表面检测的视觉阵列
VFB	Virtual Functional Bus	虚拟功能总线
VGA	Video Graphics Array	视频图形阵列
VMM	Virtual Machine Monitor	虚拟机监视器
W3C	World Wide Web Consortium	万维网联盟
WAS	Web Application Server	Web 应用服务器
WECA	Wireless Ethernet Compatibility Alliance	无线以太网兼容性联盟
Wi-Fi	Wireless Fidelity	无线保真
WiCa	Wireless Camera	无线摄像头
WiMAX	Worldwide Interoperability for Microwave Access	全球微波接入互操作性
WLAN	Wireless Local Area Network	无线局域网
WLIF	Wireless Local Area Network Interoperability Forum	无线局域网互操作性论坛
WPAN	Wireless Personal Area Network	无线个域网
WSN	Wireless Sensor Network	无线传感器网络

（续）

简　　称	全　　称	含　　义
WWW	World Wide Web	万维网
XGA	Extended Graphics Array	扩展图形阵列
XML	Extensible Markup Language	可扩展标识语言
XVGA	Extended Video Graphics Array	扩展视频图形阵列
ZDO	ZigBee Device Objects	ZigBee 设备对象

图书在版编目（CIP）数据

云连接与嵌入式传感系统／（瑞典）斯班尼伯格（Spaanenburg，L.），（美）斯班尼伯格（Spaanenburg，H.）编著；郎为民等译．—北京：机械工业出版社，2013.4

书名原文：Cloud connectivity and embedded sensory systems

（国际信息工程先进技术译丛）

ISBN 978-7-111-42029-3

Ⅰ.①云⋯　Ⅱ.①斯⋯②斯⋯③郎⋯　Ⅲ.①计算机－网络－应用－无线网－传感器－研究　Ⅳ.①TP393.409②TP212

中国版本图书馆 CIP 数据核字（2013）第 066857 号

机械工业出版社（北京市百万庄大街 22 号　邮政编码 100037）
策划编辑：张俊红　责任编辑：林　桢
版式设计：霍永明　责任校对：申春香
封面设计：马精明　责任印制：乔　宇
北京机工印刷厂印刷（三河市南杨庄国丰装订厂装订）
2013 年 5 月第 1 版第 1 次印刷
169mm×239mm · 16.5 印张 · 330 千字
0 001—3 000 册
标准书号：ISBN 978-7-111-42029-3
定价：78.00 元

凡购本书，如有缺页、倒页、脱页，由本社发行部调换
电话服务　　　　　　　　　　网络服务
社 服 务 中 心：(010)88361066　　教 材 网：http://www.cmpedu.com
销 售 一 部：(010)68326294　　机工官网：http://www.cmpbook.com
销 售 二 部：(010)88379649　　机工官博：http://weibo.com/cmp1952
读者购书热线：(010)88379203　　**封面无防伪标均为盗版**

检 18